柴达木盆地深层含钾卤水成矿与利用研究

CHAIDAMU PENDI SHENCENG HAN JIA LUSHUI
CHENGKUANG YU LIYONG YANJIU

李洪普　等著

图书在版编目(CIP)数据

柴达木盆地深层含钾卤水成矿与利用研究/李洪普等著. —武汉:中国地质大学出版社,2021.10
ISBN 978-7-5625-5090-7

Ⅰ.①柴…
Ⅱ.①李…
Ⅲ.①柴达木盆地-钾盐矿床-成矿-研究 ②柴达木盆地-钾盐矿床-找矿-研究
Ⅳ.①P619.21

中国版本图书馆CIP数据核字(2021)第170706号

柴达木盆地深层含钾卤水成矿与利用研究　　　　　　　　　　　　　　李洪普　等著

责任编辑:舒立霞　方焱	选题策划:张　旭　毕克成	责任校对:徐蕾蕾

出版发行:中国地质大学出版社(武汉市洪山区鲁磨路388号)	邮编:430074
电　　话:(027)67883511　　　　传　　真:(027)67883580	E-mail:cbb@cug.edu.cn
经　　销:全国新华书店	http://cugp.cug.edu.cn

开本:880毫米×1230毫米　1/16	字数:461千字　印张:15.25　插页:3
版次:2021年10月第1版	印次:2021年10月第1次印刷
印刷:武汉中远印务有限公司	

ISBN 978-7-5625-5090-7	定价:198.00元

如有印装质量问题请与印刷厂联系调换

《柴达木盆地深层含钾卤水成矿与利用研究》编委会

主　　编：李洪普　侯献华　潘　彤　李东生

编　　委：李得刚　袁文虎　祝云军　樊　馥
　　　　　韩　光　谢学光　汪青川　施林峰
　　　　　张晓冬　路　亮　陈金牛　雷延智
　　　　　岳　鑫　成康楠　王淑丽　李海明
　　　　　刘溪溪　吴　琼　敬志成　刘久波
　　　　　贾建团　窦全成　蔡进福　靳　芳
　　　　　陈安东　马鸿颖　韩文奎　赵玉翔
　　　　　李永寿　武丽平　仇新迪　郭瑞芮

序

钾盐是制造钾肥的重要矿物原料,被认为是粮食的"食粮"。世界钾盐资源丰富,但分布很不均衡。目前,我国钾盐资源匮乏,在农业生产所必需的氮、磷、钾化肥中,钾肥是唯一需要长期进口的肥料品种,钾盐也因此被列为国家严重短缺的战略矿产资源之一。

盐湖资源一直是我国钾盐自我保障的重要支撑,我国钾盐对外依存度由之前的超过70%下降至目前的50%,柴达木盆地盐湖资源贡献率高达80%之多。但是,根据目前盐湖钾盐产能产量实际情况,就钾盐资源-产业可持续发展而言,柴达木盐湖钾盐资源面临保障能力不足的挑战,寻找钾盐后备资源已刻不容缓。

此前,我带领的钾盐研究团队基于古气候和盐沉积构造基础研究,认为在第四纪长期半干旱-干旱条件下,由于周围山地不断隆升,山前凹陷相对持续沉降,推断下更新统新层系有找钾前景。以此为理论基础,青海省柴达木综合地质矿产勘查院在柴达木西部发现了深层"砂砾型"新型卤水钾盐矿。调查评价认为,柴达木西部储油构造赋存有富含钾、锂、硼的深部油田水,因此该区深层卤水钾盐远景资源量较大。鉴于此,本书以柴达木盆地深层卤水钾盐的形成及开发条件为研究对象,以期为盐湖钾盐资源接替提供基础资料和依据。

本书是利用有关地质大调查和科研项目的成果,在系统总结柴达木盆地深层卤水钾盐成矿特点和成矿规律的基础上写作而成,具有如下几点特色:

(1)基础工作扎实,实际资料丰富。作者通过大量实地调查,重点研究了柴达木盆地深层盐类晶间卤水、砂砾孔隙卤水和构造裂隙孔隙卤水钾盐资源特点,阐述了它们各自的成矿特征、控矿因素和成因机理,建立了成矿模式和找矿模型,并分析了其找矿潜力。由此,将柴达木盆地深层卤水钾盐矿成矿规律的认识提升到了新高度。

(2)在研究区划分出6个Ⅳ级构造单元,5个Ⅳ级成矿单元,论述了每个成矿单元的成矿作用及找矿方向,为深层卤水钾盐矿进一步勘查的工作部署提供了依据。

(3)项目综合研究与野外勘查相结合。及时将上述研究成果用于盐类矿产调查和评价工作,发现了小冒泉锂盐矿、鸭湖锂盐矿、红三旱锂盐矿等深层卤水矿产。

(4)深层卤水开发利用试验研究成果初显。通过蒸发试验,了解了低钾高钠型深层卤水的结晶顺序、析盐规律,为今后深层卤水的开发利用提供了数据及理论支撑。

该书是对柴达木盆地深层卤水钾盐矿找矿工作进展和科学研究成果的系统总结。既有扎实的野外工作和翔实的基础资料,又有对柴达木盆地深层卤水成矿作用的有益探讨,并且提出了一些创新观点及认识,为今后深层卤水钾盐矿更深入的研究打下了基础,也为今后深层卤水钾盐找矿突破提供了依据。该书既是柴达木盆地及类似盆地盐类找矿的重要参考资料,又能为钾盐研究者提供范例和启迪。

值此专著出版之际,我向作者们表示祝贺,并对长期在柴达木盆地辛勤探索钾盐的地质工作者们表达诚挚的敬意!

谨此为序。

郑绵平

2021 年 9 月

前 言

柴达木盆地浅部固液相钾盐矿勘查工作程度高,资源状况已基本查明并处于开发阶段。因固体钾盐矿无法直接开采,部分矿区的液体钾盐矿地下水补给条件差,开采过程中卤水水位下降幅度大,致使盆地内钾盐开采困难重重,盐湖开发企业已无法达到正常产能。为此,2008年以来,以青海省柴达木综合地质矿产勘查院为主承担单位,中国地质科学院矿产资源研究所为参加单位,由郑绵平院士领衔的团队,承担了中国地质调查局项目"柴达木盆地西部深层卤水钾矿综合研究与找矿突破""青海省柴达木盆地深层卤水整装勘查区关键技术研究""青海柴达木盆地西部第三系上新统富钾硼锂深循环卤水普查""柴达木西部(含整装勘查区)新近纪以来固液相钾盐资源调查评价"等。青海省柴达木综合地质矿产勘查院承担了中央地质勘查基金项目"青海省茫崖镇大浪滩东北部深层卤水钾盐矿普查"和"青海省冷湖镇昆特依矿区深层卤水钾矿预查",青海省地质勘查基金项目"青海省冷湖镇马海地区钾盐资源调查评价""青海省茫崖镇尕斯库勒湖地区钾矿资源调查评价"和"青海省冷湖镇马海地区深层卤水钾矿预查",以及商业勘查资金项目"青海省茫崖行委黑北凹地液体钾矿详查"等,项目资金超过4亿元。先后发现了大浪滩凹地深层盐类晶间卤水钾盐矿床、大浪滩-黑北凹地深层砂砾孔隙卤水钾盐矿床、察汗斯拉图凹地深层砂砾孔隙卤水钾盐矿床、昆特依凹地深层砂砾孔隙卤水钾盐矿床及马海凹地深层砂砾孔隙卤水钾盐矿床。累计提交的氯化钾孔隙度资源量达8亿t,发现锂找矿远景区多处。

本次以青海省柴达木盆地深层卤水钾盐资源整装勘查区实施的整装勘查项目及其各类子项目为依托,以柴达木盆地深层含钾卤水的成矿和开发利用研究为目标任务,用盐湖学、岩石学、矿物学、矿床学、水文地质学、地球化学等多学科的原理为指导,充分收集研究区以往地质、石油相关部门的基础资料,利用完成的实体工程地质编录资料、抽卤实验和化验测试数据,全面总结研究区储卤层地层层序,岩相分布规律,构造特征,地下卤水补、径、排条件;研究钾锂盐成矿地质条件、成矿物质来源;在跟踪调查柴达木盆地深层卤水钾盐矿勘查中取得的成果、存在的关键问题的基础上开展研究工作,总结研究区找矿技术手段;结合深层含钾卤水或相同类型含钾卤水开发利用试验研究过程和结论,分析柴达木盆地深层卤水开发利用性能。

本书分八章,基本内容如下。

第一章厘定了柴达木盆地深层卤水的概念,划分了其类型,阐述了国内外及柴达木盆地深层卤水、深层卤水钾锂盐矿的研究现状和进展。

第二章在分析柴达木盆地地质特征和地球物理、地球化学、遥感影像特征的基础上,划分了柴达木盆地构造单元和成矿单元。同时,研究了3种深层卤水储层地层层序、构造特征、岩相分布规律。

第三章研究了柴达木盆地古近纪至新近纪各时期岩相古地理特征及演化。

第四章分析了柴达木盆地水文地质特征和深层卤水水文地质特征、水地球化学特征。

第五章对柴达木盆地3种类型的代表性矿床进行了案例分析,研究了柴达木盆地3种类型深层卤水钾锂盐矿床的成矿地质背景、水文地质条件、古气候条件等。

第六章分析了柴达木盆地深层卤水钾锂盐矿成矿规律、成矿控制地质因素，深层卤水钾锂盐矿床之间的成因联系，深层卤水矿床的成矿模式、找矿标志、找矿方法组合和找矿方向。

第七章对柴达木盆地3种类型深层卤水开发利用条件和开采试验方法进行了初步研究。

第八章为结语，对全书内容进行梳理和概括。

本书是在郑绵平院士的引领和支持下，集体创作的智慧结晶。作者团队由长期从事矿产地质、水文地质等工作的专家组成。第一章由李洪普、岳鑫完成，第二章由潘彤、李洪普、侯献华完成，第三章至第六章由李洪普完成，第七章由祝云军、靳芳、李洪普、李海明完成，第八章由李洪普完成。李东生对本书进行了多次修改。刘溪溪、袁文虎、李洪普、吴琼、敬志成、韩文奎、马鸿颖、郭瑞芮绘制了图件。井忠明、张明珠、于长青、补海义、马宏涛、张喜全、马宗德、杨晓龙、杨芳、王江、刘国泰等参与了野外调查工作。关有国、郭廷锋、田三春等领导和王建萍、王石军、吴蝉等盐湖业专家对本书的出版给予了支持和帮助，在此表示感谢！

本书是青海省盐湖资源勘探研究重点实验室成果，由"柴达木盆地深层卤水钾、锂矿找矿理论创新及开发应用示范"项目和"青海省二零二一年新开科技计划"项目资助完成。

由于编写时间的限制，书中难免有疏漏之处，恳请各位读者批评指正。

著　者
2021年3月

目 录

第一章 绪言 ……………………………………………………………………………… (1)
    第一节 柴达木盆地深层卤水 ……………………………………………………… (1)
    第二节 国内外深层卤水研究现状 ………………………………………………… (3)

第二章 柴达木盆地成矿单元 …………………………………………………………… (9)
    第一节 成矿单元划分 ……………………………………………………………… (9)
    第二节 深层卤水储层沉积建造与构造特征 ……………………………………… (27)

第三章 柴达木盆地岩相古地理及演化 ………………………………………………… (56)
    第一节 沉积环境分析 ……………………………………………………………… (56)
    第二节 柴达木盆地岩相古地理 …………………………………………………… (61)
    第三节 柴达木盆地发展演化 ……………………………………………………… (69)

第四章 柴达木盆地水文地质特征 ……………………………………………………… (72)
    第一节 柴达木盆地水文地质简述 ………………………………………………… (72)
    第二节 深层卤水水文地质特征 …………………………………………………… (79)
    第三节 深层卤水地球化学特征 …………………………………………………… (84)

第五章 深层卤水矿床特征 ……………………………………………………………… (100)
    第一节 典型矿床地质背景 ………………………………………………………… (100)
    第二节 大浪滩凹地深层盐类晶间卤水钾盐矿床 ………………………………… (100)
    第三节 大浪滩-黑北凹地深层砂砾孔隙卤水钾盐矿床 …………………………… (109)
    第四节 南翼山深层构造裂隙孔隙卤水钾锂盐矿床 ……………………………… (117)

第六章 柴达木盆地深层卤水钾盐成矿规律及控矿因素 ……………………………… (126)
    第一节 深层卤水钾盐矿床成矿物质来源分析 …………………………………… (126)
    第二节 深层卤水钾盐矿床成因分析 ……………………………………………… (131)
    第三节 深层卤水成矿模式与成矿过程 …………………………………………… (135)
    第四节 深层卤水找矿模型与找矿方向 …………………………………………… (138)

第七章 深层含钾卤水利用研究 ………………………………………………………… (145)
    第一节 国内外含钾卤水开发利用现状 …………………………………………… (145)
    第二节 柴达木盆地深层含钾卤水开采技术条件 ………………………………… (146)
    第三节 大浪滩凹地深层盐类晶间卤水钾盐矿蒸发试验 ………………………… (150)
    第四节 大浪滩-黑北凹地深层砂砾孔隙卤水钾盐矿蒸发试验 …………………… (160)

第五节 南翼山深层构造裂隙孔隙卤水钾锂盐矿蒸发试验 …………………………………（183）
第八章 结 语 ……………………………………………………………………………………（210）
主要参考文献 ……………………………………………………………………………………（211）
附 录 ……………………………………………………………………………………………（223）

第一章 绪 言

第一节 柴达木盆地深层卤水

卤水是一种高矿化度(含盐量大于 50g/L)的地下水(奥弗琴尼科夫,1954),含有高浓度的 Cl^-、Na^+ 和不同浓度的 K、Li、Br、I、Sr、Ba 等多种有用元素,是农业化肥和工业盐业、化工、航天、核工业、军工部门的重要原料。卤水按其埋藏条件可分为浅层卤水和深层卤水。浅层卤水分布于地表或赋存在距地表不深的含卤层中(埋深一般几十米,最深至 350m)。如柴达木盆地察尔汗盐湖、大浪滩盐湖、昆特依盐湖,美国犹他州大盐湖等。深层卤水常存在于埋藏较深的地层中,具有高度封闭的特点。

柴达木盆地地处青海省西北部,是中国三大内陆盆地中海拔最高的盆地,为高原型、封闭型盆地,介于东经 $90°16'—99°16'$、北纬 $35°00'—39°20'$ 之间。四周被昆仑山、阿尔金山、祁连山等山脉环抱,东西长约 800km,南北宽约 300km,呈箕形展布(西宽东窄),面积约 12 万 km^2。柴达木盆地不仅是盐的世界(大量分布盐湖),在察尔汗、东西台、一里坪、大浪滩、马海等地的钾盐矿和锂盐矿都很有名,盐层平均厚 4~8m,最厚达 60m,蕴藏有丰富的盐类和其他化学元素,主要有硼、镁、铷、溴、碘、锶、铯、石膏、芒硝、天然碱等;而且还有丰富的石油和天然气。因此,柴达木盆地有"聚宝盆"的美称。在盆地西部,埋深较大的盐岩层中储藏深层盐类晶间卤水,埋深较大的砂砾层中储藏深层砂砾孔隙卤水,埋深较大的背斜构造中储藏深层构造裂隙孔隙卤水。

一、盐类晶间卤水与深部(层)盐类晶间卤水

柴达木盆地盐类晶间卤水又称盐类晶间卤水钾盐矿(床),赋存于向斜凹地化学湖相沉积的岩盐层,如察尔汗盐湖、东台吉乃尔湖、西台吉乃尔湖、一里坪、马海盐湖、昆特依凹地、察汗斯拉图凹地、大浪滩凹地、黑北凹地和尕斯库勒湖凹地。目前,盆地内发现的盐类晶间卤水均赋存于上新统狮子沟组、下更新统阿拉尔组、中更新统尕斯库勒组、上更新统察尔汗组和全新统达布逊组,岩性为含石盐、石膏、芒硝、杂卤石等的湖相和化学湖相沉积层;卤水呈浅灰色、灰色;富含 Cl、Na、K、Li、Mg、Br 等多种有用元素,一般情况下,KCl 含量(质量分数)大于 1%,NaCl 含量大于 15%,$MgCl_2+MgSO_4$ 含量大于 1%,矿化度 300~320g/L,卤水化学类型为硫酸镁亚型或氯化物型;地层单位涌水量从大于 $100m^3/(d\cdot m)$ 至小于 $5m^3/(d\cdot m)$ 皆有,富水性变化大。

深部(层)盐类晶间卤水相对于浅部盐类晶间卤水而言,分布于盐湖或盐类沉积凹地的深部,一般分布于沉积盆地(或凹地)的中心地带,如大浪滩凹地、昆特依凹地、察汗斯拉图凹地和马海凹地等。本次通过比较柴达木盆地各区盐类晶间卤水的分布深度和地层层位,对深层盐类晶间卤水进行了确定和划分。

察尔汗钾镁盐矿区和西台吉乃尔湖矿区盐类晶间卤水分布层位为上更新统(Qp_3)至全新统(Qh)。察尔汗、达布逊和别勒滩 3 个盐湖矿区盐类晶间卤水储层底板最大埋深 57m;西台吉乃尔镁盐矿区盐类

晶间卤水储层底板最大埋深 27.1m。昆特依钾镁盐矿区、马海钾盐矿区和大浪滩钾镁盐矿区中更新统（Qp_2）至上更新统盐类晶间卤水储层底板埋深有所不同：昆特依钾镁盐矿区盐类晶间卤水储卤层底板埋深为 22.6～248.41m，马海钾盐矿区盐类晶间卤水储层底板埋深为 68～205.88m，大浪滩钾镁盐矿区盐类晶间卤水储层底板埋深为 17.05～326.23m（表 1-1）。对这些矿区中更新统以上的资源储量已基本探明。

表 1-1 柴达木盆地浅部卤水盐矿层埋深一览表

地区		矿层号	储卤层		
			岩性	时代	埋深
察尔汗钾镁盐矿区	察尔汗盐湖矿区	W_1	K_3—K_7 钾石盐层	Qh	顶板 0～6m，底板 1.2～17.0m
		W_2	K_2 钾石盐层	Qp_3	55.0～57.0m
	达布逊盐湖矿区	W_1	K_1—K_8 钾石盐层	Qh	顶板 0～6.8m，底板 0.6～18.7m
		W_2	K_1—K_2 钾石盐层	Qp_3	8.6～17.2m
	别勒滩盐湖矿区	W_1	K_4—K_7 钾石盐层	Qh	顶板 0～4.0m，底板 1.6～9.0m
		W_2	K_1—K_3 钾石盐层	Qp_3	32.0～33.0m
西台吉乃尔湖矿区		W_I	石盐层（S_I）、钾盐层（K_I）、镁盐层（M_I）	Qh	Qh^{2ch}	顶板 0.05～1.27m，底板 0.5～1.72m
		W_{II-1}	石盐层（S_{II}）、钾盐层（K_I,K_{II}）、镁盐层（M_I,M_1）	Qp_3	Qp_3^{4l+ch}	顶板 1.50～3.00m，底板 22.5～24m
		W_{II-2}			Qp_3^{4ch+l}	顶板埋深 1.0～7.1m，底板 21.0～27.1m
昆特依钾镁盐矿区		W_1	石盐（S_1）、芒硝（M_1）、杂卤石（Z_1）	Qp_3		顶板 0.85～6.4m，底板 1.58～19.1m
		W_2	石盐（S_2）、芒硝（M_2）、杂卤石（Z_2）			顶板 0.3～18.0m，底板 1.5～64.1m
		W_3	石盐（S_3）、芒硝（M_3）、杂卤石（Z_3）	Qp_2		顶板 13.3～81.2m，底板 13.7～126.73m
		W_4	石盐（S_4）、芒硝（M_4）、杂卤石（Z_4）			顶板 27.90～146.68m，底板 28.8～176.54m
		W_5	石盐（S_5）、芒硝（M_5）、杂卤石（Z_5）			顶板 20.76～203.11m，底板 22.6～248.41m
马海钾盐矿区		W_I	钾石盐（J_{IV}）、石盐（S_{IV}）	Qh^{ch}		顶板 0.2～3.66m，底板 1.3～18.61m
		W_I	钾石盐（J_{III}）、石盐（S_{III}）	Qp_3		顶板 5.1～32.74m，底板 22.94～118.15m
		W_{II}				
		W_{III}	钾石盐（J_{II}）、石盐（S_{II}）	Qp_2	Qp_2^2	顶板 16.89～83.3m，底板 22.94～118.15m
		W_{IV}			Qp_2^1	顶板 55.64～131.27m，底板 68～205.88m
		W_V	石盐（S_1）	Qp_1		顶板 130.35～241.21m，底板 139.46～335.81m
大浪滩凹地钾镁盐矿区		W_5	石盐（S_5）、芒硝（M_5）、杂卤石（Z_5）	Qh		顶板 0.29～0.4m，底板 22.31～38.77m
		W_4	石盐（S_4）、芒硝（M_4）、杂卤石（Z_4）	Qp_3		顶板 1.55～39.88m，底板 15.17～151.64m
		W_3	石盐（S_3）、芒硝（M_3）、杂卤石（Z_3）	Qp_2		顶板 16.3～157.94m，底板 17.05～326.23m
		W_2	石盐（S_2）、芒硝（M_2）、杂卤石（Z_2）	Qp_1		顶板 59.23～329.53m，底板 109.56～536.49m
		W_1	石盐（S_1）、芒硝（M_1）、杂卤石（Z_1）	N_2		顶板 307.48～528.48m，底板 557.67～600.29m

后期经加深钻探工程后，在马海钾盐矿区 130.35～139.46m 以下的下更新统（Qp_1）发现深层盐类晶间卤水，深度达 600m；在大浪滩钾镁盐矿区 326.23m 以下的下更新统及上更新统发现深层盐类晶间卤水，深度大于 1250m，后期经大量的钻探工程施工，发现了规模较大的深层盐类晶间卤水钾盐矿。

可见，柴达木盆地已发现的多数盐类晶间卤水都赋存于中更新统及以上地层，底界深度 21.7～326.23m 不等。如果按分布或埋藏深度将其划分为浅部（层）盐类晶间卤水和深部（层）盐类晶间卤水，则跨度太大，故本书以储卤层层位作为划分深部（层）和浅部（层）盐类晶间卤水的界线，将中更新统底界规定为深层盐类晶间卤水的顶界。即全新统、上更新统和中更新统内的盐类晶间卤水划分为浅部(层)盐类晶间卤水或现代盐湖卤水,而下更新统、上新统内及以下岩层中的卤水划分为深部(层)盐类晶间卤水。

二、砂砾孔隙卤水与深部(层)砂砾孔隙卤水

柴达木盆地砂砾孔隙卤水为目前发现的新类型卤水,又称砂砾孔隙卤水钾盐矿(床),一般分布于盆地周缘的山地凹地,如阿尔金山、塞什腾山等的山前地带,多出现在盐类晶间卤水的西部或靠近山前的边缘部位。如柴达木盆地大浪滩凹地深层砂砾孔隙卤水、察汗斯拉图凹地深层砂砾孔隙卤水、昆特依凹地深层砂砾孔隙卤水和马海凹地深层砂砾孔隙卤水。目前发现的砂砾孔隙卤水赋存于上新统、更新统和全新统含砾中粗砂、砂砾石、含粉砂角砾、细粉砂层,局部夹黏土层(相对隔水层);卤水呈浅灰色、灰色,偶见褐红色;富含 Cl、Na、K、Li、Mg 等多种有用元素,KCl 含量大于 0.3%,平均含量达 0.5%,NaCl 含量 18.79%~22.14%,$MgCl_2$ 含量 0.14%~1.81%,$MgSO_4$ 含量 0.00%~2.73%,矿化度 280~302g/L,水化学类型为氯化物型;单位涌水量一般为 10~485m^3/(d·m),富水性中等至强;分布规模大,在采卤井中不易结盐,易开发利用。

参照盐类晶间卤水划分办法,以柴达木盆地凹地内中更新统底界作为划分深层与浅层砂砾孔隙卤水的界线,将全新统、上更新统和中更新统内的砂砾孔隙卤水划分为浅部(层)砂砾孔隙卤水,将下更新统、上新统内及以下砂砾层中的卤水划分为深部(层)砂砾孔隙卤水。

三、构造裂隙孔隙卤水和深层构造裂隙孔隙卤水

构造裂隙孔隙卤水又称油田水,赋存于盆地内的背斜构造区,如四川盆地西南地区三叠系卤水、四川盆地自贡—泸州地区三叠系卤水、柴达木盆地古近系至新近系深层卤水等。柴达木盆地南翼山地区构造裂隙孔隙卤水埋深一般在 800~1000m 及以下。卤水颜色为灰色、褐色。富含 Cl、Na、K、Li、Mg、Br、I、Sr、Ba 等多种有用元素,KCl 含量 0.84%~1.18%,B_2O_3 含量(质量浓度)1 568.08~2 428.65mg/L,LiCl 含量 1 406.36~1 555.73mg/L,Br^- 含量 51.7~56.3mg/L,I^- 含量 32.4~32.6mg/L,有益元素含量高于深层盐类晶间卤水和深层砂砾孔隙卤水。单井涌水量 600~690m^3/d,富水性中等,南 6 井等部分钻孔压力为 6.5MPa。分布规模较大,在采卤井中不易结盐,易开发利用。

柴达木盆地背斜构造区构造裂隙孔隙卤水一般为高承压卤水,在剥蚀作用下,有的背斜构造区最上部地层为下更新统,有的背斜构造区最上部地层为上新统(N_2),相应的储卤层位顶部界限则可能是下更新统或上新统(N_2)的上界,很难像向斜凹地一样,统一用地层划分深层卤水与浅层卤水。多数背斜构造区卤水多分布在 800m 以下,因此将背斜构造区的卤水定义为深层构造裂隙孔隙卤水。

柴达木盆地浅部卤水盐矿层埋深一览见表 1-1。

第二节 国内外深层卤水研究现状

一、国外深层卤水研究现状

早在 20 世纪 70 年代,苏联学者 Bmuneman 等就提出了深层地下水的储量概念。同期,加弗里连科

提出了构造圈水文地质学，使水文地质学研究的深度由地表浅部扩大到地下 33～410km 的上地幔，研究对象也由通常的重力水发展为深部岩石中的结合水、结晶水、结构水和岩浆中的水。随着水文地质学与油田地质学的相互渗透，诸多学者为解决石油、天然气的形成和运移问题，开始以西伯利亚地台和俄罗斯地台为对象，在深层地下水的形成、运动动力、运动规律、均衡条件及储量计算等方面，展开了地台区、山前坳陷、山间构造盆地等大地构造单元的水文地质学研究，进行了深层地下水运动的流体地质动力特征和构造水力特征等的研究。1990 年，久宁撰写了《深部地下径流的研究方法》专著，阐述了天然条件和被破坏条件下深层地下水的运移方向及速度，异常温压条件下黏土岩的储集性，异常高地层压力形成的新构造运动机理，深层地下水的水动力场、水化学场和地应力场的关系等新颖的观点。苏联学者从深层地下水的形成和分布规律、深层地下水矿床的研究方法、深层地下水资源的评价方法出发，在定性和定量、基础理论和实际应用等方面，对深层地下水进行了全面综合的研究，为该领域研究向纵深发展奠定了基础。

欧美国家对深层地下水研究时致力于与深层地下水有关的工业废料、核废料的处理，地热的开发，深井诱发地震等。如加拿大对深部岩石中放射性元素迁移的研究，荷兰对深部低渗透含水层中地下水时代、起源、流动和废料地质处理的研究，美国对热水和水化学同时影响下低渗透岩石中物质迁移的研究等。由于深层地下水埋深大，所以赋存介质的共同特点是渗透性低(杨立中，1990)。

深层卤水的成因机理研究是基础性研究的重要组成部分，国外对深层卤水的形成主要有渗入溶滤说、沉积成因说、重力分异说、蒸发成因说、岩浆说、岩石渗透薄膜效应说（薄膜说）、物理化学说 7 种学说。

渗入溶滤说(Garrels et al.,1967；Afyin，1997)的主要观点是，深层卤水中的化学成分主要是入渗水在补给地下含水层的过程中，通过溶滤作用从流经的岩层中得到的，同时在入渗过程中可能发生阳离子交替吸附作用、脱硫酸作用等水岩相互作用，从而引起卤水中化学成分的相应变化。这一理论的缺陷主要是无法解释深层卤水中浓度非常高的 Ca^{2+}、Mg^{2+}、Cr^{3+} 等离子的来源及含有大量地壳中含量很少的微量元素这一客观事实，因为仅靠渗入水溶滤沿途岩层中易溶盐类而富集以上离子及微量元素几乎是不可能完成的，并且地下深层卤水含水层上覆隔水层的厚度往往非常大，与外界水力联系非常弱，甚至完全没有联系。但是，这并不是说通过渗入水的溶滤作用形成高矿化度卤水完全不可能，自然界中地质构造极为复杂，特定的水文地质条件下，大气水、地表水沿特定的地质构造入渗补给地下水，如果沿途地层富集易溶盐类且含水层拥有盐类富集的水文地质条件，从而形成地下卤水也是有可能的，在实际勘探中已经发现了因入渗水溶滤作用而形成的深层卤水。

沉积成因说(Helgeson，1968)认为，深层卤水是各水文地质时期的同生沉积水被不透水层封存于特定的水文地质构造中，在封存以后发生一系列水岩相互作用，其中的化学成分产生相应的变化演化而成。这种理论的主要缺陷为不能合理解释现存卤水中钙的含量普遍较高这一客观事实。

在对沉积成因说无法解释的问题进行研究的过程中，产生了重力分异说和蒸发成因说(Plummer et al.,1980)，这两种学说夸大了单一的重力分异作用、蒸发作用对地下水化学成分演化的影响。重力分异说过分强调重力分异作用的影响，认为地下水矿化度的垂直分带性，完全是水及其他离子由密度不同而发生重力分异引起的。蒸发成因说认为随着地层埋藏深度的加大、地层温度升高，深部地层中的地下水蒸发强度变大，伴随着水分不断被蒸发，地层水中的盐分被留在地层中不断浓缩，因而地下水矿化度升高形成深层卤水。这种学说过分强调了地下深部水的蒸发浓缩作用，由于上覆较厚地层，蒸发形成的水汽无法顺利地扩散出去，因此这种由蒸发造成的地下水体的浓缩作用微乎其微。基于以上原因，这两种学说的科学性和合理性还没有得到学术界的广泛认可，其意义主要在于对深层卤水成因理论研究提出了新的思路。

岩浆说(Dworkin et al.,1996)认为，岩浆流动过程中其中的氢、氧化合形成地下水，并进一步渗透冷凝，最终形成现存的地下深层卤水。近年来，对矿物包裹体研究的深入，证明该学说有一定的合理性。但是内生水的总量非常少，而且单纯源自岩浆的内生水无法达到现今大多数卤水的矿化度水平，也无法合理解释卤水中含量较多的微量元素的来源。因此，岩浆成因的深层卤水即便存在也只是局限在范围有限的特定地质结构中。

基于热力学、地下水动力学等理论，Truesdell 等(1974)、Dworkin 等(1996)提出了薄膜说和物理化学说等新的成因理论，开辟了深层卤水成因机理研究的新领域。薄膜说认为：某些泥岩层在地下水流动过程中起着类似于半透膜的作用，只允许特定的离子成分通过，从而使得地下水浓缩、矿化度升高形成卤水。物理化学说的主要观点则认为控制深层卤水形成的作用主要是对流扩散作用及化学成分的迁移作用。

总之，对类似于柴达木盆地中的这 3 种类型深层含钾卤水而言，在国外研究甚少。针对深层砂砾孔隙卤水钾盐矿和晶间卤水钾盐矿的研究几乎是空白。

二、我国深层卤水研究现状

我国是世界上开发利用深层卤水最早的国家，在两千年前的秦代就已在四川盆地凿井提卤。1949 以来，随着油气田、钾盐勘探工作的发展，积累了大量深层卤水地球化学资料，促进了深层卤水地下水开发利用及研究工作的进展。目前对四川盆地三叠纪地层中深层卤水钾盐矿研究较多，自 2008 年以来，随着对江汉盆地江陵凹陷古近纪地层中深层卤水钾盐矿和柴达木盆地新近纪地层中深层卤水钾盐矿勘查工作的启动，大批专家学者投入到研究工作中来。

深层卤水的形成与古气候、古地质条件和古水文地质有关，其形成需要高度封闭和深埋藏的地层条件，尤其是盆地卤水往往与深部地层的岩盐、石油和气体相伴而生。韩有松等(1982,1996)通过研究莱州湾海平原古地理环境、古气候与卤水化学特征后提出海岸带潮滩生卤机制，指出深层卤水可能来源于海水蒸发或者冰冻留存。孟广兰等(1999)通过分别分析卤水与海水 δD 值的变化趋势证明冰冻成卤的可能性。王珍岩等(2003)通过地球化学模拟方法证明古海水的蒸发浓缩作用是莱州湾第四纪地下深层卤水的形成机理。王薇等(1997)通过分析现代海水与深层卤水物化上的差异论证了黄河三角洲深层卤水来源于古沉积水的蒸发浓缩，指出卤水矿体形成过程伴随着海水的补给。

国内关于深层卤水的成因理论主要有以下几种学说：

(1) 升聚说。该学说是林斯澄(1936)在研究三叠纪地层中卤水赋存特征及其迁移时提出的，他的观点可以概括为深层地下水溶解地层中的易溶盐类，由于下层地层的生烃作用使下部地层发育超压系统，在其驱使下，下部地层水伴随天然气、石油沿断裂带上升，在上升的过程中遇到相对隔水层而受阻，在受阻部位水分散失，地下水浓缩、矿化度升高，最终形成地下卤水。

(2) 渗滤说。与渗入溶滤说相似，认为入渗水在渗入的过程当中溶滤地层中的盐类，并不断富集最终形成地下卤水，所不同的是该理论认为除了溶滤作用、水岩相互作用以外，在下渗过程中地下水还可能遇到类似于半透膜一样的地层，从而，与渗透该地层之前相比，地下水进一步浓缩。李春昱等(1933)在研究四川盆地卤水时提出了该理论，并成功运用该理论对四川盆地卤水的形成机理、分布特征进行了合理解释。

(3) 沙洲说。李悦言(1943)在研究四川盆地各地层中深层卤水的赋存特征、分布规律过程中提出了沙洲说，他认为，该地区深层卤水主要是在各地层沉积时期残存的古海水、古湖水蒸发浓缩，并被随后沉积形成的隔水性较好的泥页岩封存于相应的地层中，经过长期的变质作用而形成。

在对地下卤水中化学成分的来源进行研究的基础上，张宗祥(1980)将地下卤水分为原生卤水和次生卤水两类。原生卤水中的水化学成分为水体本来就有的，只是在一定条件下蒸发浓缩而引起水体矿化度升高形成卤水，这类卤水主要包括油田水、被封存于地层中的古湖水、古海水以及深层地下水。次生卤水是指卤水中的水化学成分并不是卤水水体原来就有的，而是在流动过程中从流经的岩层中溶解而获得的。水体溶解地层中的化学成分以后，在一定水文地质条件下不断富集而形成卤水。根据张宗祥的这种划分方法,地下卤水可以分为海水起源的卤水和大气降水起源的卤水。

1992年,李慈君等在对四川盆地卤水资源进行评价时,对四川盆地深层卤水的成因机理、水文地球化学特征及分布规律进行了系统的研究,提出对深层卤水资源根据不同的条件,可采用容积法、蒙特卡洛法、有限元法、时间序列法、类比法、物质平衡法、解析法-平均分布法、直线回归法等方法进行评价。

韩有松等(1982,1996)、王珍岩等(2003)在对中国北方地下卤水水文地球化学特征、同位素特征及其埋藏条件、分布规律进行系统分析的基础上,提出了冰冻成卤学说。林耀庭等(2002)将不同地区地下卤水的同位素特征与大气降水方程及海水同位素特征进行对比分析,把油气田水分为古海水沉积埋藏型、大气水渗入淋滤型、古海水沉积埋藏型与内生水混合型、古海水沉积埋藏型与大气降水混合型这4个类型,该研究运用新方法对地下卤水的成因进行研究,具有明确的分类标准,在一定程度上弥补了传统研究方法的缺陷。

三、柴达木盆地深层卤水研究现状

(一)第四系盐湖矿产勘查期间对深层卤水的认识

从20世纪50年代以来地矿部青海石油普查大队六三二队(青海省柴达木综合地质矿产勘查院的前身)、中国科学院盐湖考察队最先在柴达木盆地进行盐湖概略调查与研究工作。海西地质队、柴达木地质队(青海省柴达木综合地质矿产勘查院)先后在察尔汗、大浪滩、昆特依、马海、尕斯库勒和一里坪、大柴旦、小柴旦等地开展了盐湖普查找矿和不同程度的勘探工作。大体经历了以下两个阶段:

第一阶段(1957—1967年),以寻找固体硼、钾为主,包括液体钾矿的全面普查找矿和勘探阶段。对80余处各类湖泊、盐滩和盐矿化点进行了不同程度的勘查工作。本阶段工作中,初步认识到深层卤水属封存水,同外界无水力联系。

第二阶段(1982—2000年),在盆地的西部开展以找液体钾矿为主的第二轮盐湖矿产普查工作。发现大型钾盐矿床2处(大浪滩、昆特依),中型1处(马海),小型2处(察汗斯拉图、尕斯库勒),特大型芒硝矿床3处(察汗斯拉图、大浪滩、昆特依),特大型镁盐矿床5处(昆特依、大浪滩、尕斯库勒、马海、察汗斯拉图),中型1处(察汗斯拉图),石盐在上述5个矿区均为特大型矿床。

2000年之后,对勘查区内的大浪滩梁中凹地、黑北凹地、油泉子、尕斯库勒、碱北凹地、北部新盐带、钾湖、大盐滩、牛郎织女湖、马海北部矿段、巴伦马海等小型凹地的钾矿进行了详细勘查工作,勘查深度在100m以浅,此阶段对深层卤水勘查研究涉及的工作较少。

(二)深层卤水钾锂盐矿地质勘查研究现状

1. 2008年以前

该阶段对于第四系深部及新近系深层卤水开展的地质工作很少,从一些零星的地质工作中得到一点线索,从石油钻井中间接地得到一些零星的有关深层卤水的信息。

从20世纪50年代至今,青海省石油管理局在尖顶山背斜构造、小梁山背斜构造、南翼山背斜构造、油泉子背斜构造、开特米里克背斜构造、油墩子背斜构造及油砂山背斜构造进行过石油勘查工作,取得了深层地质资料,在石油找矿方面具有一定的突破,对深层卤水(构造裂隙孔隙卤水)的水量、水质等有了初步了解,编写了相应的完井报告。

1992—1993年,青海省柴达木综合地质矿产勘查院完成了"青海省茫崖镇南翼山钾盐矿床普查"并提交了报告。报告中明确提出,第三系(古近系+新近系)构造裂隙孔隙卤水有良好的锂、硼、钾等盐类的矿化现象,具有进一步工作的价值。

2000—2002年,青海省地质调查院对青海油田近50年以来在柴达木盆地西部取得的有关构造裂隙孔隙卤水方面的资料进行收集整理、分析和综合研究,对油水湖进行了系统的调查和取样,提交了《青海省柴达木盆地西部富钾、硼、锂、碘油田水资源远景评价报告》,估算出334_1+334_2资源量KCl 11.3亿t,B_2O_3 4.05亿t,LiCl 1.21亿t,I 488万t。认为在柴达木盆地西部古近纪和新近纪储油构造中大都有富含钾、硼、锂、碘的油田水资源分布,尤其以南翼山、油泉子为油田水富集区;纵向上以深部渐新统、中新统较富集,上部上新统稍差。储卤层分布面积大,卤水矿层较稳定、厚度大、孔隙度中等,含水饱和度中等,储水地段压力高(自喷),有益组分含量高。

2. 2008—2016年

该阶段以青海省柴达木综合地质矿产勘查院为主,中国地质科学院矿产资源研究所、青海省油田公司等多家单位参与,建立了深层卤水钾矿资源整装勘查区,全面开始了柴达木盆地深层卤水的勘查和研究工作。整装勘查区内投入总资金4.76亿元,实施了21个项目,其中中央财政项目8个,中央地质勘查基金项目1个,青海省基金项目10个,青海省地质矿产开发局项目1个,商业资金项目1个;完成钻探138个,总进尺83 100.6m。

通过以上工作,在柴达木盆地发现深层卤水钾盐矿5处,其中超大型深层卤水钾矿1处(大浪滩-黑北凹地深层砂砾孔隙卤水钾盐矿床),大型深层卤水钾盐矿3处(大浪滩盐类晶间卤水钾盐矿床、昆特依凹地深层砂砾孔隙卤水钾盐矿床和黑北凹地深层砂砾孔隙卤水钾盐矿床),小型深层卤水钾盐矿1处(察汗斯拉图凹地深层砂砾孔隙卤水钾盐矿床)。目前估算333+334级KCl孔隙度资源量8.740亿t,其中333级KCl孔隙度资源量3.819亿t,334级KCl孔隙度资源量4.921亿t(表1-2)。背斜构造区新发现锂矿点4处,分别为南翼山背斜构造区、鄂博梁背斜构造区、碱石山背斜构造区、落雁山背斜构造区。研究认为,柴达木盆地深层卤水主要有深层盐类晶间卤水、深层砂砾孔隙卤水和深层构造裂隙孔隙卤水(油田水)3种类型。深层盐类晶间卤水分布于上新统,深度在350m及以下,为地下蒸发作用下形成。深层砂砾孔隙卤水分布于下更新统,深度一般400~800m,地下溶滤水在砂砾孔隙中。深层构造裂隙孔隙卤水分布于上油砂山组下部至上干柴沟组,深度一般在1200m以下,以1500~3000m水层较集中,在渗入溶滤作用下形成。

表1-2 柴达木盆地深层卤水估算KCl资源量一览表

凹地	KCl资源量/亿t		
	333级	334级	合计
大浪滩-黑北凹地	3.819	0.970	4.789
察汗斯拉图凹地	—	0.088	0.088
昆特依凹地	—	1.045	1.045
马海凹地	—	2.818	2.818
合计	3.819	4.921	8.740

通过对柴达木盆地构造运动、地质事件、盆地演化与成盐作用的分析,建立了断裂、坳陷、凹地的成钾模式,在对典型矿床进行研究的基础上,建立预测模型,通过对断裂、地层、坳陷、重力异常、水化学、遥感等要素的提取分析,建立了遥感地质特征及解译标志,建立了青海省钾盐矿4个预测工作区及典型矿床数据库,预测了青海省钾盐矿资源潜力,其中深层卤水约10.5亿t,并提出了下一步钾盐矿工作部署建议。

对深层卤水钾盐矿工业指标论证及勘查规范研究后提出深层卤水在预查(或调查评价)普查阶段推

荐的一般性工业指标：KCl 边界品位 0.25%～0.4%，工业品位 0.5%。若矿床进入详查、勘探、开发阶段，应单独对工业指标进行可行性论证。

3. 2017 年至今

这一阶段，青海省柴达木综合地质矿产勘查院实施了青海省地质勘查基金"青海省柴达木盆地锂资源潜力与利用调查评价"项目，该项目运用了地震解译、广域电磁以及多项物探测井和少量的钻孔验证等手段，确定了鄂博梁构造、红三旱构造、碱石山构造、鸭湖构造以及落雁山构造等为深层卤水重点工作区，为柴达木盆地新近系上新统、中新统深层卤水找矿圈定了找矿靶区。

综上所述，柴达木盆地深层盐类晶间卤水钾盐矿床、深层砂砾石孔隙卤水钾盐矿床和深层构造裂隙孔隙卤水钾盐矿床为目前发现的新类型，有关其形成条件、分布规律及 3 种类型深层卤水矿之间的内在联系、成因等方面的研究较少，其开发利用价值目前还没有相关研究。因此，本书以此为研究重点，开展深层卤水成矿理论和开发利用研究。

第二章　柴达木盆地成矿单元

在前侏罗纪地块基础上,柴达木盆地发育成一个中—新生代陆内沉积盆地,中—新生界沉积岩最大厚度达 17 200m。地势由北西向南东微倾,海拔自 3000m 渐降至 2600m 左右。地貌呈同心环状分布,自边缘至中心,洪积砾石扇形地(戈壁)、冲积—洪积粉砂黏土质平原、湖积—冲积粉砂黏土质平原、湖积淤泥盐土平原有规律地依次递变。地势低洼处盐湖与沼泽广布。

柴达木北缘(柴北缘)一带海拔较高,新生代背斜构造形成的低山丘陵及向斜凹地较发育;柴达木南缘(柴南缘)一带沉降较大,为广阔的冲积与湖积平原,主要湖泊如南、北霍鲁逊湖和达布逊湖等都分布于此,柴达木河、那陵郭勒河与格尔木河等河流下游沿岸及湖泊周围分布有大片沼泽。盆地东部,有一系列变质岩系低山断块隆起,在盆地与祁连山脉间形成次一级小型山间盆地,自西而东有花海子、大柴旦、小柴旦、德令哈与乌兰等盆地,这些盆地中的河流分别注入其低洼中心的湖泊中。河流大部分为间歇性,总计 100 条河流中常流河仅 10 余条,主要分布于盆地东部,西部水网极为稀疏。盆地内湖泊水质多已咸化,共有大小盐湖 20 余个。

柴达木盆地属高原大陆性气候,以干旱为主要特点。年降水量自东南部的 200mm 递减到西北部的 15mm,年均相对湿度为 30%～40%,最小可低于 5%。盆地年均气温均在 5℃以下,气温变化剧烈,绝对年温差可达 60℃以上,日温差也常在 30℃左右,夏季夜间可降至 0℃以下。风力强盛,年 8 级以上大风日数可达 25～75d。

柴达木盆地交通较为发达,南部有格茫公路,向东至格尔木与 109 国道、215 国道相连;中部有 215 国道,可到达甘肃敦煌;315 国道横亘于盆地的北部、中部,向东与 215 国道在茫崖相连,向西可直达青海西宁;此外,柴达木盆地南翼山油田、东坪气田、涩北气田等多个油气田之间有公路相通。青藏铁路横穿柴达木盆地。在西宁市至柴达木盆地格尔木市、茫崖市、德令哈市、敦煌市之间有航班相通。交通较为便利。

第一节　成矿单元划分

一、地质特征

(一)地层

1. 概述

柴达木盆地地层属柴达木地层小区,跨越柴达木北缘、柴达木盆地和柴达木南缘 3 个地层小区。各地层小区中,都有中上奥陶统—志留系滩涧山群、中侏罗统大煤沟组、下白垩统犬牙沟组、古—始新统路乐河组、渐新统下干柴沟组、中新统上干柴沟组和下油砂山组、上新统上油砂山组和狮子沟组、第四系更新统和全新统。

柴达木北缘地层小区另有古元古界达肯达坂群、长城系—蓟县系万洞沟群、震旦系—下寒武统全吉群,中—上寒武统欧龙布鲁克群、下奥陶统多泉山组和石灰沟组、上泥盆统牦牛山组和阿木尼克组、下石炭统阿木尼克组、城墙沟组和怀头他拉组、上石炭统克鲁克组及上侏罗统洪水沟组。

柴达木盆地地层小区还有下二叠统打柴沟组、上三叠统鄂拉山组、中侏罗统大煤沟组和采石岭组、上侏罗统洪水沟组。

柴达木南缘地层小区还有下元古界—长城系金水口群、蓟县系—青白口系冰沟群、上泥盆统牦牛山组、下石炭统石拐子组和大干沟组、上石炭统缔敖苏组、下二叠统打柴沟组、上三叠统鄂拉山组(图2-1)。

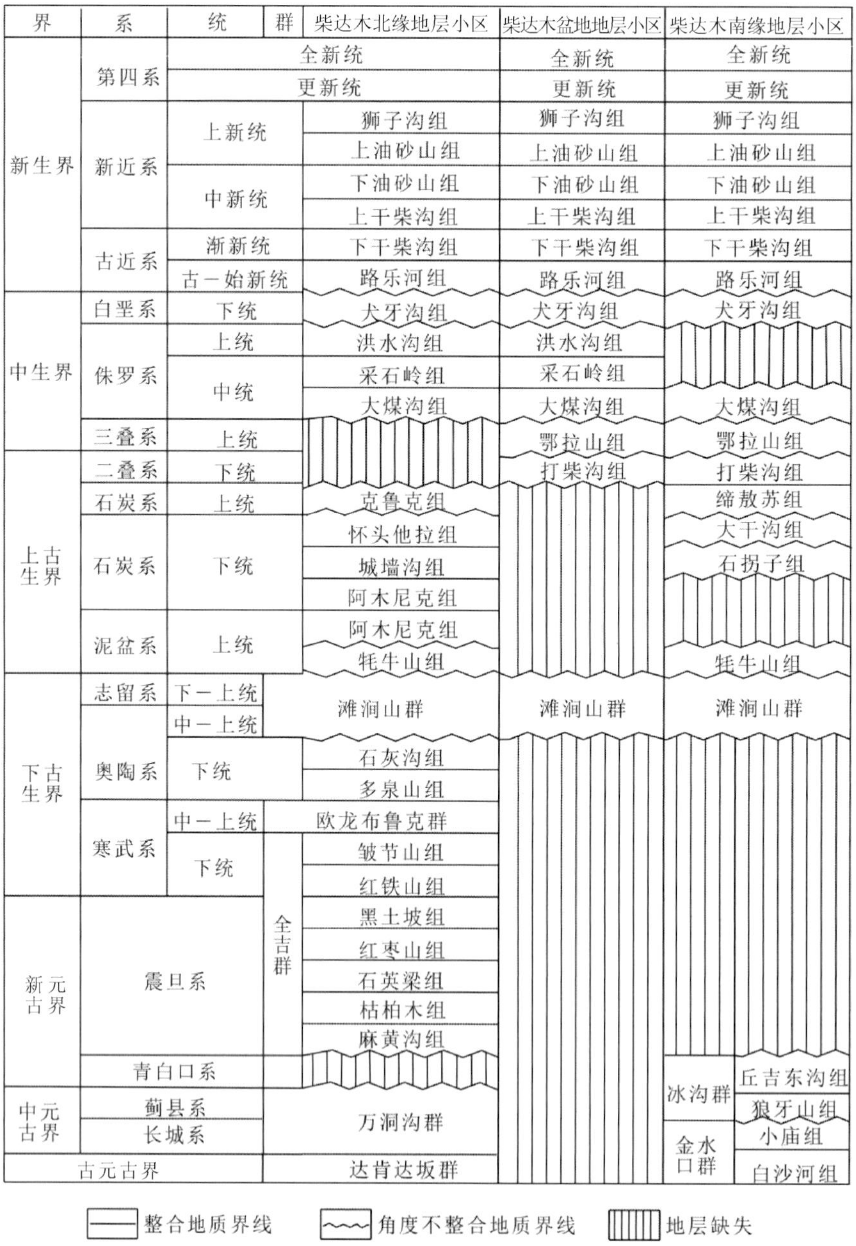

界	系	统	群	柴达木北缘地层小区	柴达木盆地地层小区	柴达木南缘地层小区
新生界	第四系	全新统		全新统	全新统	全新统
		更新统		更新统	更新统	更新统
	新近系	上新统		狮子沟组	狮子沟组	狮子沟组
				上油砂山组	上油砂山组	上油砂山组
		中新统		下油砂山组	下油砂山组	下油砂山组
				上干柴沟组	上干柴沟组	上干柴沟组
	古近系	渐新统		下干柴沟组	下干柴沟组	下干柴沟组
		古—始新统		路乐河组	路乐河组	路乐河组
中生界	白垩系	下统		犬牙沟组	犬牙沟组	犬牙沟组
	侏罗系	上统		洪水沟组	洪水沟组	洪水沟组
		中统		采石岭组	采石岭组	采石岭组
				大煤沟组	大煤沟组	大煤沟组
	三叠系	上统			鄂拉山组	鄂拉山组
	二叠系	下统			打柴沟组	打柴沟组
上古生界	石炭系	上统		克鲁克组		缔敖苏组
		下统		怀头他拉组		大干沟组
				城墙沟组		石拐子组
				阿木尼克组		
	泥盆系	上统		阿木尼克组		
				牦牛山组		牦牛山组
下古生界	志留系	下—上统		滩涧山群	滩涧山群	滩涧山群
		中—上统				
	奥陶系	下统		石灰沟组		
				多泉山组		
	寒武系	中—上统		欧龙布鲁克群		
		下统		皱节山组		
				红铁山组		
新元古界	震旦系		全吉群	黑土坡组		
				红枣山组		
				石英梁组		
				枯柏木组		
				麻黄沟组		
	青白口系					
中元古界	蓟县系			万洞沟群		冰沟群 丘吉东沟组
	长城系					狼牙山组
						金水口群 小庙组
古元古界				达肯达坂群		白沙河组

▬ 整合地质界线　∿ 角度不整合地质界线　▓ 地层缺失

图2-1　柴达木盆地及周边地层层序图(据杨生德等,2013)

从中生界底面(T6层)地震反射等厚图(图2-2)看,区内前中生界是一个被一系列 NW 向、NWW 向构造线分割的起伏不平的断块区,根据盆地边部少数超深钻孔揭露,基底地层岩性为元古宇变质岩系和古元古代花岗岩。本区西部及以西地区构造上呈狭长条带状,断裂较密集;东部及以东地区较为开阔,断裂较少。

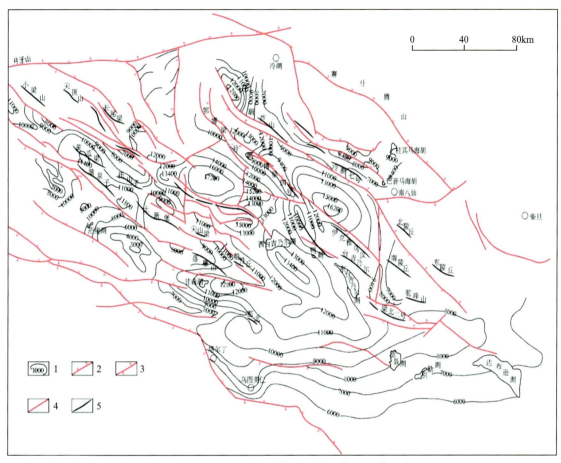

图 2-2　柴达木盆地地震反射 T6 层(基岩顶面)等深度图

1.埋深深度(m);2.正断层;3.逆断层;4.推测断层;5.背斜轴

中生界底面埋深 9000~17 200m,西段多为 800~11 000m,东段多为 5000~8000m。区内包括 3 个低地:红三旱 3~4 号之北(中生界底面埋深 17 200m)、伊克雅乌汝北西侧即南里滩一带(中生界底面埋深为 16 200m)、西台湖东南部(中生界底面埋深 13 400m)。这些低地在中生代及新生代早中期是整个盆地的沉降中心地带。可以认为,中生界侏罗系和白垩系除出露于盆地周缘地带外,同时作为"第一盖层"分布于柴达木盆地深部,其上部新生界为"第二盖层"。从中生界地震反射层基岩顶面等深度图(图 2-3)看,在区内中生界厚度为 200~1600m 不等,其中旱北凹陷至伊北凹陷中生界厚度为 1000~1600m,台南凹陷至红南凹地中生界厚度为 200~400m;涩聂湖及其以东中生界厚度小于 200m。区内西北部厚度明显大于东南部。根据盆地边缘出露的地层及物探推断,中生界属湖相、冲洪积相沉积。

中生代"第一盖层"厚度通常只是新生代"第二盖层"厚度的十分之一或更小,由此可知盆地中的沉积物,主要是新生代以来的沉积物。

2. 前新生代地层

元古宙柴达木盆地为古陆,柴达木盆地北缘依次沉积达肯达坂群角闪岩相变质建造、万洞沟群高绿片岩相变质岩建造、全吉群海陆交互相沉积的碎屑岩建造;柴达木盆地南缘发育金水口群角闪岩相变质

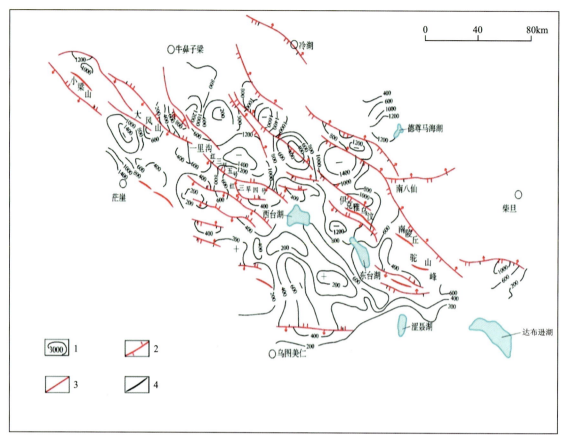

图 2-3 柴达木盆地地震反射 TR～T6 层基岩顶面等深度图
1.等厚度线(m);2.逆断层;3.性质不明断层;4.背斜轴

岩建造。早古生代柴达木盆地和盆地南缘除中奥陶世—晚志留世发育滩涧山群蛇绿岩建造外基本为古陆,柴达木北缘沉积全吉群、多泉山组和石灰沟组浅海相碳酸盐岩建造、碎屑岩建造及滩涧山群蛇绿岩建造。晚古生代柴达木盆地为古陆,柴达木盆地北缘沉积牦牛山组、城墙沟组、怀头他拉组和克鲁克组碳酸盐岩建造、碎屑岩建造;柴达木南缘沉积打柴沟组碳酸盐岩建造。中生代柴达木北缘为古陆,柴达木盆地和柴达木南缘活动鄂拉山组陆相火山岩。中侏罗世早期,在柴达木北缘、柴达木盆地及柴达木南缘沉积大煤沟组含煤碎屑岩建造。中侏罗世晚期—晚侏罗世,柴达木北缘和柴达木盆地沉积陆相杂色碎屑岩夹灰岩建造,柴达木南缘为古陆。早白垩世,柴达木北缘、柴达木盆地及柴达木南缘沉积红色粗碎屑岩夹泥灰岩建造。中侏罗世末期,燕山运动使祁连褶皱带复活隆升的构造作用取代了挤压导致张裂的构造作用,北部局部地区处于剥蚀状态,盆地沉积中心向南迁移,沉积环境也由湖泊—沼泽相过渡为河流—冲积相,形成了早白垩世陆相红色砂砾岩和砂泥岩沉积。

3. 新生代地层

柴达木北缘、柴达木盆地、柴达木南缘新生界分布较广,在各背斜构造部位出露古近系、新近系及第四系更新统,均属一套山麓堆积及河、湖相沉积。各沉积凹地、河谷地带沉积第四系。第四系发育齐全,从下更新统至全新统均有出露,成因类型复杂,主要为冲洪积、湖积、风积和化学沉积。

前人对柴达木盆地新生界主要划分方案见表 2-1,将古近系划分为古新统—始新统路乐河组,渐新统下干柴沟组;新近系划分为中新统上干柴沟组和下油砂山组,上新统上油砂山组和狮子沟组;第四系划分为中—下更新统七个泉组和上更新统、全新统(苏联地质保矿部全苏地质科学研究所,1957;青海石油管理局勘探开发研究院,1985;孙崇仁等,1997;李云通,1984;唐伦和等,1991;孙镇城等,2006;杨平等,2009)。其中,《青海省岩石地层》《青海省第三轮成矿远景区划研究及找矿靶区预测》和《青海省矿产资源潜力评价成果报告》中将上、下柴沟组合并为干柴沟组,将上、下油砂山组合并为油砂山组(孙崇仁等,1997;韩生福等,2004;杨生德等,2013)。本次对柴达木盆地新生界划分方案见表2-2,主要采用了《青海省矿产资源潜力评价成果报告》(杨生德等,2013)、《柴达木盆地第四纪含盐地层划分及沉积环境》(沈振枢等,1993)、《柴达木盆地新构造运动及盐湖发展演化》(朱允铸等,1994)成果。

表2-1 柴达木盆地新生界对比表

系	统	代号	苏联地质保矿部全苏地质科学研究所(1957) 统	苏联地质保矿部全苏地质科学研究所(1957) 代号	青海石油管理局勘探开发研究院(1985) 地层	青海石油管理局勘探开发研究院(1985) 代号	孙崇仁等(1997) 地层	孙崇仁等(1997) 代号	李云通(1984) 地层	李云通(1984) 代号	唐伦和等(1991) 地层	唐伦和等(1991) 代号	地震标准层	电性标准层
第四系	全新统	Qh	全新统	Qh				Q_{3-4}		Q_{3-4}		Q_{3-4}		
第四系	更新统	Qp	上更新统	Qp_3	七个泉组	Q_{1-2}	七个泉组	$Q_{1-2}q$			七个泉组	Q_{1-2}	T_0	
第四系	更新统	Qp	中更新统	Qp_2	七个泉组	Q_{1-2}	七个泉组	$Q_{1-2}q$			七个泉组	Q_{1-2}	T_0	
第四系	更新统	Qp	下更新统	Qp_1	七个泉组	Q_{1-2}	七个泉组	$Q_{1-2}q$			七个泉组	Q_{1-2}	T_0	
新近系	上新统	N_2	上上新统	N_2^3	狮子沟组	N_2^3	狮子沟组	$N_2 s$	狮子沟组	N_2	狮子沟组	N_2	T_1	
新近系	上新统	N_2	中上新统	N_2^2	上油砂山组	N_2^2	上油砂山组	$N_2 y$	狮子沟组	N_2	狮子沟组	N_2	T_1	
新近系	上新统	N_2	下上新统	N_2^1	下油砂山组	N_2^1	下油砂山组	$N_1 y$	上油砂山组	N_1	上油砂山组	N_1^2	T_2'	K_3
新近系	中新统	N_1	中新统	N_1	上干柴沟组	N_1	上干柴沟组	$N_1 g$	下油砂山组		下油砂山组	N_1^1	T_2	K_5
古近系	渐新统	E_3	渐新统	E_3	下干柴沟组	E_3	下干柴沟组上段	$E_3 g^2$	上干柴沟组	E_3	上干柴沟组	E_3	T_4	K_8
古近系	渐新统	E_3	渐新统	E_3	下干柴沟组	E_3	下干柴沟组上段	$E_3 g^2$	下干柴沟组上段	E_{2-3}	下干柴沟组上段	E_{2-3}	T_4	K_{11}
古近系	渐新统	E_3	渐新统	E_3	下干柴沟组	E_3	下干柴沟组下段	$E_3 g^1$	下干柴沟组下段	E_2	下干柴沟组下段	E_2	T_5	K_{12}
古近系	始新统	E_2	古世新统	E_{1-2}	路乐河组	E_{1-2}	路乐河组	E_{1-2}	路乐河组	E_{1-2}	路乐河组	E_{1-2}	T_r	K_{13}
古近系	古新统	E_1	古世新统	E_{1-2}	路乐河组	E_{1-2}	路乐河组	E_{1-2}	路乐河组	E_{1-2}	路乐河组	E_{1-2}	T_r	K_{13}

表2-2 柴达木盆地新生界地层划分对比表

系	统	代号	沈振枢等(1993);朱允铸等(1994) 地层	沈振枢等(1993);朱允铸等(1994) 年龄/Ma	沈振枢等(1993);朱允铸等(1994) 代号	韩生福等(2013) 地层	韩生福等(2013) 年龄/Ma	韩生福等(2013) 代号	本研究 地层	本研究 年龄/Ma	本研究 代号
第四系	全新统	Qh	达布逊组	0.0117	Qh	按成因划分	0.15		达布逊组	0.0117	Qhd
第四系	更新统	上更新统 Qp_3	察尔汗组	0.126	Qp_3	按成因划分	0.15		察尔汗组	0.15	$Qp_3 c$
第四系	更新统	中更新统 Qp_2	孕斯库勒组	0.781	Qp_2		0.73		孕斯库勒	0.73	$Qp_2 g$
第四系	更新统	下更新统 Qp_1	阿拉尔组	2.58	Qp_1	七个泉组	2.48	$Qp_1 q$	阿拉尔组	2.48	$Qp_1 a$
新近系	上新统	N_2	狮子沟组	?	$(N_2^3 s)$	狮子沟组	5.1	$N_2 s$	狮子沟组	5.1	$N_2 s$
新近系	上新统	N_2	上油砂山组	5.333	$N_2^2 y$	油砂山组	5.3	$N_2 y$	上油砂山组	5.3	$N_2 y$
新近系	中新统	N_1	下油砂山组	?	$N_2^1 y$ 或 $N_1 y$	油砂山组	5.3	$N_2 y$	下油砂山组		$N_1 y$
新近系	中新统	N_1	上干柴沟组	23.5	$N_1 g$	干柴沟组	23.3	$E_3 N_1 g$	上干柴沟组	23.3	$N_1 g$
古近系	渐新统	E_3	下干柴沟组	33.7	$E_3 g$		32		下干柴沟组	32	$E_3 g$
古近系	始新统	E_2	路乐河组	65	$E_{1-2} l$	路乐河组	65	$E_{1-2} l$	路乐河组	65	$E_{1-2} l$
古近系	古新统	E_1	路乐河组	65	$E_{1-2} l$	路乐河组	65	$E_{1-2} l$	路乐河组	65	$E_{1-2} l$

古近系:由古新统—始新统和渐新统组成。古新统—始新统为一套陆相河沉积,岩性为一套棕红色

泥质岩和砂质岩互层,未见含盐层。据《青海省茫崖镇大浪滩钾矿矿田详细普查报告》(吴琰龙等,1988),路乐河组地面出露厚度85~832m。渐新统为浅湖相沉积,岩性为深灰色泥质岩夹石盐层、砂岩及粉砂岩,下干柴沟组地面出露厚度182~1232m。

新近系:由中新统和上新统组成。中新统为典型的湖相沉积,靠近盆地边缘地带粒度较粗,靠近盆地中心地带粒度较细。下部为上干柴沟组,岩性为一套棕灰色、灰色砾岩及砾状砂岩,以灰色及深灰色泥岩、砂质泥岩为主夹鲕状泥灰岩。上部为下油砂山组,岩性为灰色钙质泥岩夹砂岩。上新统为一套湖相沉积,下部为上油砂山组,上部为狮子沟组。上油砂山组在靠近盆地边缘粒度较粗,向中心地带粒度逐渐变细,在边缘地带为一套浅棕色砂质泥岩及砂岩与灰色砾状砂岩、砾岩互层,在中心地带为一套钙质页岩和灰色泥岩及泥质粉砂岩、砂质泥岩夹泥灰岩;多见石膏碎片及薄石膏脉。狮子沟组地层岩性在靠近盆地中心地带为砂质泥岩、细砂岩与粉砂岩互层,夹泥灰岩及含碳砂质泥岩等,泥质岩中常见石膏碎片,并夹有石膏层及鲕状砂岩薄层。整套地层中夹有盐岩层。

第四系:由更新统和全新统组成。更新统为陆相湖相沉积,靠近盆地边缘为灰色、黄灰色巨厚层砾岩夹少量砂岩及砂质泥岩;向盆地中心地带变为湖相沉积,以棕灰色、灰色砂质泥岩及泥岩为主,地层中含有大量石盐、芒硝、石膏层,局部地段还夹有杂卤石层。上更新统按成因可分为洪积、湖积、化学沉积等,主要岩性为洪积砂砾石,湖积为含石膏、粉砂的黏土、淤泥,化学沉积为含粉砂的石盐等。全新统按成因可分为湖沼沉积、洪积、冲积及风积和化学沉积等,主要岩性为洪积卵石、砾石及粗砂,冲积为粉细砂、砂质黏土,风积为中细砂、粉砂,化学沉积为含粉砂的石盐、含黏土的石盐、含石膏的石盐等。

(二)构造特征

柴达木盆地呈箕状,受祁连山、昆仑山和阿尔金山三大山系的长期影响,构造运动既有继承性,又有新生性,构造的叠加与改造使得变形构造极为复杂,并且随时间迁移不同时期沉降中心有明显的迁移。

1.基底(断裂)构造与断裂体系

1)基底(断裂)构造

阿南断裂:该断裂由重力大地电磁测深成果及专题验证,分布于柴达木盆地西北部积极沟、金鸿山、大通沟南山、鄂博梁至冷湖以北一线,为盆地西部边界断层,长度约260km,断距一般3000m,月牙山一带达5260m,走向NEE或NE,地表平缓,下部较陡,倾角60°,属逆冲断层,断层古中元古界变质岩与上奥陶统滩涧山群,由北向南逆冲于白垩系、侏罗系之上,中生界又逆冲于第三系之上(葛肖虹,1990)。

赛南-绿南断裂:该断裂由重力埃南地震测线160N、200N赛南、330N、1199E绿南、410N锡南、T5、T3反射层所验证,由一系列由北向南的逆冲断裂组成南麓逆冲推覆构造,与加里东期柴北缘断裂(缝合带)位置基本一致,但断层性质有变化,并且受潜西、马仙、东苦、锡西NEE向断裂切割,新构造格局更加复杂化,总长度300余千米,断距690~3500m,断裂走向NW或NWW,倾向NE;老地层古元古界变质岩与上奥陶统滩涧山群逆冲于泥盆系、石炭系、古近系和新近系之上。总之,柴北缘断裂是一组走向NWW、倾向NE的岩石圈断裂,具有陆内俯冲的一般特征:基性—超基性—中基性火山岩带、超高压变质带、韧性剪切带、老变质岩残片等。该断裂系在晋宁期前即出现雏形,于早古生代时期形成裂陷和一系列NWW向裂陷槽。中新生代时期复活,是柴达木盆地边界断裂。

昆北断裂:该断裂为重力陡梯度带及异常变换带、水平方向(0°)异常负极值轴线,在航磁(ΔT)异常平面图上表现为:局部地段呈不同磁场分界线,或是串珠状异常,或是梯度带。断裂沿盆地南缘边缘斜列分布,西段长40~100km,东段长150~224km,走向NW—NWW或近EW,倾向S,老山由南向北逆冲，倾角70°～75°，基岩断距1100～7300m，断裂向上切至上新统和中下更新统，向下切割至基岩。

柴中断裂：该断裂由1:100万航磁测量、重力测量和遥感影像确定，地表断面也有显示，地震反射（T1—T6）也是断层带。断裂沿台南—达北—巴隆分布，东西长度390km，近EW向展布，是柴南古陆核和柴北增生体之间的地壳缝合带，也是控制柴达木盆地沉积中心转移的主要断裂带之一，形成于元古宙。中生代以来，柴中断裂带与阿尔金走滑断裂为同一构造活动体系，具有边走滑边沉积的特征，其两侧在地形、地层、构造和重磁场特征方面存在显著差异（徐凤银等，2009）。

2）基底断裂体系

盆地内断裂系统划分为控制柴北缘隆起的北缘压扭断裂体系、控制柴西及东昆仑山前的昆北压扭断裂体系、控制阿尔金山前带的阿尔金南缘压扭断裂体系和控制柴达木盆地中部的柴中断裂带（图2-4）。

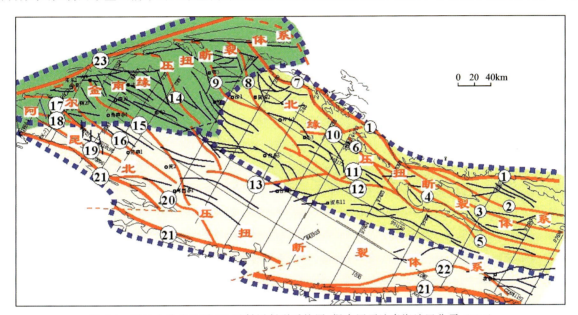

图2-4 柴达木盆地地震T6反射层断裂系统图（据中国石油青海油田公司，2004）

①祁连山南缘断层；②欧北断层；③欧南断层；④埃北断层；⑤埃南断层；⑥绿南断层；⑦赛南断层；⑧北1断层；⑨鄂东断层；⑩马仙断层；⑪无东断层；⑫陵间断层；⑬柴中断层；⑭坪东断层；⑮英北断层；⑯Ⅺ号断层；⑰红柳泉断层；⑱阿拉尔断层；⑲昆北断层；⑳塔尔丁断层；㉑昆仑山北缘断层；㉒霍布逊断层；㉓阿尔金断层

（1）柴北缘压扭断裂体系西起阿尔金山东段南麓，在都兰以北与鄂拉山断裂带相交接，呈NW-NWW向，是由柴达木盆地东北缘一系列狭窄的反S型断褶山脉组成的大型反S型断裂，包括柴达木山-宗务隆山山前断裂带、库雷克山-欧龙布鲁克山两翼断裂带、大小赛什腾山-绿梁山-阿尼克山两翼山前断裂带等。与北缘压扭断裂体系有关的一级断裂有赛南断裂、祁连山南缘断裂，二级断裂有绿南断层、欧北断层、欧南断层、埃北断层、埃南断层、北1断层、鄂东断层、马仙断层、无东断层、陵间断层等。

（2）昆北压扭断裂体系位于昆仑山山前，南西至祁漫塔格山，北东至英雄岭、鄂博山一带。东段断裂少，西段断裂较发育。昆北压扭断裂体系主要是由于盆地中新生代以来长期受到SW-NE向区域应力场的影响，特别是受到喜马拉雅期多幕构造运动和阿尔金"左旋"走滑断裂的影响，并向NE-NEE方向冲断、迁移，导致越靠近阿尔金走滑带，冲断、迁移量越大，与之有关的压扭性断裂越发育；而远离阿尔金山走滑带之处，断裂相对不发育，走滑作用不明显。昆北压扭断裂体系中主要断裂包括了一条一级断裂——昆仑山北缘断层，该断层是位于昆仑山山体北缘的一条南倾北冲的逆断层，在平面上分为三段，其每段有不同的特征，走向从西向东由NW向到NW向再到近EW向展布，断距西大东小，一般为500～2000m，从基底断至第四系。与之有关的二级断裂有：昆北断层、阿拉尔断层、Ⅺ号断层、英北断层、塔尔丁断层以及东部的霍布逊断层等。它们所控制的压陷断槽(凹陷)有尕斯断陷(切克里克凹陷、阿拉尔凹陷)、英雄岭-茫崖坳陷(英雄岭凹陷、茫崖凹陷)、甘森凹陷等。断裂系统中重要的断层构造带有:受英北断裂控制的油泉子构造带、黄瓜峁构造带、黄石逆冲构造带;受Ⅺ号断层控制的红柳泉-乌南构造带;受阿拉尔断层控制的铁木里克逆冲构造带;受昆北断层控制的祁北构造带和东柴山构造带;受霍布逊断层控制的霍布逊断裂构造带。

(3)阿尔金走滑断裂举世闻名,南西起自靠近新疆边界的郭扎错一带,北东隐伏于酒泉盆地花海凹陷西端,全长1600多千米,总体走向NEE,是一巨型左行走滑断裂构造带。与阿尔金走滑断裂体系有关的一级断层有阿尔金断层,二级断层包括红柳泉断层、Ⅺ号断层、坪东断层、鄂东断层等。

2. 新构造运动与构造表现形式

上新世末期及中更新世末期两次较强烈的构造运动,使盆地西部古近系、新近系及第四系普遍发育了褶皱和断层(图2-5)。

1)断层构造

受盆地内柴北缘隆起的北缘压扭断裂体系、控制柴西及东昆仑山前的昆北压扭断裂体系、控制阿尔金山前带的阿尔金压扭断裂体系和柴达木盆地中部的柴中断裂带基底断裂的影响,盆地内新生代断层构造分为柴北缘断层带、中央断层带和昆北断层带。柴北缘断层带受柴北缘隆起的北缘压扭断裂体系影响,一般形成反S型断层构造,断层性质为正断层、逆断层和平移断层,主要有冷湖一~六号-南八仙-北陵丘-东陵丘断层、鄂博梁Ⅰ~Ⅲ号断层、鄂博梁Ⅰ号-葫芦山断层、伊克雅乌汝-南陵丘-驼峰山断层。中央断层带一般呈NW至NE向,断层性质主要为正断层和性质不明断层,主要有红三旱1号断层、碱山断层、红三旱3~4号断层、红沟子-南翼山-油墩子断层、尖顶山断层、黑梁子断层、大风山断层、碱石山断层、落雁山断层和船形丘断层。昆北断层带呈NW向,断层性质主要为逆断层、逆掩断层和少量平移断层,主要有狮子沟-油砂山逆断层、自流井-黄石断层、油泉子-开特米里克断层、茫崖-大沙坪-斧头山断层等。

2)褶皱构造

新生代强烈的构造运动使继承在盆地基底构造之上的盖层发生褶皱,盆地的不同构造部位影响程度有差异,据此分为北部反S型背斜构造带、中央平缓背斜构造带和昆北紧密型背斜构造带3类。

(1)北部反S型背斜构造带系柴北缘压扭断裂体系向盆地斜冲,使前中生代基底覆于中新生界之上,而形成的赛什腾山前中生代—新生代不对称型或尖顶型紧密线性褶皱呈反S型。背斜南陡北缓,断面和轴面倾向山体,轴向呈NW向,与山前基底断裂组成叠瓦式构造。与赛什腾山断层系有关的背斜构造有赛前背斜带、冷湖反S型背斜构造带、南八仙-马海背斜构造带、北陵丘背斜构造、东陵丘背斜构造、绿前背斜构造带、苦水泉-大红沟-黄泥滩背斜构造带、鄂博梁Ⅰ号-葫芦山背斜构造带、鄂博梁Ⅰ~Ⅲ号背斜构造带。背斜构造之间形成了昆特依凹地、马海凹地、南里滩凹地和大熊滩凹地。

(2)中央平缓背斜构造带是受阿尔金山前的阿尔金压扭断裂体系和柴北缘压扭断裂体系双重影响下,在柴达木盆地西缘形成的一系列NW向的褶皱构造,主要有红三旱1号-碱石山背斜构造带、尖顶山-黑梁子背斜构造带、大风山-落雁山背斜构造带、红沟子-南翼山-油墩子背斜构造带。背斜构造之间形成了大浪滩凹地和马海凹地。

(3)与昆北紧密型背斜构造带西部有关的背斜构造依次为咸水泉-油泉子-开特米里克-凤凰台-鄂博山背斜构造带、狮子沟-油沙山背斜构造带、茫崖-大沙坪背斜构造带、黄石-斧头山背斜构造带等,这些构造一般呈NE向。背斜构造之间形成向斜凹地,如茫崖凹地;背斜构造与山前断裂之间形成断陷凹地,如尕斯库勒湖凹地。

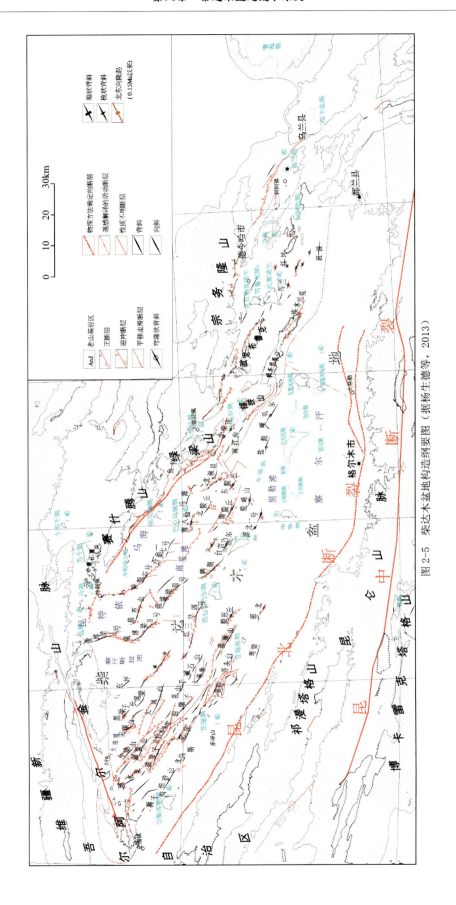

图 2-5 柴达木盆地构造纲要图（据杨生德等，2013）

二、地球物理、地球化学、遥感影像特征

(一)重力异常

从柴达木盆地布格重力异常图(图2-6)可以看出,盆地区布格重力异常为呈 NWW 向展布的低缓重力带,从德令哈经三湖至祁漫塔格山一线两侧,出现重力场强度和形态明显不同的两个布格异常范围,北部异常密集,南部低缓,北侧重力异常值范围为$(-370\sim330)\times10^{-5}\mathrm{m/s^2}$,南侧重力异常值范围为$(-350\sim410)\times10^{-5}\mathrm{m/s^2}$,显示为向北递增的重力梯级带。这与北侧低山丘陵及山峦重叠的地貌、南侧低缓平坦的地貌特征有关。

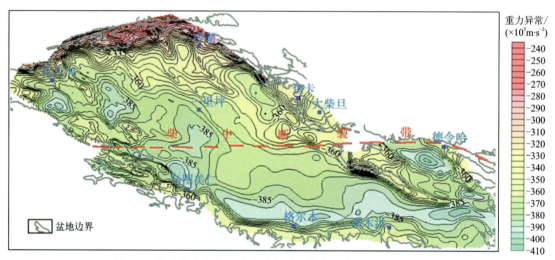

图 2-6 柴达木盆地布格重力异常平面分布图(据徐凤银等,2009)

从柴达木盆地地球物理特征分析,主要密度界面有 2 个,其中古近系与三叠系间的密度界面,代表了新生界与中生界间的密度界面。1:100 万柴达木盆地剩余重力异常图上 4 个重力低反映了古近纪至第四纪的沉积坳陷,即尕斯库勒湖-南翼山、黄瓜梁、西台吉乃尔湖、达布逊湖。尕斯库勒湖-南翼山重力低异常变化范围为$(-80\sim-70)\times10^{-5}\mathrm{m/s^2}$,面积 3600km²;黄瓜梁重力低异常变化范围为$(-105\sim-90)\times10^{-5}\mathrm{m/s^2}$,面积 2100km²;西台吉乃尔湖重力低异常变化范围为$(-106\sim-95)\times10^{-5}\mathrm{m/s^2}$,面积 5500km²;达布逊湖重力低为一鼻状异常,重力低异常变化范围为$(-80\sim-60)\times10^{-5}\mathrm{m/s^2}$,面积 12 000km²。柴达木盆地周缘的祁漫塔格和德令哈北部一带,南部重力异常密集,北部重力异常低缓;而在盆地内从三湖北至小柴旦一线,南部重力异常低缓,异常主体呈近 EW 向,北部重力异常逐渐密集,异常主体呈 NW—NWW 向。由 4 个重力低值圈定的尕斯库勒湖-南翼山、黄瓜梁、西台吉乃尔湖、达布逊湖这 4 个坳陷,是寻找沉积型地下卤水钾盐矿的有利地段。

(二)航磁异常

柴达木盆地航磁异常总体强度低,磁异常呈 NW-SE 向零星展布,异常的连续性差,以正异常为主。柴达木盆地西部祁漫塔格经三湖北、小柴旦湖至东部德令哈一线,出现一条负航磁异常带,以南磁力异常呈 EW 走向,以北磁力异常呈 NW—NWW 走向(图2-7)。

图 2-7　柴达木盆地航磁异常平面图(据徐凤银等,2009)

(三)柴达木盆地遥感影像特征

整个柴达木盆地由平原及少量丘陵组成,地势平坦(图 2-8)。地貌影像图上色调明显,不同的色调构成斑状纹形图案,并可见扇状、同心圆状、斑点状、波状纹形,表面较光滑。基岩山区表现为花斑状暗色色调,背斜构造或低山丘陵区表现为同心圆状、波状、斑点状暗灰色色调,山前冲洪积扇表现为扇状亮色色调,第四系表现为表面光滑的亮色色调。从遥感影像图上看,盆地内大部分为第四纪冲洪积、湖积—化学沉积、风积等。在地貌影像图上,德令哈经三湖北至祁漫塔格山一线两侧,晚更新世早、中期盐湖沉积带地貌差异明显:以北低山丘陵发育,山峦重叠;以南地形平缓。

综上所述,根据重力异常、航磁异常和遥感影像特征,可以判断柴达木盆地中部具有中央断裂,中央断裂两侧为稳定地块,各地块边部为由多条近 EW 向的多个地体组成的地块。

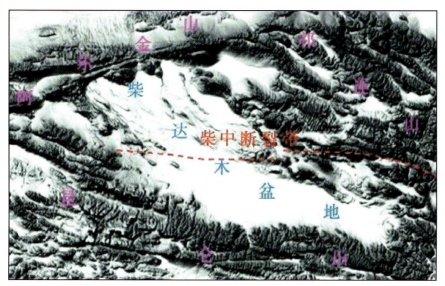

图 2-8　柴达木盆地地貌影像图(据徐凤银等,2009)

三、构造单元划分

1. 前人对柴达木盆地构造单元划分情况

前人对柴达木盆地构造单元划分方面的研究,由于其侧重点不尽相同,划分依据略有差别,出现了不同划分方案(表 2-3)。石油、煤炭部门将柴达木盆地划分为一级构造单元,并进行了次级构造单元划分。和钟铧等(2002)将柴达木盆地划分为 3 个一级构造单元,14 个二级构造单元;金和海(2002)将柴达木盆地划分为 3 个二级构造单元,将其中的柴东坳陷区划分为 3 个构造单元;戴俊生等(2003)将柴达木盆地划分为 4 个二级构造单元,另外将其中的茫崖凹陷划分为 7 个三级构造单元。曹代勇等(2007)将柴达木盆地划分为 1 个一级构造单元,3 个二级构造单元,11 个三级构造单元。付锁堂等(2009)将柴达木盆地划分为 3 个一级构造单元,10 个二级构造单元;杨超等(2012)将柴达木盆地划分为 2 个一级构造单元,6 个二级构造单元。地质部门(韩生福等,2003;杨生德等,2013)以全国统一划分标准为基础,将柴达木盆地划分为 1 个三级构造单元。

表 2-3 柴达木盆地构造单元划分一览表

一级构造单元	二级构造单元	三级构造单元	划分依据	参考文献
昆北逆冲带	尕斯断陷带、东柴山斜坡、塔尔丁断阶带、格尔木斜坡带、诺木洪凸起带		基底性质、基底起伏、断裂活动、构造特征及构造发展史	和钟铧(2002)
中央坳陷	牛鼻子梁斜坡带、大风山凸起、茫崖凹陷带、阿尔金斜坡带和三湖-达布逊凹陷带			
北部块断带	赛昆断陷、马海-大红沟凸起、鱼卡断陷和德令哈凹陷			
柴达木盆地	东昆仑山岩浆隆起区		重磁特征、断裂带分布、沉积盖层、断裂与坳陷分布格局	金和海(2002)
	柴东坳陷区	霍布逊坳陷带、锡铁山-牦牛山隆起带、德令哈坳陷带		
	宗务隆山隆起区			
	北部块断带		基底性质和起伏、地层展布、构造变形强度、盆地演化特征、断裂和山脉的分割性及含油气系统的分布	戴俊生等(2003)
	茫崖坳陷	一里坪凹陷、大风山构造带、油北凹陷、油泉子构造带、英雄岭凹陷、尕斯凹陷、祁北构造带		
	德令哈坳陷			
	三湖坳陷			
秦祁昆晚加里东造山系	东昆仑造山带	柴达木晚中生代—新生代断坳盆地	前造山期和造山期物质的空间展布,以及造山期后出现的重大变化	韩生福等(2004)

续表 2-3

一级构造单元	二级构造单元	三级	划分依据	参考文献
柴达木盆地构造带祁连山构造带	南祁连断褶带	西部构造分区(赛什腾山逆冲推覆带、赛南凹陷);中部构造分区(达肯达坂逆冲推覆带、鱼卡-红山凹陷、绿梁山逆冲推覆带、绿南凹陷);东部构造分区(宗务隆山逆冲推覆带、德令哈凹陷、欧龙布鲁克逆冲断裂带、乌兰凹陷、埃姆尼克山逆冲断裂带)	在煤田构造特点分析的基础上,结合柴北缘基底特征、侏罗系沉积特征、柴北缘主干断裂系统及含煤岩系展布特征分析	曹代勇等(2007)
	北部块断带			
	中央坳陷区			
柴西隆起	昆北逆冲带、茫崖凹陷、大风山凸起		凹凸分布、主要控制断裂及基底性质,充分考虑沉积时的原盆地构造格局,并结合石油地质条件和油气勘探需要	付锁堂等(2009)
柴北缘隆起	赛昆凹陷、马海凸起、鱼卡-红山断陷、德令哈断陷			
三湖坳陷	南部斜坡、三湖凹陷、北部斜坡			
柴达木盆地西区(祁南逆冲带、一里坪坳陷、昆北逆冲带)			油气分布特点和沉积中心的迁移规律、基岩特征、重磁特征和构造特征	杨超等(2012)
柴达木盆地东区(德令哈坳陷、欧龙布鲁克隆起、三湖坳陷)				
秦祁昆晚加里东造山系	柴北缘-东昆仑造山带	柴达木盆地	前造山期和造山期物质的空间展布,以及造山期后出现的重大变化,以全国大地构造分区为基础,Ⅰ、Ⅱ、Ⅲ级按全国统一编号	杨生德等(2013)
秦祁昆晚加里东造山系	柴北缘-东昆仑造山带	柴达木盆地(柴北缘断阶带Ⅳ$_1$、中央坳陷带Ⅳ$_2$、昆北逆冲带Ⅳ$_3$、达布逊湖坳陷区Ⅳ$_4$、欧龙布鲁克隆起Ⅳ$_5$、德令哈坳陷区Ⅳ$_6$)	基底地层特征、断裂构造特征、地球物理、遥感影像特征,结合钾盐形成条件并以全国大地构造分区为基础,考虑影响钾盐的成矿地质因素,便于为钾盐勘探研究服务	本研究

2. 构造单元划分原则

(1)本次构造单元划分和全国构造单元相统一,以逐级划分为原则。柴达木盆地构造单元(Ⅲ)归属于秦祁昆晚加里东造山系(Ⅰ)柴北缘-东昆仑造山带(Ⅱ)柴达木盆地(Ⅲ)。将柴达木盆地内部构造单元划分为Ⅳ级。

(2)本次构造单元划分与区域断层、褶皱构造相一致。构造单元的划分与柴北缘压扭断裂体系及其相关的褶皱构造、昆北压扭断裂体系及其相关的褶皱构造、中央坳陷和达布逊坳陷相一致。

(3)与钾盐分布特点和沉积迁移规律一致。盆地主要存在5个大的钾盐分布区,分为柴北缘断阶带、中央坳陷带、昆北逆冲带、达布逊湖坳陷区、欧龙布鲁克隆起、德令哈坳陷区。三湖坳陷区和德令哈坳陷区被欧龙布鲁克隆起分隔。

(4)遵循沉积盆地演化主线原则。柴达木中生代—新生代盆地的演化受控于基底的构造变动及基底与周边造山带的相互作用,盆地基底在不同时期、不同地区的升降变化是导致盆地发育及迁移的根本原因。划分构造单元时,根据柴达木盆地西部构造基底特征,结合重力异常和航磁异常特征、遥感影像,在各种地质信息的综合分析和类比解释的基础上划分构造单元。

(5)借鉴油气单元划分。每一次地质构造热事件都包括特定的成矿作用和矿化类型,不同级序的区域构造控制着不同级别成矿区带的空间分布范围、矿床类型及元素富集程度,成矿有利部位往往是地质构造界面或者是构造活动的强烈部位。柴达木盆地在新生代这一时期油气矿产与盐类矿产紧密联系,故本次划分四级构造单元边界参考油气的构造单元边界。

(6)反映最新成果。近年来,第三系(古近系+新近系)、第四系有一定规模深层含钾地下卤水的发现,西部背斜构造中液体锂矿有众多线索显示。划分成矿单元时考虑其赋矿层位、形成环境,使成矿单元的划分更具科学性、完整性、指导性。

3. 柴达木盆地构造单元划分结果

根据以上原则将柴达木盆地构造单元(Ⅲ)进一步划分为柴北缘断阶带($Ⅳ_1$)、中央坳陷区($Ⅳ_2$)、昆北逆冲带($Ⅳ_3$)、达布逊湖坳陷区($Ⅳ_4$)、欧龙布鲁克隆起($Ⅳ_5$)、德令哈坳陷区($Ⅳ_6$)6个Ⅳ级构造单元(图2-9)。

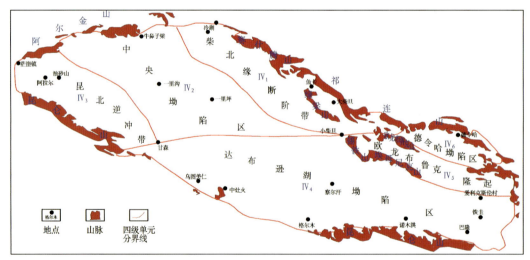

图2-9 柴达木盆地构造单元图(据杨超等,2012;杨生德等,2013)

4. 柴达木盆地构造单元特征

1)柴北缘断阶带($Ⅳ_1$)

柴北缘断阶带($Ⅳ_1$)由阿尔金压扭断裂体系、柴北缘压扭断裂体系和与其相关的褶皱构造组成,是柴达木地块产生不均匀沉陷形成的次级构造盆地。北界为阿尔金断层,北东界为祁连山南缘断层和赛南断层,南西界线依次为鄂东断层和马仙断层,南界为无东断层。带内断裂、背斜发育,多呈反S型,背斜成排、成带分布。基底岩性以古生代末浅变质岩、元古宙变质岩为主。基底埋深较浅,且西北埋深较深、东南较浅,主要发育中生界侏罗系、白垩系和新生界。重、磁特征均以高异常为主。

2) 中央坳陷区（Ⅳ₂）

中央坳陷区（Ⅳ₂）由阿尔金压扭断裂体系、柴北缘压扭断裂体系和昆北压扭断裂体系及与其相关的褶皱构造组成。北界为阿尔金断层，北东界依次为鄂东断层和马仙断层，南西界为英北断层和塔尔丁断层南东端，南界为柴中断层。区内背斜、断裂稀疏，断层向北西发散、南东收敛；背斜多呈右列雁行式展布。基底埋深较深，是柴达木盆地主要的沉积中心，也是柴达木地块在新生代以来发生断陷—充填—改造过程中形成的次级构造盆地。区内重、磁特征均以低异常为主。

3) 昆北逆冲带（Ⅳ₃）

昆北逆冲带（Ⅳ₃）由阿尔金压扭断裂体系和昆北压扭断裂体系及与其相关的褶皱构造组成。北界为阿尔金断层，北东界为英北断层和塔尔丁断层南东端，南界、南西界为昆仑山北缘断层。区内基底岩性以元古宙变质岩、古生代变质岩为主，基底埋深浅，断层陡立北倾，走向 NW、NWW。中生界、古近系和新近系在阿尔金山山前地区、祁漫塔格地区分布。主要赋矿地层为第四系，阿尔金山-柴达木地区及祁漫塔格-布尔汗布达地区都有发育。更新统为冲洪积砂砾层、湖积粉砂岩、泥岩夹岩盐、芒硝、石膏层，该层放射性强度普遍偏高；全新统由冲洪积层、风成砂、含粉砂石盐、粉砂石盐和淤泥等组成。区内重、磁高异常、低异常相间排列。

4) 达布逊湖坳陷区（Ⅳ₄）

达布逊湖坳陷区（Ⅳ₄）由柴北缘压扭断裂体系和昆北压扭断裂体系组成，北界为柴中断层和无东断层，北东界为欧南断层，南西界为霍布逊断层。该区基底岩性为古生代末浅变质岩、元古宙变质岩，南缘发育少量海西期花岗岩。基底埋深较深，南浅北深，南部斜坡面积大。区内构造不发育，北部可见少量纵弯背斜。重、磁特征均以低异常为主。本区是盆地内最深的坳陷区，据地震资料，中新生界底面约在 17 500m 以深。坳陷内沉积了巨厚的第三系，长期以来是一负向构造，第四系继续沉积了中下更新统—上更新统，厚达 3150m。第四纪时盆地沉积中心迁至台吉乃尔湖—达布逊湖—霍布逊湖一带。区内主要由两部分组成，南部为山前斜坡带，主要为冲洪积及洪积扇，北部是以湖积化学沉积为主体的岩层。

5) 欧龙布鲁克隆起（Ⅳ₅）

欧龙布鲁克隆起（Ⅳ₅）位于柴达木盆地东段，北西界为欧北断层，北东界为欧南断层，即爱利克斯伦—埃姆尼克山—锡铁山与欧龙布鲁克山之间的区域，以较高的重、磁异常为特征。该区基底岩性均为元古宇变质岩，基底埋深整体较浅，东部略低，发育有负向构造单元。该单元是盆地东部地区断裂、褶皱发育比较集中的地带。断裂走向以 NW、NWW 向为主，且断裂走向具有尾部转折的特征。

6) 德令哈坳陷区（Ⅳ₆）

该坳陷区位于柴达木盆地东段，北东界为祁连山南缘断层，南西界为欧南断层。该区是柴达木盆地上古生界的沉积中心，基底埋深较深，断层、褶皱零星发育，走向近 EW。新近系—第四系自下而上分别为中新统下油砂山组、上新统上油砂山组和狮子沟组、第四系。新生代地层总体向南、北两侧逐渐变薄和尖灭；狮子沟组在德令哈凹陷沉积厚度增大，但向北部仍然显示逐渐变薄的趋势。重、磁特征以低异常为主。

四、成矿单元

（一）区域矿产

截至 2019 年底，柴达木盆地发现的盐湖与盐类矿产地共 44 处，其中超大型钾盐、镁盐、石盐矿产地 1 处；超大型锂盐矿产地 3 处；中型锂盐、硼盐、钾盐矿产地 1 处。钾盐矿产地 16 处，其中超大型 3 处、大型 1 处、中型 3 处、小型 8 处、矿点 1 处；镁盐矿产地 2 处，其中中型 1 处、小型 1 处；硼矿矿产地 7 处，其中超大型 1 处、大型 1 处、小型 4 处、矿点 1 处；盐类矿产地 7 处，其中大型 1 处、中型 1 处、小型 1 处、矿点 4 处；芒硝矿产地 2 处，其中大型 1 处、矿点 1 处；碱矿产地 5 处，其中小型 3 处、矿点 2 处（表 2-4）。

表 2-4 柴达木盆地区域矿产一览表

矿产地名称	主矿种	主矿种规模	矿产地名称	主矿种	主矿种规模
格尔木市察尔汗钾镁盐矿床	钾盐、镁盐、石盐	超大型	冷湖行委一里坪锂矿区	锂	超大型
茫崖行委大浪滩钾矿田	钾盐	超大型	大柴旦行委大柴旦湖硼矿区	硼	超大型
冷湖行委马海钾矿区	钾盐	中型	柴达木小柴旦湖硼矿区	硼	大型
冷湖行委巴仑马海钾矿区	钾盐	小型	柴达木开特米里克硼矿点	硼	小型
大柴旦行委红南凹地钾矿床	钾盐	小型	柴达木马海—南八仙盐类沉积区硼矿	硼	小型
大柴旦行委南里滩钾矿区	钾盐	中型	柴达木雅图沙居红土硼矿点	硼	小型
冷湖行委察汗斯拉图矿区碱北凹地钾矿	钾盐	小型	柴达木雅沙图靠条灶火硼矿	硼	小型
冷湖行委昆特依钾矿田	钾盐	超大型	格尔木市夏日戛硼矿点	硼	矿点
冷湖行委牛郎织女湖钾矿床	钾盐	小型	乌兰县柯柯盐矿床	盐矿	大型
茫崖行委尕斯库勒钾矿床	钾盐	大型	乌兰县茶卡盐矿	盐矿	中型
茫崖行委油泉子钾矿床浅部卤水矿	钾盐	大型	乌兰县柴凯湖盐矿	盐矿	小型
格尔木市中灶火北钾盐矿床	钾盐	矿点	茫崖行委大风山北结晶盐矿点	盐矿	矿点
冷湖行委巴仑马海钾矿区外围卤水钾矿区	钾盐	小型	茫崖行委土林沟结晶盐矿点	盐矿	矿点
茫崖行委察汗斯拉图地区深层卤水钾矿区	钾盐	小型	茫崖行委茫崖湖盐、芒硝矿点	盐矿	矿点
茫崖行委黑北凹地钾矿	钾盐	小型	都兰县北霍鲁逊湖东盐矿床	盐矿	矿点
青海省茫崖行委大浪滩-黑北凹地深层卤水钾矿床	钾盐	超大型	茫崖行委南翼山盐、芒硝、硼矿床	芒硝	矿点
茫崖行委南翼山矿区深层卤水锂、硼、钾矿床	锂、硼、钾盐	中型	茫崖行委一里沟芒硝矿床	芒硝	大型
冷湖行委昆特依深层卤水钾矿区	钾盐	中型	都兰县宗家-巴隆天然碱矿床	碱	小型
格尔木市团结湖镁盐矿床	镁盐	中型	都兰县柴达木河北岸土碱矿	碱	小型
格尔木市东陵湖镁盐矿床	镁盐	小型	都兰县哈鲁乌苏河土碱矿	碱	小型
格尔木市东台吉乃尔湖锂矿区	锂	超大型	大柴旦行委南八仙天然碱矿点	碱	矿点
大柴旦行委西台吉乃尔湖锂矿区	锂	超大型	都兰县哈图天然碱矿点	碱	矿点

以上盐类矿产主要成分有 KCl、$MgCl_2$、$NaCl$、Mg_2SO_4、B_2O_3、Br、I 等,按矿床赋矿层位和成矿地质特征,分为固体钾盐矿床(点)和液体钾盐矿床(点),按产地地质构造环境分为盐湖矿床(点)和盐类矿床(点),按埋藏深度分为浅层盐类矿床(点)和深层盐类矿床(点),按主矿种分为钾(盐)、锂(盐)硼(盐)、石盐、锂(盐)矿床(点)等。

1. 固体盐矿

浅部固相钾盐矿、石盐矿、芒硝矿等多分布于向斜凹地、现代盐湖之中。如大浪滩钾矿田、昆特依钾矿田、马海钾矿区、察汗斯拉图芒硝矿、尕斯库勒湖钾矿床、西台吉乃尔钾矿床、东台吉乃尔钾矿床及察尔汗钾盐矿等分布于中—上更新统盐湖之中,该类型矿已进入开发阶段。

天青石、石膏、硼矿等盐类矿产,一般产于盆地西部背斜构造。如大风山天青石矿分布于大风山构造西翼上新统及中—下更新统中。尖顶山天青石矿分布于尖顶山背斜构造东北翼下更新统中。

2. 液体钾盐矿

液体钾盐矿分为3种类型,一是盐类晶间卤水钾盐矿床,二是砂砾孔隙卤水钾盐矿床,三是构造裂隙孔隙卤水钾盐矿床。

盐类晶间卤水钾盐矿一般赋存于砂砾孔隙卤水层上部,进一步分为浅部盐类晶间卤水钾盐矿床和深部盐类晶间卤水钾盐矿床。

砂砾孔隙卤水钾盐矿一般分布于晶间卤水钾盐矿的下部,或盐类晶间卤水矿床边缘,分为浅部砂砾孔隙卤水钾盐矿床和深部砂砾孔隙卤水钾盐矿床。

构造裂隙孔隙卤水钾盐矿主要赋存于背斜构造区,是深层卤水钾盐矿床之一,为矿化度高,有益组分钾、硼、锂、溴、碘等达到可开发利用等级的构造裂隙孔隙卤水钾盐矿床(图2-10)。

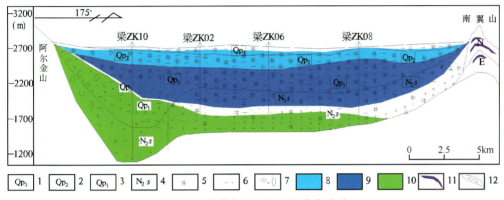

图 2-10 液体钾盐矿的空间分布关系

1.上更新统;2.中更新统;3.下更新统;4.上新统狮子沟组;5.化学(盐)湖相沉积;6.湖相沉积;7.冲洪积相沉积;8.浅部盐类晶间卤水;9.深层盐类晶间卤水;10.深层砂砾孔隙卤水;11.深层构造裂隙孔隙卤水;12.岩相或地质界线

(二)成矿单元划分

1. 成矿单元划分原则

(1)以研究区构造单元划分为基础。成矿单元是构造单元内成矿作用及产物的载体,在各种控矿要素最佳耦合条件下,一定构造区内由一个或多个成矿旋回叠加,可形成矿化强度大、矿床分布集中的矿化密集区。矿产实际上是地壳历史演化的产物和特殊标志,因此,成矿的地质构造环境及与其有关的成矿作用所涉及的范围是圈定成矿单元的基础。

(2)逐级圈定成矿单元。本次成矿单元划分的依据是中国成矿单元划分方案,与中国成矿单元划分统一,即成矿域(Ⅰ级)、成矿省(Ⅱ级)、成矿带(Ⅲ级),本次柴达木盆地成矿单元划分到Ⅳ级(成矿亚带)。

(3)突出储卤层的岩相、古气候、水文条件相互印证和综合分析。探讨成矿物质来源、构造条件对于储卤层的约束,气候条件对盐类矿物析出的影响,以此证明成矿亚带划分科学、合理。

2. 柴达木盆地盐湖与盐类成矿单元划分结果

柴达木盆地成矿单元归属于秦祁昆成矿域(Ⅰ-2)昆仑(造山带)成矿省(Ⅱ-6),依据以上原则,突出赋盐类矿产的岩相、古气候、水文条件等综合因素,将柴达木盆地盐类成矿带划分5个Ⅳ级成矿亚带(表2-5、图2-11)。

表 2-5　柴达木盆地盐湖与盐类矿产成矿单元划分表

成矿域	成矿省	成矿带	成矿亚带及编号
秦祁昆成矿域（Ⅰ-2）	昆仑（造山带）成矿省（Ⅱ-6）	柴达木盆地 Li-B-K-Na-Mg 盐类、石油、天然气、天青石、石膏、芒硝、天然碱、地下水、黏土成矿带（Ⅲ-25）	柴北缘断阶硼、钾镁盐亚带（Ⅰ）
			中央坳陷锂、湖盐和钾镁盐亚带（Ⅱ）
			昆北逆冲钾盐亚带（Ⅲ）
			达布逊湖钾镁盐坳陷亚带（Ⅳ）
			德令哈坳陷钠、天然碱亚带（Ⅴ）

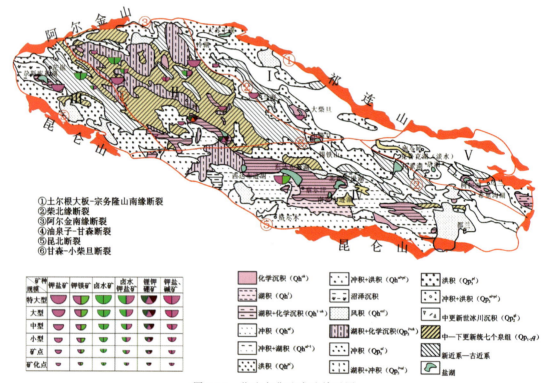

图 2-11　柴达木盆地成矿单元图

Ⅰ.柴北缘断阶硼、钾镁盐亚带；Ⅱ.中央坳陷锂、湖盐和钾镁盐亚带；Ⅲ.昆北逆冲钾盐亚带；Ⅳ.达布逊湖钾镁盐坳陷亚带；Ⅴ.德令哈坳陷钠、天然碱亚带

3.柴达木盆地盐湖与盐类成矿单元特征

1）柴北缘断阶硼、钾镁盐亚带

柴北缘断阶硼、钾镁盐亚带位于柴北缘断阶带（Ⅳ$_1$），其内冷湖背斜构造、南八仙背斜构造、北陵丘背斜构造、鄂博梁背斜构造、鸭湖背斜构造、伊克雅乌汝背斜构造、台吉乃尔背斜构造区一般形成深层构造裂隙孔隙钾锂盐矿，如鄂博梁构造深层构造裂隙孔隙卤水锂矿、丫湖构造深层构造裂隙孔隙卤水锂矿等。背斜构造之间的牛郎织女盐湖、巴伦马海盐湖、大柴旦盐湖、小柴旦盐湖等以形成硼、钾、锂、镁盐等盐类矿产为主，如牛郎织女湖钾矿床、巴伦马海钾矿床、马海钾矿床等。与柴北缘压扭断裂体系有关的断陷凹地冲洪积相砂砾层中形成深层砂砾孔隙卤水钾盐矿床，如马海地区深层砂砾孔隙卤水钾矿床。

2）中央坳陷锂、湖盐和钾镁盐亚带

中央坳陷锂、湖盐和钾镁盐亚带位于柴达木盆地西部中央坳陷区（IV_2），渐新世—上新世南翼山、小梁山、大风山、尖顶山、凤凰台、大沙坪等背斜构造区一般形成深层卤水钾锂盐矿、锶矿、石盐、芒硝等，如南翼山地区深层构造裂隙孔隙卤水钾锂盐矿床，南翼山地区盐、芒硝、硼矿床，大风山芒硝矿点等。全新世至晚更新世油泉子凹地、凤南凹地、凤北凹地、大浪滩凹地、黑北凹地、察汗斯拉图凹地一般形成盐类晶间卤水钾盐矿床，如梁中钾矿床、黑北钾矿床、凤北钾矿床等；中更新世及更早的盐类沉积凹地，如大浪滩-黑北凹地、察汗斯拉图凹地形成深层盐类晶间卤水钾盐矿，如大浪滩凹地深层盐类晶间卤水钾盐矿床、察汗斯拉图凹地深层盐类晶间卤水钾盐矿床；中更新世及更早的冲洪积相地层中形成深层砂砾孔隙卤水钾盐矿，如大浪滩-黑北凹地深层砂砾孔隙卤水钾盐矿床和察汗斯拉图凹地深层砂砾孔隙卤水钾盐矿床。

3）昆北逆冲钾盐亚带

昆北逆冲钾盐亚带位于昆北逆冲带（IV_3），渐新世—中新世狮子沟、咸水泉、油泉子、油墩子、开特米里克、落雁山等背斜构造形成深层构造裂隙孔隙卤水钾盐矿床，如狮子沟深层构造裂隙孔隙卤水钾盐矿点、开特米里克深层构造裂隙孔隙卤水钾盐矿点、小冒泉深层构造裂隙孔隙卤水钾锂盐矿点等；中更新世—全新世尕斯库勒湖断陷凹地中形成钾盐矿床，如尕斯库勒钾盐矿床。

4）达布逊湖钾镁盐坳陷亚带

达布逊湖钾镁盐坳陷亚带位于达布逊湖坳陷区（IV_4），地处柴达木盆地东部，涩聂湖、察尔汗地区自4万年前开始的盐类沉积，明显受到末次冰期晚期最盛期寒冷干燥气候的影响。该区是中国已探明的最大的钾镁盐矿区。

5）德令哈坳陷钠、天然碱亚带

该区位于德令哈坳陷区（IV_4），区内湖沼沉积和盐碱滩十分发育，这些盐湖矿产有两个特点：一是除石盐沉积外很少有其他盐类矿共生；二是天然碱是本区的特色矿产。成盐期为晚更新世—全新世。本区比较重要的盐类矿床有茶卡湖盐矿床、柯柯湖盐矿床、宗家-巴隆天然碱矿床。

第二节　深层卤水储层沉积建造与构造特征

在柴达木盆地，目前发现的深层卤水主要分布于北部和西部，大地构造位置属柴北缘断阶带（IV_1）、中央坳陷区（IV_2）和昆北逆冲带（IV_3），成矿单元属柴北缘断阶硼、钾镁盐亚带，中央坳陷锂、湖盐和钾镁盐亚带及昆北逆冲钾盐亚带。在背斜构造区分布构造裂隙孔隙卤水，在向斜凹地分布深层盐类晶间卤水和深层砂砾孔隙卤水。

一、深层卤水储层界限分析

布容正向极性时（Brunhes normal polarity ehron）又称布容正常极性时。在地磁极性变化的历史中，距今78万年至今这一段时期中，地磁场以正向极性为主。松山反向极性期（Matuyama reversed polarity chron）又称松山反向极性期。在地磁极性变化的历史中，距今250~70万年期间，岩石磁化方向多数与现代磁场的方向相反。高斯正向极时（Gauss normal polarity chorn）又称高斯正常极性时，指在地磁极性变化的历史中，距今332~243万年的这一段时期。

黑ZK01孔和ZK336孔B/M的界线相近（表2-6，图2-12），均在170m左右，与梁ZK02、梁ZK05和ZK402孔差异较大，这3个孔的B/M界线在94~341m之间。可见，在大浪滩地区，中更新世地层界线在340m以内。

表 2-6 大浪滩各钻孔磁性地层 B/M 界线和 M/G 界线深度对比表

	ZK336[①]	ZK402[①]	黑ZK01[②]	梁ZK02[②]	梁ZK06[②]	梁ZK05[③]
B/M 界线深度/m	170	341	176	315	326	94
M/G 界线深度/m	534	591	676			

注：①沈振枢等,1993；②秦永鹏等,2012；③施林峰等,2010.

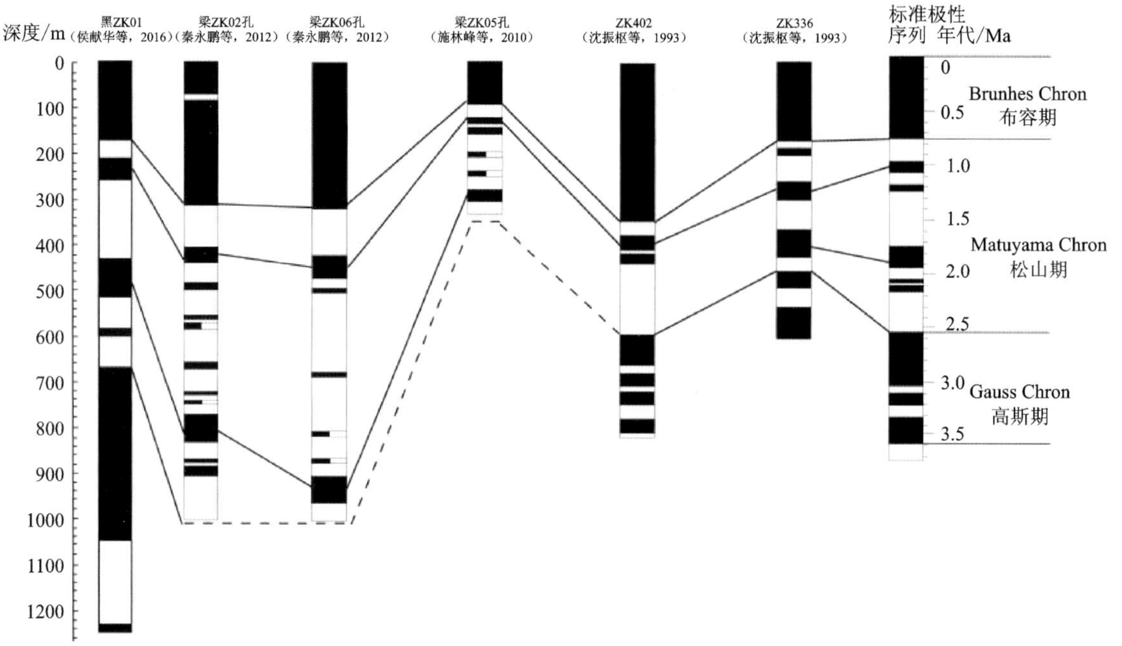

图 2-12 大浪滩盐湖各钻孔磁性地层对比图

ZK402 和 ZK336 钻孔磁性地层所揭示的大浪滩地区第四系底界(通常以 M/G 界线为第四系底界)深度小于 600m,而黑 ZK01 钻孔的第四系底界位于 676m,鉴于 ZK402 和 ZK336 孔磁性地层所存在的不足,因此认为至少在大浪滩地区第四系底界一般为 700m 左右,但在大浪滩盐湖梁北凹地的梁 ZK02 和梁 ZK06 钻孔的磁性地层记录表明,这 2 个钻孔进尺 1000m 地磁极性序列都未出现 Gauss 正向极性期,因柴达木盆地大浪滩地区发育厚段纯岩盐层或含盐地层,造成古地磁采样不连续和胶黄铁矿重磁化现象严重等,致使该区磁性地层分布复杂。尽管如此,在黑 ZK01 孔中可初步推断,676~1250m 为上新统狮子沟组。

ZK336 孔在 170~534m 揭露的地层为含粉砂、石膏、石盐的黏土和淤泥层,夹含白钠镁矾、石膏的石盐层。ZK402 孔在 341~591m 揭露的地层为粉砂黏土层、淤泥层夹石盐、石膏层。根据地层的储卤性质和表 2-6,ZK336 孔深层晶间卤水 Qp_1 段的地层界限为 170~534m,N_2s 地层界限为 534m 以下；ZK402 孔深层晶间卤水 Qp_1 段的地层界限为 341~591m,N_2s 地层界限为 591m 以下。

黑 ZK01 孔在 0~1250m 分为 3 层。0~42.02m 为第一层,岩性为灰白色、灰绿色、灰黑色含石膏的粉砂黏土、黏土或淤泥,与中粗粒石盐、芒硝夹白钠镁矾的盐层互层。42.02~170.89m 为第二层,岩性为褐色、青灰色、深灰色含石膏的粉砂黏土,与石盐层互层。170.89~664.96m 为第三层,上部 170.89~385.87m 岩性为灰褐色、灰白色、青灰色、深灰色粉砂黏土,灰黑色、青灰色淤泥等,含大量石膏,夹薄层石盐层；下部 385.87~664.95m 岩性为褐色、青灰色、深灰色粉砂黏土,含大量石膏和少量石盐。664.96~1250m 为第四层,上部 664.96~743.05m 岩性为褐色、褐红色、灰褐色粉砂岩、泥岩,含少量的石膏,夹粉细砂；下部 743.05~1250m 岩性为褐色、灰褐色、黄褐色中粗砂、中细砂、含砾砂等。结合黑 ZK01 孔 M/G 界线在 676m 处可以推断,黑 ZK01 孔 Qp_1 的地层界限在 176~676m 范围,N_2s 的地层界限约在676m以下。

研究区其他钻孔缺少古地磁资料,涉及的深层卤水储层界限是根据以上结论和地层的沉积学原理,结合柴达木盆地西部构造运动规律综合确定的。

二、深层卤水储层沉积建造

(一)深层盐类晶间卤水储层沉积建造

深层盐类晶间卤水储层由新近系上新统狮子沟组(N_2s)和下更新统阿拉尔组(Qp_1a)组成,分布于柴达木盆地大浪滩地区。

1. 新近系上新统狮子沟组(N_2s)

上新统狮子沟组岩盐层是深层晶间卤水的储层,分布于柴达木盆地西部凹地较深部位,一般埋深大于500m,在ZK336孔的89～102层(528.48～602m)控制了该层(表2-7)。

1)典型钻孔描述

自上而下,ZK336孔地层分布如下:

上覆地层:下更新统阿拉尔组(Qp_1a)

——————————连续沉积——————————

表2-7 ZK336钻孔 N_2s 528.48～602m(89～102层)地层特征

层号	自/m	至/m	厚度/m	岩性	沉积环境
89	528.48	534.41	5.93	灰白色含黏土芒硝的石盐	盐湖相
90	534.41	541.89	7.48	黑褐色泥岩	湖相
91	541.89	546.91	5.02	灰白色、浅灰色黏土石膏	盐湖相
92	546.91	553.79	6.88	灰白色含黏土的中粗粒石盐	盐湖相
93	553.79	568.77	14.98	灰绿色灰褐色泥岩夹浅灰色黏土石膏	盐湖相
94	568.77	573.52	4.75	灰白色含粉砂黏土之粗中粒石盐	盐湖相
95	573.52	579.31	5.79	浅灰色灰白色含石盐的黏土石膏	盐湖相
96	579.31	582.06	2.75	灰白色含黏土的中粗粒石盐夹灰黑色粉砂黏土	盐湖相
97	582.06	585.38	3.32	灰褐色粉砂黏土	湖相
98	585.38	589.83	4.45	灰白色含黏土的石膏石盐	盐湖相
99	589.83	592.04	2.21	灰白色含黏土的中粗粒石盐	盐湖相
100	592.04	597.57	5.53	黄褐色粉砂黏土	湖相
101	597.57	600.29	2.72	灰白色含黏土的中粗粒石盐	盐湖相
102	600.29	602.00	1.71	褐灰色粉砂泥岩	湖相

——————————未见底——————————

2)岩性组合

灰白色—浅灰色—灰褐色含黏土、芒硝的中细粒石盐、石膏与灰褐色—黄褐色—褐灰色粉砂黏土互层。

3)岩相变化

横向上,由东到西,沉积物变化不大,但由北向南,靠近湖中心,岩盐层明显增多。垂向上,由上至下,岩盐层逐渐变薄、变少。

4)沉积环境

在沉积方式上体现为化学湖相和湖相沉积,具一定的沉积韵律,受季节性变化影响,沉积微相变化较快。反映陆相盆地中湖相和盐湖相沉积体系,沉积环境为湖相和盐湖相沉积。

5)含矿性

对柴达木盆地狮子沟组岩盐地层采集的446件固体盐样经分析显示,主要盐类成分为NaCl,平均含量82.77%,最高达98.11%,KCl平均含量0.14%,最高达0.53%,其他盐平均含量见表2-8。该岩盐层中卤水矿化度为300～330g/L,KCl含量0.67%～1.96%,NaCl含量19.32%～22.64%,$MgCl_2$含量小于1.93%,$MgSO_4$含量小于7.84%,水化学类型为硫酸镁亚型。

表2-8 大浪滩地区狮子沟组岩盐层中含矿性一览表

特征值	NaCl	Na_2SO_4	KCl	K_2SO_4	$MgCl_2$	$MgSO_4$	$CaCl_2$	$CaSO_4$	总盐量	样品数
平均值	82.77	1.79	0.14	0.00	0.18	0.57	0.03	2.88	88.36	446
最高值	98.11	41.59	0.53	0.00	1.13	18.16	1.62	24.17	99.76	

注:除样品数单位为件,其他项目单位为%。

2. 第四系下更新统阿拉尔组(Qp_1a)

下更新统阿拉尔组是深层晶间卤水的储层,分布于柴达木盆地西部凹地较深部位,一般埋深大于150m,在ZK336孔的35～88层(177.49～528.48m)控制了该层(表2-9)。

1)典型钻孔描述

自上而下,ZK336孔地层分布如下:

上覆地层:中更新统尕斯库勒组(Qp_2g)

————连续沉积————

表2-9 ZK336钻孔 Qp_1a 177.49～528.48m(35～88层)地层特征

层号	自/m	至/m	厚度/m	岩性	沉积环境
35	177.49	180.72	3.23	灰白色粗巨粒石盐	盐湖相
36	180.72	181.54	0.82	灰白色含粉砂的石盐粗巨粒白钠镁矾	盐湖相
37	181.54	183.57	2.03	黄褐色含石盐白钠镁矾的淤泥杂卤石	盐湖相
38	183.57	192.55	8.98	黑褐色粉砂质泥岩	湖相
39	192.55	194.61	2.06	灰白色含粉砂白钠镁矾的粗中粒石盐	盐湖相
40	194.61	199.77	5.61	褐灰色黏土	湖相
41	199.77	213.98	14.21	浅黄褐色粉砂中粗粒石盐	盐湖相
42	213.98	231.17	17.19	灰褐色含石膏的粉砂质泥岩	湖相
43	231.17	235.61	4.44	灰白色含石盐杂卤石的白钠镁矾	盐湖相
44	235.61	237.02	1.41	褐黄色含石盐的粉砂黏土	盐湖相
45	237.02	240.02	3.00	灰褐色淤泥	湖相
46	240.02	248.95	8.93	灰白色含白钠镁矾的中粗粒石盐	盐湖相
47	248.95	251.22	2.27	暗灰绿色含石膏的粉砂质泥岩	湖相
48	251.22	271.88	20.66	灰白色含粉砂的中—巨粒石盐夹黄褐色含石膏的黏土	盐湖相
49	271.88	277.4	5.52	黑褐色淤泥	湖相

续表 2-9

层号	自/m	至/m	厚度/m	岩性	沉积环境
50	277.4	281.86	4.46	黑色含淤泥的中粗粒石盐	盐湖相
51	281.86	286.47	4.61	黄褐色黏土	湖相
52	286.47	292.15	5.68	灰白色含淤泥白钠镁矾的粗中粒石盐	盐湖相
53	292.15	294.84	2.69	黑褐色泥岩	湖相
54	294.84	298.65	3.81	灰白色含粉砂的中粗粒石盐	盐湖相
55	298.65	302.89	4.24	浅灰白色粉砂芒硝	盐湖相
56	302.89	318.07	15.88	黄褐色泥岩	湖相
57	318.07	327.62	9.55	灰白色含粉砂白钠镁矾的粗中粒石盐	盐湖相
58	327.62	330.54	2.92	褐灰色夹灰褐色泥岩	湖相
59	330.54	336.96	6.42	浅灰色含粉砂石盐的白钠镁矾	盐湖相
60	336.96	343.68	6.72	灰褐色泥岩	湖相
61	343.68	345.66	1.98	灰白色含白钠镁矾黏土的粗中粒石盐	盐湖相
62	345.66	349	3.34	黑色淤泥	湖相
63	349	355.6	6.60	灰白色含白钠镁矾黏土的中粗粒石盐	盐湖相
64	355.6	358.15	2.55	暗灰绿色粉砂质泥岩	湖相
65	358.15	361.16	3.01	灰白色含粉砂黏土的中粗粒石盐	盐湖相
66	361.16	362.16	1.00	灰白色含石盐杂卤石的白钠镁矾	盐湖相
67	362.16	366.23	4.07	灰白色中粗粒石盐	盐湖相
68	366.23	372.01	5.78	黄褐色含石膏的黏土	湖相
69	372.01	373.46	1.45	灰白色灰褐色含石膏的淤泥杂卤石	盐湖相
70	373.46	379.85	6.39	黑褐色淤泥	湖相
71	379.85	386.76	6.91	灰白色含黏土的中粗粒石盐夹粉砂黏土	盐湖相
72	386.76	397.69	10.93	黑褐色含石膏的粉砂淤泥与灰白色含淤泥的中粗粒石盐	盐湖相
73	397.69	404.75	7.06	褐灰色黏土	湖相
74	404.75	407.25	2.50	灰白色含黏土白钠镁矾的中粒石盐	盐湖相
75	407.25	410.71	3.46	灰褐色淤泥	湖相
76	410.71	432.06	21.35	灰白色含黏土的粗巨粒石盐与黏土互层	盐湖相
77	432.06	435.31	3.25	黑灰色含黏土的粗中粒石盐夹含石膏的粉砂黏土	盐湖相
78	435.31	437.78	2.47	黑色含石膏的淤泥	湖相
79	437.78	451.55	13.77	灰白色含黏土的粗中粒石盐	盐湖相
80	451.55	471.85	20.3	褐灰色含粉砂的黏土	湖相
81	471.85	474.56	2.71	灰白色含黏土的粗巨粒石盐	盐湖相
82	474.56	488.47	13.91	灰褐色含粉砂的黏土	湖相
83	488.47	495.3	6.83	灰白色含黏土的中粗粒石盐	盐湖相
84	495.3	500.51	5.21	灰色含石膏的泥岩	湖相
85	500.51	501.6	1.09	褐色黏土石膏	盐湖相
86	501.6	515.7	14.10	灰褐色含黏土的中粗粒石盐	盐湖相
87	515.7	516.69	0.99	褐色黏土石膏	盐湖相
88	516.69	528.48	11.79	浅黄褐色泥岩夹含黏土的石盐	盐湖相

2)岩性组合

灰白色—浅灰色—灰褐色含黏土、粉砂、石膏的中粗粒—巨粒石盐,夹白钠镁矾,黑色—褐色淤泥、黏土层、粉砂质泥岩。

3)岩相变化

横向上,从凹地边缘至中心,岩盐层明显增多,岩盐中白钠镁矾、石膏增多,石盐粒度变粗。垂向上,由上至下,石盐层逐渐变薄、变少,白钠镁矾、石膏随之变少,石盐粒度变细。

4)沉积环境

在沉积方式上体现为化学湖相和湖相沉积,具一定的沉积韵律,受季节性变化影响,沉积微相变化较大。反映陆相盆地中湖相和盐湖相沉积体系,沉积环境为湖相和盐湖相沉积。

5)含矿性

对柴达木盆地阿拉尔组岩盐地层采集的685件固体盐样经分析显示,主要盐类成分为NaCl,平均含量76.42%,最高达98.59%,其中KCl平均含量0.21%,最高达7.48%,其他含量见表2-10。卤水矿化度300~330g/L,KCl含量0.64%~0.75%,NaCl含量15.48%~16.08%,$MgCl_2$含量在3.92%~4.37%之间,$MgSO_4$含量在8.7%~8.8%之间,水化学类型为硫酸镁亚型。

表2-10 大浪滩地区阿拉尔组岩盐层中含矿性一览表

特征值	NaCl	Na_2SO_4	KCl	K_2SO_4	$MgCl_2$	$MgSO_4$	$CaCl_2$	$CaSO_4$	总盐量	样品数
平均值	76.42	6.37	0.21	0.00	0.16	1.18	0.02	3.74	88.10	685
最高值	98.59	95.81	7.84	0.02	1.87	24.84	3.59	25.55	99.76	

注:除样品数单位为件,其他项目单位为%。

(二)深层砂砾孔隙卤水储层沉积建造

1. 新近系上新统狮子沟组(N_2s)

新近系上新统狮子沟组在柴达木盆地背斜构造和向斜凹地皆有分布。若分布于背斜构造区,则为构造裂隙孔隙卤水的储层;如果分布于向斜凹地,为砂砾孔隙卤水的储层。2012年在黑北凹地施工的黑ZK01孔210~408层控制了狮子沟组砂砾层的岩性(表2-11)。

1)典型钻孔描述

黑ZK01孔是柴达木盆地内施工的代表性比较强的典型钻孔,该孔自上至下,分布如下:

上覆地层:下更新统阿拉尔组(Qp_1a)

————————连续沉积————————

表2-11 黑ZK01孔 N_2s 664.96~1250m(210~408层)地层特征

层号	自/m	至/m	厚度/m	岩性	沉积环境
210	664.96	666.87	1.91	深灰色粉砂黏土(泥岩)	泥坪
211	666.87	674.44	7.57	灰褐色含粉砂的黏土	泥坪
212	674.44	677.25	2.81	深灰色粉砂黏土(泥岩)	泥坪
213	677.25	679.80	2.55	黄褐色粉砂黏土	远端扇
214	679.80	683.09	3.29	深灰色粉砂黏土(泥岩)	泥坪
215	683.09	684.40	1.31	灰褐色粉砂黏土(泥岩)	泥坪

续表 2-11

层号	自/m	至/m	厚度/m	岩性	沉积环境
216	684.40	685.91	1.51	灰褐色含石膏的黏土粉砂	远端扇
217	685.91	688.57	2.66	深灰色粉砂黏土（泥岩）	泥坪
218	688.57	690.03	1.46	黄褐色粉砂黏土（泥岩）	泥坪
219	690.03	694.33	4.30	灰褐色含石膏的粉砂黏土	远端扇
220	694.33	698.34	4.01	黄褐色粉砂黏土	远端扇
221	698.34	699.31	0.97	深灰色含石膏的黏土粉砂	远端扇
222	699.31	703.49	4.18	深灰色粉砂黏土（泥岩）	泥坪
223	703.49	706.60	3.11	黄褐色粉砂黏土（泥岩）	泥坪
224	706.60	708.57	1.97	灰褐色含石膏的粉砂黏土（泥岩）	泥坪
225	708.57	712.56	3.99	深灰色粉砂黏土（泥岩）	泥坪
226	712.56	714.36	1.80	黄褐色含石膏的粉砂黏土（泥岩）	泥坪
227	714.36	718.27	3.91	深灰色粉砂黏土（泥岩）	泥坪
228	718.27	720.86	2.59	灰褐色粉砂黏土（泥岩）	泥坪
229	720.86	723.15	2.29	灰褐色含石膏的粉砂黏土（泥岩）	泥坪
230	723.15	725.99	2.84	深灰色粉砂黏土（泥岩）	泥坪
231	725.99	729.72	3.73	灰褐色粉砂黏土（泥岩）	泥坪
232	729.72	731.69	1.97	灰褐色含石膏的粉砂黏土（泥岩）	泥坪
233	731.69	733.35	1.66	灰褐色粉砂黏土（泥岩）	泥坪
234	733.35	736.20	2.85	深灰色粉砂黏土（泥岩）	泥坪
235	736.20	737.46	1.26	灰褐色粉砂黏土（泥岩）	泥坪
236	737.46	739.98	2.52	褐灰色粉砂黏土（泥岩）	泥坪
237	739.98	742.32	2.34	灰褐色粉砂黏土（泥岩）	泥坪
238	742.32	743.05	0.73	灰褐色含石膏的粉砂黏土(岩)	远端扇
239	743.05	746.36	3.31	深灰色粉砂黏土（泥岩）	泥坪
240	746.36	748.60	2.24	黄褐色粉砂黏土（泥岩）	泥坪
241	748.60	753.45	4.85	灰褐色粉砂黏土（泥岩）	泥坪
242	753.45	761.33	7.88	深灰色粉砂黏土（泥岩）	泥坪
243	761.33	765.75	4.42	灰褐色粉砂黏土（泥岩）	泥坪
244	765.75	767.51	1.76	深灰色黏土粉砂(岩)	远端扇
245	767.51	776.05	8.54	深灰色粉砂黏土（泥岩）	泥坪
246	776.05	773.06	2.01	灰褐色粉砂黏土（泥岩）	泥坪

续表 2-11

层号	自/m	至/m	厚度/m	岩性	沉积环境
247	773.06	779.01	0.95	灰褐色粉细砂	远端扇
248	779.01	781.03	2.02	灰褐色粉砂黏土(泥岩)	泥坪
249	781.03	785.41	4.38	深灰色粉砂黏土(泥岩)	泥坪
250	785.41	787.56	2.15	灰褐色粉砂黏土(泥岩)	泥坪
251	787.56	791.12	3.56	深灰色粉砂黏土(泥岩)	泥坪
252	791.12	794.07	2.95	黄褐色粉砂黏土(泥岩)	泥坪
253	794.07	799.93	5.86	深灰色粉砂黏土(泥岩)	泥坪
254	799.93	803.16	3.23	黄褐色粉砂黏土(泥岩)	泥坪
255	803.16	806.68	3.52	深灰色黏土粉砂(岩)	远端扇
256	806.68	809.40	2.72	黄褐色粉砂黏土(泥岩)	泥坪
257	809.40	810.49	1.09	黄褐色黏土粉砂(岩)	远端扇
258	810.49	813.00	2.51	深灰色粉砂黏土(泥岩)	泥坪
259	813.00	813.93	0.93	青灰色黏土粉砂(岩)	远端扇
260	813.93	814.68	0.75	黑灰色粉细砂	远端扇
261	814.68	817.92	3.24	灰黑色淤泥粉砂	泥坪
262	817.92	818.52	0.60	灰褐色粉细砂	远端扇
263	818.52	819.23	0.71	深灰色粉砂黏土(泥岩)	泥坪
264	819.23	821.98	2.75	黄褐色粉砂黏土(泥岩)	泥坪
265	821.98	823.82	1.84	黄褐色粉细砂	远端扇
266	823.82	830.08	6.26	深灰色粉砂黏土(泥岩)	泥坪
267	830.08	831.04	0.96	黄褐色粉细砂	远端扇
268	831.04	834.87	3.83	黄褐色粉砂黏土(泥岩)	泥坪
269	834.87	836.58	1.71	深灰色粉细砂	远端扇
270	836.58	840.02	3.44	灰褐色粉砂黏土(泥岩)	泥坪
271	840.02	841.15	1.13	黄褐色粉细砂(岩)	远端扇
272	841.15	844.20	3.05	深灰色粉砂黏土(泥岩)	泥坪
273	844.20	844.89	0.69	黄褐色粉细砂(岩)	泥坪
274	844.89	852.29	7.40	灰绿、深灰色粉砂黏土(泥岩)	泥坪
275	852.29	852.93	0.64	黄褐色砾石中粗砂(岩)	扇中
276	852.93	854.44	1.51	黄褐色粉砂黏土(泥岩)	泥坪
277	854.44	856.29	1.85	深灰色粉砂黏土(泥岩)	泥坪

续表 2-11

层号	自/m	至/m	厚度/m	岩性	沉积环境
278	856.29	857.48	1.19	黄褐色粉砂黏土(泥岩)	泥坪
279	857.48	857.92	0.44	深灰色粉砂黏土(泥岩)	泥坪
280	857.92	860.25	2.33	深灰色含黏土的细粉砂	远端扇
281	860.25	863.75	3.50	灰褐色粉砂黏土(泥岩)	泥坪
282	863.75	866.39	2.64	黄褐色粉砂黏土(泥岩)	泥坪
283	866.39	870.42	4.03	深灰色粉砂黏土(泥岩)	泥坪
284	870.42	872.00	1.58	黄褐色粉砂黏土(泥岩)	泥坪
285	872.00	872.55	0.55	黄褐色粉砂中粗砂(岩)	扇中
286	872.55	874.90	2.35	黄褐色粉砂黏土(泥岩)	泥坪
287	874.90	875.28	0.38	黄褐色粉砂中粗砂(岩)	扇中
288	875.28	877.03	1.75	灰褐色粉砂黏土(泥岩)	泥坪
289	877.03	877.53	0.50	黄褐色含砾石的中粗砂	扇中
290	877.53	881.53	4.00	灰褐色粉砂黏土(泥岩)	泥坪
291	881.53	886.00	4.47	深灰色粉砂黏土(泥岩)	泥坪
292	886.00	889.21	3.21	灰褐色粉砂黏土(泥岩)	泥坪
293	889.21	890.39	1.18	深灰色含黏土的粉细砂	远端扇
294	890.39	891.38	0.99	深灰色粉砂黏土(泥岩)	泥坪
295	891.38	892.19	0.81	深灰色含黏土的粉细砂	远端扇
296	892.19	895.00	2.81	深灰色粉砂黏土(泥岩)	泥坪
297	895.00	901.54	6.54	黄褐色粉砂黏土(泥岩)	泥坪
298	901.54	903.70	2.16	灰褐色粉砂黏土(泥岩)	泥坪
299	903.70	904.80	1.10	灰褐色黏土粉砂	远端扇
300	904.80	909.22	4.42	黄褐色粉砂黏土(泥岩)	泥坪
301	909.22	910.96	1.74	深灰色粉砂黏土(泥岩)	泥坪
302	910.96	912.48	1.52	灰褐色粉砂黏土(泥岩)	泥坪
303	912.48	918.49	6.01	深灰色粉砂黏土(泥岩)	泥坪
304	918.49	920.03	1.54	灰褐色粉砂黏土(泥岩)	泥坪
305	920.03	922.80	2.77	深灰色粉砂黏土(泥岩)	泥坪
306	922.80	925.82	3.02	灰褐色粉砂黏土(泥岩)	泥坪
307	925.82	933.29	7.47	深灰色粉砂黏土(泥岩)	泥坪
308	933.29	939.30	6.01	灰褐色黏土粉砂	远端扇

续表 2-11

层号	自/m	至/m	厚度/m	岩性	沉积环境
309	939.30	941.49	2.19	灰褐色粉砂黏土(泥岩)	泥坪
310	941.49	944.77	3.28	深灰色粉砂黏土(泥岩)	泥坪
311	944.77	948.10	3.33	黄褐色粉砂黏土(泥岩)	泥坪
312	948.10	951.53	3.43	灰褐色黏土粉砂(岩)	远端扇
313	951.53	954.83	3.30	灰褐色粉砂黏土(泥岩)	泥坪
314	954.83	957.10	2.27	深灰色粉砂黏土(泥岩)	泥坪
315	957.10	957.66	0.56	灰褐色粉细砂	远端扇
316	957.66	958.36	0.70	灰褐色粉砂黏土(泥岩)	泥坪
317	958.36	962.45	4.09	黄褐色粉砂黏土(泥岩)	泥坪
318	962.45	963.74	1.29	黄褐色黏土粉砂(岩)	远端扇
319	963.74	964.67	0.93	黄褐色粉细砂	远端扇
320	964.67	968.79	4.12	黄褐色粉砂黏土(泥岩)	泥坪
321	968.79	971.03	2.24	深灰色粉砂黏土(泥岩)	泥坪
322	971.03	975.85	4.82	黄褐色粉砂黏土(泥岩)	泥坪
323	975.85	977.00	1.15	灰褐色粉砂黏土(泥岩)	泥坪
324	977.00	981.06	4.06	黄褐色粉砂黏土(泥岩)	泥坪
325	981.06	981.36	0.30	灰褐色粉砂中粗砂(岩)	扇中
326	981.36	982.00	0.64	黄褐色粉砂黏土(泥岩)	泥坪
327	982.00	982.91	0.91	灰褐色粉细砂(岩)	远端扇
328	982.91	987.79	4.88	黄褐色粉砂黏土(泥岩)	泥坪
329	987.79	989.88	2.09	灰褐色黏土粉砂(岩)	远端扇
330	989.88	993.39	3.51	黄褐色含粉砂的黏土(泥岩)	泥坪
331	993.39	995.89	2.50	灰绿色含粉砂的黏土(泥岩)	泥坪
332	995.89	999.14	3.25	灰褐色粉细砂(岩)	远端扇
333	999.14	1 003.85	4.71	黄褐色黏土粉砂(岩)	远端扇
334	1 003.85	1 004.47	0.62	灰褐色含黏土的粉砂	远端扇
335	1 004.47	1 006.52	2.05	灰褐色粉砂黏土(泥岩)	泥坪
336	1 006.52	1 012.80	6.28	黄褐色粉砂黏土(泥岩)	泥坪
337	1 012.80	1 016.43	3.63	灰褐色粉砂粗中砂	扇中
338	1 016.43	1 017.54	1.11	黄褐色含粉砂的黏土(泥岩)	泥坪
339	1 017.54	1 019.02	1.48	灰褐色含黏土的粉细砂	远端扇

续表 2-11

层号	自/m	至/m	厚度/m	岩性	沉积环境
340	1 019.02	1 019.67	0.65	黄褐色粉砂黏土(泥岩)	泥坪
341	1 019.67	1 019.90	0.23	灰褐色粉细砂	远端扇
342	1 019.90	1 021.80	1.90	褐红色粉砂黏土(泥岩)	泥坪
343	1 021.80	1 025.51	3.71	黄褐色黏土粉砂(岩)	远端扇
344	1 025.51	1 026.53	1.02	黄褐色含砾石的黏土粉砂(岩)	扇中
345	1 026.53	1 030.58	4.05	褐红色粉砂黏土	远端扇
346	1 030.58	1 031.80	1.22	灰褐色粉细砂	远端扇
347	1 031.80	1 040.44	8.64	褐红色粉砂黏土(泥岩)	泥坪
348	1 040.44	1 040.73	0.29	灰褐色粉细砂	远端扇
349	1 040.73	1 046.60	5.87	褐红色粉砂黏土(泥岩)	泥坪
350	1 046.60	1 047.20	0.60	灰褐色含卵砾石的粗中砂(岩)	扇根
351	1 047.20	1 051.20	4.00	褐红色粉砂黏土(泥岩)	泥坪
352	1 051.20	1 055.60	4.40	灰褐色黏土粉砂	远端扇
353	1 055.60	1 058.10	2.50	黄褐色含黏土的粉砂	泥坪
354	1 058.10	1 059.23	1.13	褐红色黏土粉砂	远端扇
355	1 059.23	1 060.60	1.37	灰褐色粉细砂	远端扇
356	1 060.60	1 066.63	6.03	黄褐色粉砂黏土(泥岩)	泥坪
357	1 066.63	1 069.54	2.91	灰褐色粉细砂	远端扇
358	1 069.54	1 070.62	1.08	褐红色粉砂黏土(泥岩)	泥坪
359	1 070.62	1 073.08	2.46	灰褐色粉细中砂	扇中
360	1 073.08	1 081.10	8.02	褐红色粉砂黏土(泥岩)	泥坪
361	1 081.10	1 083.17	2.07	灰褐色含卵砾石之粗中砂	扇根
362	1 083.17	1 088.25	5.08	褐红色粉砂黏土(泥岩)	泥坪
363	1 088.25	1 088.75	0.50	灰褐色含粉砂的粗中砂(岩)	扇中
364	1 088.75	1 091.06	2.31	黄褐色粉砂黏土(泥岩)	泥坪
365	1 091.06	1 091.47	0.41	灰褐色含粉砂的中粗砂	扇中
366	1 091.47	1 094.04	2.57	黄褐色粉砂黏土(泥岩)	泥坪
367	1 094.04	1 094.41	0.37	灰褐色粉细砂	远端扇
368	1 094.41	1 110.84	16.43	褐红色粉砂黏土(泥岩)	泥坪
369	1 110.84	1 111.90	1.06	黄褐色含粉砂的中粗砂(岩)	扇中
370	1 111.90	1 112.55	0.65	褐红色粉砂黏土(泥岩)	泥坪

续表 2-11

层号	自/m	至/m	厚度/m	岩性	沉积环境
371	1 112.55	1 116.62	4.07	黄褐色粉细砂	远端扇
372	1 116.62	1 118.30	1.68	灰褐色粉砂粗中砂	扇中
373	1 118.30	1 124.57	6.27	褐红色粉砂黏土(泥岩)	泥坪
374	1 124.57	1 125.65	1.08	灰褐色粉砂中粗砂	扇根—扇中
375	1 125.65	1 129.30	3.65	褐红色粉砂黏土(泥岩)	泥坪
376	1 129.30	1 129.60	0.30	灰褐色含砾石的粉砂粗中砂	扇中
377	1 129.60	1 130.37	0.77	褐红色粉砂黏土(泥岩)	泥坪
378	1 130.37	1 131.20	0.83	灰褐色含黏土的粉砂粗中砂	扇中
379	1 131.20	1 138.00	6.80	黄褐色粉砂黏土(泥岩)	泥坪
380	1 138.00	1 146.42	8.42	灰褐色粉砂细砂	远端扇
381	1 146.42	1 148.30	1.88	灰褐色含黏土的粉砂(岩)	泥坪
382	1 148.30	1 149.21	0.91	黄褐色粉砂黏土(泥岩)	泥坪
383	1 149.21	1 156.27	7.06	褐红色粉砂黏土(泥岩)	泥坪
384	1 156.27	1 157.48	1.21	灰褐色含黏土的粉砂	远端扇
385	1 157.48	1 164.48	7.00	褐红色粉砂黏土(泥岩)	泥坪
386	1 164.48	1 178.93	14.45	灰褐色粉砂中细砂	扇中
387	1 178.93	1 181.80	2.87	褐红色含泥砾的粉砂黏土(泥岩)	泥坪
388	1 181.80	1 187.44	5.64	褐红色粉砂黏土(泥岩)	泥坪
389	1 187.44	1 190.43	2.99	灰褐色粉砂粗中砂	扇中
390	1 190.43	1 192.82	2.39	褐红色粉砂黏土(泥岩)	泥坪
391	1 192.82	1 193.67	0.85	灰褐色粉砂粗中砂	扇中
392	1 193.67	1 194.70	1.03	黄褐色黏土粉砂(岩)	远端扇
393	1 194.70	1 197.21	2.51	褐红色粉砂黏土(泥岩)	泥坪
394	1 197.21	1 199.59	2.38	褐灰色黏土粉砂(岩)	远端扇
395	1 199.59	1 203.65	4.06	灰褐色砾石中粗砂	扇中
396	1 203.65	1 208.47	4.82	褐红色粉砂黏土(泥岩)	泥坪
397	1 208.47	1 209.60	1.13	灰褐色含砾石的中粗砂	扇中
398	1 209.60	1 210.63	1.03	黄褐色粉砂细砂	远端扇
399	1 210.63	1 216.80	6.17	褐红色粉砂黏土(泥岩)	泥坪
400	1 216.80	1 217.46	0.66	黄褐色粉砂细砂	远端扇
401	1 217.46	1 225.04	7.58	黄褐色黏土粉砂(岩)	远端扇

续表 2-11

层号	自/m	至/m	厚度/m	岩性	沉积环境
402	1 225.04	1 230.07	5.03	褐红色粉砂黏土(泥岩)	泥坪
403	1 230.07	1 231.07	1.00	黄褐色粉砂细砂	远端扇
404	1 231.07	1 231.30	0.23	灰褐色含砾石的粉砂中粗砂	扇中
405	1 231.30	1 244.72	13.59	褐红色粉砂黏土(泥岩)	泥坪
406	1 244.72	1 246.60	1.88	灰褐色含砾石的粉砂中粗砂	扇中
407	1 246.60	1 248.06	1.46	灰褐色粉砂黏土(泥岩)	泥坪
408	1 248.06	1 251.20	3.14	褐红色粉砂黏土(泥岩)	泥坪

——未见底——

2)岩性组合

狮子沟组上部为褐色—褐红色—灰褐色粉砂岩、泥岩,局部含石膏,下部为褐色—灰褐色—黄褐色中粗砂、中细砂、含砾砂等,厚度586.41m。

3)岩相变化

横向上,由东到西(梁 ZK10、黑 ZK01、察 ZK02、昆 ZK09、马 ZK0802、马 ZK7201),颜色变浅,岩石粒度变化不大;垂向上,由底部向顶部,粒度由粗变细(图2-13、图2-14)。

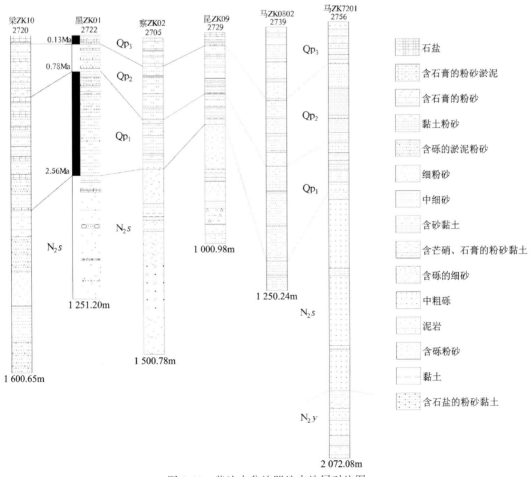

图 2-13　柴达木盆地凹地内地层对比图

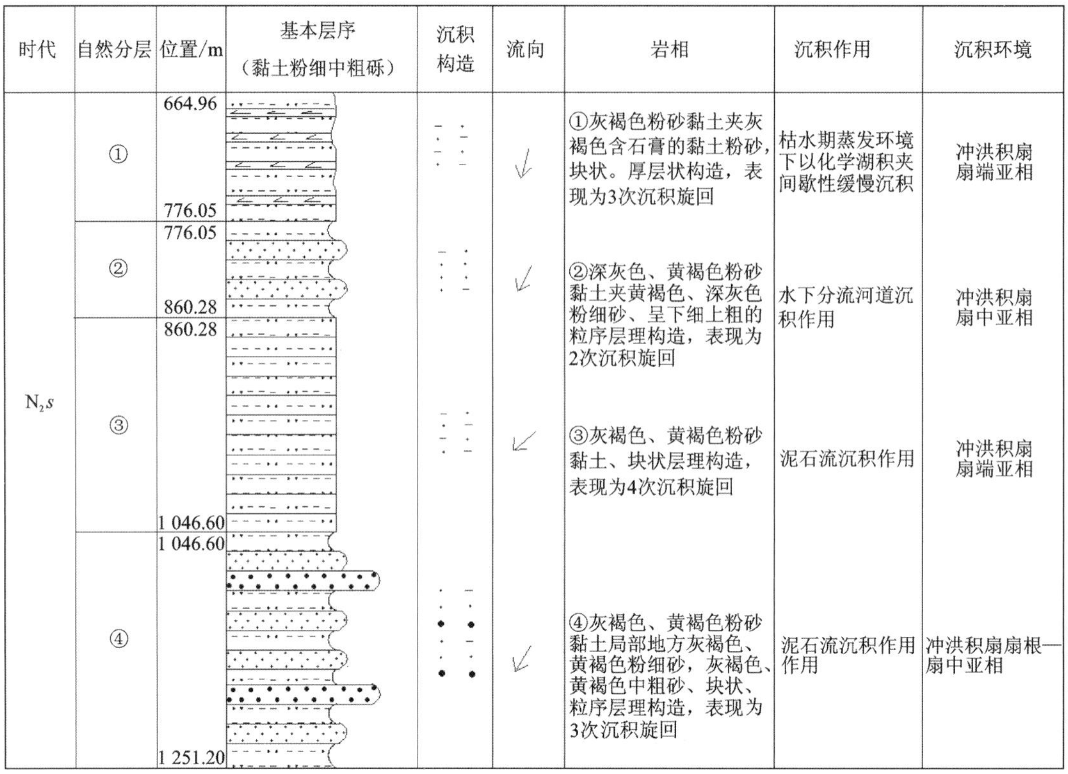

图 2-14 深层砂砾孔隙卤水区狮子沟组地层基本层序图

4）沉积环境

在沉积方式上体现为机械沉积，具一定的沉积韵律，受季节性变化影响，沉积微相变化较快。岩性、岩相在垂向上变化较大，平面上变化小。反映陆相盆地中冲洪积扇沉积体系，沉积环境为冲洪积扇中扇—远端扇、泥坪沉积。

5）含矿性

该层未结晶出固体盐，在所含的卤水中，KCl 含量在 0.31%（梁 ZK03）～1.56%（梁 ZK01）之间，NaCl 含量在 18.79%～22.14%之间，$MgCl_2$ 含量在 0.14%～1.81%之间，$MgSO_4$ 含量在 0.00%～2.73%之间，水化学类型主要为氯化物型。

2. 第四系下更新统阿拉尔组（Qp_1a）

下更新统阿拉尔组分布于柴达木盆地西部向斜凹地较深部位，一般埋深大于 200m，在黑 ZK06 孔的 39～48 层（266.01m～543.9m）控制了该层（表 2-12）。

1）典型钻孔描述

自上而下，黑 ZK06 孔地层分布如下：

上覆地层：中更新统尕斯库勒组（Qp_2g）

————————————————————连续沉积————————————————————

表 2-12　黑 ZK06 孔 Qp_1a 266.01～543.9m（39～48 层）地层特征

层号	自/m	至/m	厚度/m	岩性	沉积环境
39	266.01	267.30	1.29	灰褐色含黏土的粉细砂	扇端
40	267.30	310.28	42.98	青灰色、灰褐色粉砂黏土	远端扇
41	310.28	313.30	3.02	黄褐色含黏土的粉细砂	扇中

续表 2-12

层号	自/m	至/m	厚度/m	岩性	沉积环境
42	313.30	314.59	1.29	黄褐色含粉砂的黏土	远端扇
43	314.59	318.01	3.42	灰黄色粉细砂	扇中
44	318.01	380.42	62.41	黄褐色含砾石的中粗砂	扇中
45	380.42	380.70	0.28	深灰色含砾砂的淤泥	扇中
46	380.70	463.70	83	黄褐色砂砾石	扇中
47	463.70	542.88	79.81	灰黄色含砾石的中粗砂	扇中
48	542.88	543.90	1.02	黄褐色卵石层	近端扇—扇中

————————————连续沉积————————————

下伏地层：上新统狮子沟组（N_2s）

2）岩性组合

阿拉尔组上部为灰褐色—青灰色—黄褐色—灰黄色黏土粉细砂，黄褐色含粉砂的黏土，深灰色含砾淤泥，下部为黄褐色砂砾层、中粗砂层、卵石层。

3）岩相变化

横向上，由东到西，颜色变浅，沉积物粒度由细变粗、再由细变粗。垂向上，由上至下，粒度由细变粗。

4）沉积环境

在沉积方式上体现为机械沉积，具一定的沉积韵律，受季节性变化影响，沉积微相变化较快。岩性、岩相在垂向和横向上变化不大。反映陆相盆地中冲洪积扇沉积体系，沉积环境为冲洪积扇中扇—远端扇沉积。

5）含矿性

该层和狮子沟组一样，未结晶出固体盐。经统计计算，卤水中 KCl 平均含量 0.5%，NaCl 平均含量 20%，$MgCl_2$ 平均含量 0.5%，$MgSO_4$ 平均含量 1.1%，水化学类型主要为氯化物型。

（三）构造裂隙孔隙卤水储层沉积建造

构造裂隙孔隙卤水（油田水）储层主要有古近系渐新统下干柴沟组、新近系中新统上干柴沟组、下油砂山组与上新统狮子沟组，分布于柴达木盆地柴北缘断阶带（$Ⅳ_1$）和中央凹陷区（$Ⅳ_2$）的 NW 向背斜构造区，如南翼山-土林堡背斜构造深部、油砂山-落雁山背斜构造深部、碱山-东台吉乃尔背斜构造深部、冷湖-南红沟背斜构造深部。

1. 古近系渐新统下干柴沟组（E_3g）

该地层分布于柴达木盆地西部背斜构造区，如南翼山、小梁山、尖顶山、冷湖构造等处，黑北凹地地区实测剖面第 17～24 层控制了渐新统下干柴沟组岩性（图 2-15）。

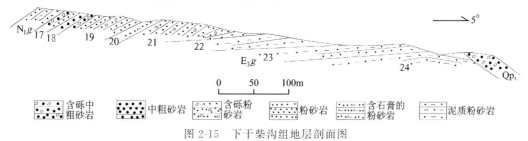

图 2-15 下干柴沟组地层剖面图

1)剖面描述

上覆地层:中新统上干柴沟组(N_1g)

——————————————整合接触——————————————

(17)紫红色含砾中粗砂岩、灰绿色粉细砂岩互层,局部含石膏石盐,厚度95.7m。

(18)紫红色中粗粒长石砂岩,钙质胶结,厚度0.79m。

(19)紫红色含砾中粗砂岩、灰绿色粉细砂岩互层夹紫红色薄层状细砂岩,夹1cm左右脉状石膏,厚度120.07m。

(20)灰绿色含薄层石膏钙质粉砂岩,多处夹厚度1~2cm的脉状石膏,厚度2.11m。

(21)紫红色含砾粉砂岩、灰绿色粉细砂岩互层,局部夹脉状石膏,厚度268.53m。

(22)紫红色厚层状泥质粉砂岩与灰绿色中厚层状泥质粉砂岩互层,单层厚度约1~2cm,局部夹脉状石膏,厚度105.12m。

(23)灰绿色泥质粉砂岩夹薄层状细砂岩,单层厚度约5cm,总厚度73.3m。

(24)紫红色厚层状泥质粉砂岩与灰绿色中厚层状泥质粉砂岩互层,厚度130.32m。

——————————————未见底——————————————

2)岩性组合

下干柴沟组为薄层状灰绿色—紫红色泥质粉砂岩、细砂岩、中粗粒砂岩、含砾中粗粒砂岩,局部节理裂隙中含石膏、石盐,产介形类及腹足类化石。

3)岩相变化

横向上,由东向西(南9井、尖6井、鄂2井、冷六陡2井),颜色变浅,岩石粒度变化不大(图2-16);垂向上,由底部向顶部,岩石粒度变粗,由粉砂岩向细砂岩,再向中粗砂岩、含砾中粗砂岩变化,节理中石膏含量增加(图2-17)。

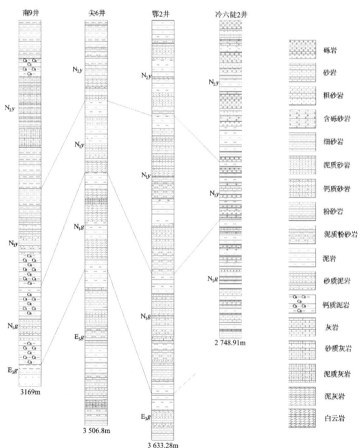

图2-16 柴达木盆地背斜构造区地层对比图

时代	自然分层	位置/m	基本层序（黏土粉细中粗砾）	沉积构造	流向	岩相	沉积作用	沉积环境
E_3g	①	0.00–216.56	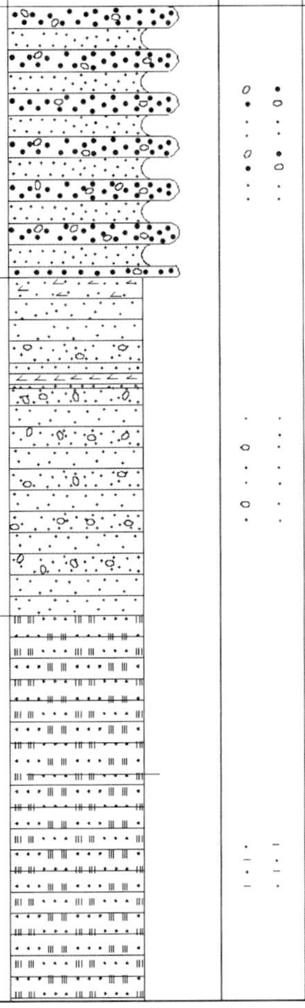		↓	①紫红色含砾中粗砂岩、灰绿色粉细砂岩互层夹紫红色薄层状细砂岩，呈块层状构造，上粗下细的粒序构造，表现为4次沉积旋回	泥石流作用下快速沉降	冲洪积扇扇根亚相
	②	216.56–487.20			↓	②紫红色含砾粉砂岩、灰绿色粉细砂岩互层，局部夹脉状石膏，层理状，粒序层理构造，表现为5次沉积旋回	水下分流河道沉积作用	冲洪积扇扇中亚相
	③	487.20–795.94			↓	③紫红色厚层状泥质粉砂岩与灰绿色中厚层状泥质粉砂岩互层，块状、中厚层状构造，表现为3次沉积旋回	泥石流作用下快速沉降	冲洪积扇扇端亚相

图 2-17 下干柴沟组地层基本层序图

4）含矿性

该层中可见石盐和石膏层与氯化钙型深层（构造裂隙孔隙）卤水。

5）沉积环境

在沉积方式上体现为机械沉积或物理沉积，局部有化学沉积，沉积较明显，受季节性变化影响，沉积微相变化较大。岩性、岩相在垂向上向上变粗，表示水动力加强，反映由深湖相—浅湖相—滨湖相—三角洲相—泛平原相变化的特征。

2. 新近系中新统上干柴沟组（N_1g）

黑北凹地地区实测剖面第12～16层控制了新近系中新统上干柴沟组岩性（图2-18）。

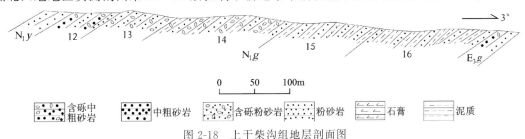

图 2-18 上干柴沟组地层剖面图

1) 剖面描述

上覆地层:中新统下油砂山组(N_1y)

———————————————————整合接触———————————————————

(12) 上干柴沟组紫红色含砾砂岩夹灰绿色粉细砂岩,紫红色含砾砂岩单层厚度约70cm,砾石粒径0.3~1cm。灰绿色粉细砂岩单层厚度约50cm,厚度38.96m。

(13) 黄绿色含砾粉细砂岩,砾石粒径0.5~2cm,局部夹石盐,厚度79.14m。

(14) 灰绿色含砾钙质泥岩夹粉砂岩、中细粒砾岩,砾石磨圆度较好,分选性好,粒径1~3cm,厚度166.48m。

(15) 紫红色泥岩、厚层状泥岩,灰绿色钙质粉砂岩互层,夹薄层状石膏,单层厚度3~5cm,厚度237.91m。

(16) 紫红色中层状钙质粉砂岩、灰绿色钙质页岩、砖红色泥岩互层,单层厚度可达30cm,局部出现脉状石膏,单层厚度2cm左右,厚度74.08m。

———————————————————整合接触———————————————————

下伏地层:渐新统下干柴沟组(E_3g)

2) 岩性组合

上干柴沟组为紫红色中层状钙质粉砂岩、灰绿色钙质页岩、砖红色泥岩、灰绿色含砾中粗粒砂岩、泥质粉砂岩、粉砂岩、中细砾砾岩,节理中夹石盐和薄层状、脉状石膏,厚度596.57m。

3) 岩相变化

横向上,由东向西,颜色变浅,岩石粒度变化不大(2~15mm);垂向上,由底部向顶部,岩石粒度由细变粗,反映反粒序特征,由粉砂岩向细砂岩,再向中粗砂岩、粉砂岩、含砾中粗砂岩变化,石膏含量增加(图2-19)。与下伏下干柴沟组、上覆下油砂山组均呈整合接触。

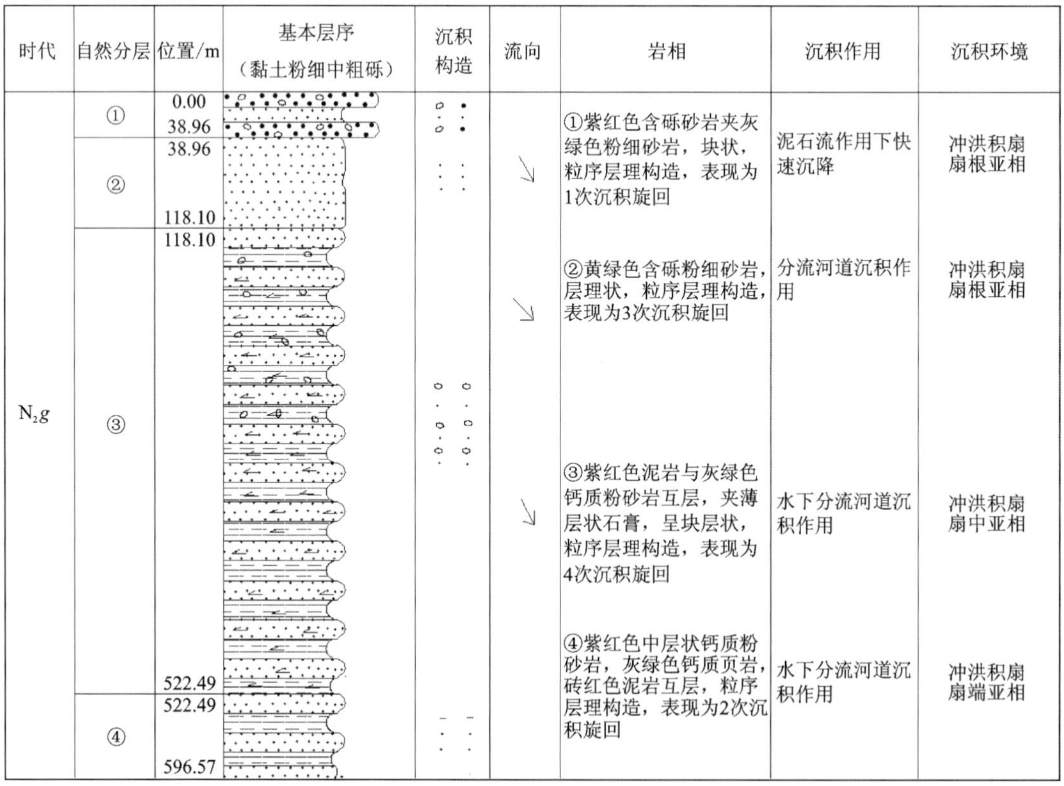

时代	自然分层	位置/m	基本层序 (黏土粉细中粗砾)	沉积构造	流向	岩相	沉积作用	沉积环境
N_2g	①	0.00 38.96			↘	①紫红色含砾砂岩夹灰绿色粉细砂岩,块状,粒序层理构造,表现为1次沉积旋回	泥石流作用下快速沉降	冲洪积扇扇根亚相
	②	38.96 118.10			↘	②黄绿色含砾粉细砂岩,层理状,粒序层理构造,表现为3次沉积旋回	分流河道沉积作用	冲洪积扇扇根亚相
	③	118.10 522.49			↘	③紫红色泥岩与灰绿色钙质粉砂岩互层,夹薄层状石膏,呈块层状,粒序层理构造,表现为4次沉积旋回	水下分流河道沉积作用	冲洪积扇扇中亚相
	④	522.49 596.57				④紫红色中层状钙质粉砂岩,灰绿色钙质页岩、砖红色泥岩互层,粒序层理构造,表现为2次沉积旋回	水下分流河道沉积作用	冲洪积扇扇端亚相

图2-19 上干柴沟组地层基本层序图

4）含矿性

该层中可见石盐和石膏层，赋存氯化钙型深层（构造裂隙孔隙）卤水。

5）沉积环境

在沉积方式上体现为机械沉积和化学沉积，略显一定的沉积韵律，具有一定的成层性，略微受季节性变化影响，沉积微相变化较慢。岩性、岩相在垂向上变化较大，横向上变化不大，反映较深湖相—浅湖相—滨湖相—三角洲平原—冲洪积变化的一种沉积规律。

3. 新近系中新统下油砂山组（N_1y）

黑北凹地地区实测剖面第3～11层控制了新近系中新统下油砂山组岩性（图2-20）。

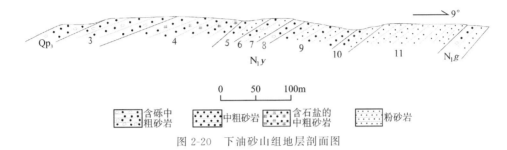

图2-20 下油砂山组地层剖面图

1）剖面描述

―――――――――――未见顶―――――――――――

（3）褐色、灰褐色含砾砂岩；砾石岩性多为片麻岩，磨圆度较好，呈次圆状—圆状，个别呈次棱角状，厚度85.9m。

（4）灰绿色含石盐中粗砂岩；石盐呈细脉状分布，厚度25.52m。

（5）黄褐色中粗砂岩与粉细砂岩互层；中粗砂岩单层厚度约5cm；粉细砂岩单层厚度3cm，厚度20.62m。

（6）下油砂山组含砾中粗砂夹灰绿色细砂岩，厚度9.73m。

（7）灰黄绿色粉细砂岩，厚度7.71m。

（8）下油砂山组含砾中粗砂夹灰绿色细砂岩，厚度5.87m。

（9）黄褐色中粗砂岩与灰黄绿色粉细砂岩互层，厚度58.37m。

（10）黄褐色中粗砂岩夹粉细砂岩，厚度4.96m。

（11）灰黄绿色粉细砂岩，该层底部盐类含量增加，厚度285.63m。

―――――――――――整合接触―――――――――――

下伏地层：中新统上干柴沟组（N_1g）

2）岩性组合

下油砂山组为黄绿色粉细砂岩、细砂岩，灰绿色中粗砂岩，褐色—灰褐色含砾中粗粒砂岩，局部夹石盐，厚度504.31m。

3）岩相变化

横向上，由东到西，颜色变浅，岩石粒度变化不大（图2-20）；垂向上，由底部向顶部，粒度由细变粗，并出现多次韵律旋回（图2-21）。根据剖面，结合资料分析，该岩组与下伏上干柴沟组（N_1g）、上覆上油砂山组（N_2y）均呈整合接触。

4）沉积环境

在沉积方式上体现为机械沉积、化学沉积，具一定的沉积韵律，受季节性变化影响，沉积微相变化较快。岩性、岩相在垂向上变化较大，平面上变化小，反映较深湖—浅湖—滨湖—三角洲平原—冲洪积相—泛滥平原相变化的规律。

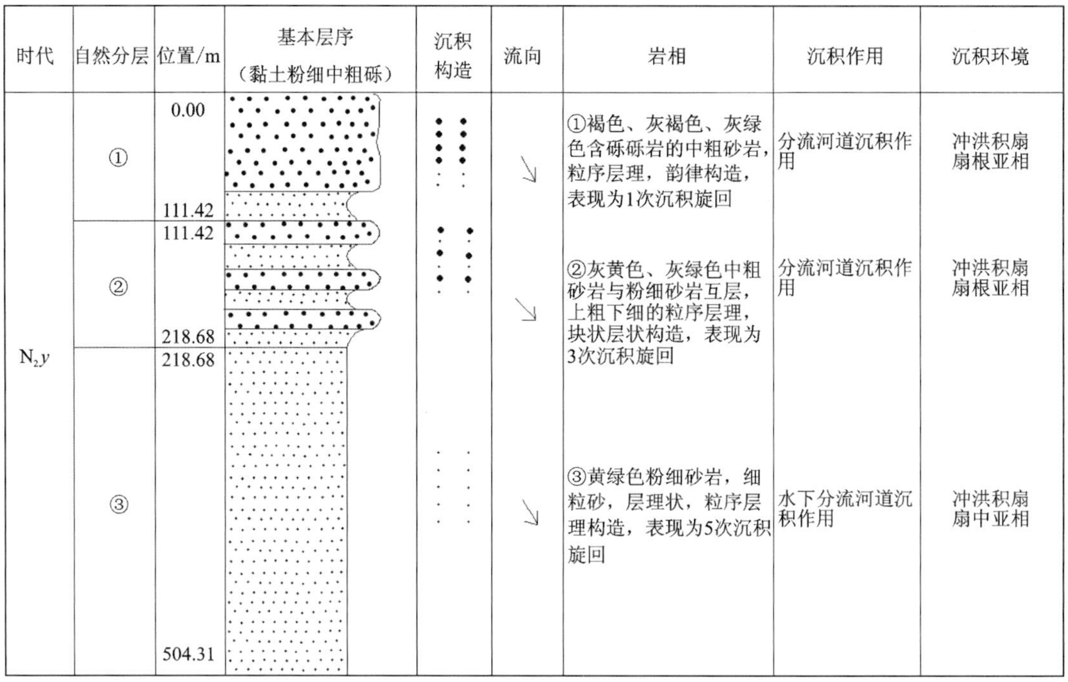

时代	自然分层	位置/m	基本层序 (黏土粉细中粗砾)	沉积构造	流向	岩相	沉积作用	沉积环境
N_2y	①	0.00 111.42			↙	①褐色、灰褐色、灰绿色含砾砾岩的中粗砂岩，粒序层理，韵律构造，表现为1次沉积旋回	分流河道沉积作用	冲洪积扇扇根亚相
	②	111.42 218.68			↙	②灰黄色、灰绿色中粗砂岩与粉细砂岩互层，上粗下细的粒序层理，块状层状构造，表现为3次沉积旋回	分流河道沉积作用	冲洪积扇扇根亚相
	③	218.68 504.31			↙	③黄绿色粉细砂岩，细粒砂，层理状，粒序层理构造，表现为5次沉积旋回	水下分流河道沉积作用	冲洪积扇扇中亚相

图 2-21　下油砂山组地层层序图

5) 含矿性

该层中富含构造裂隙孔隙卤水钾(盐)矿，属油田水型。

4. 新近系上新统上油砂山组（N_2y）

该组地层主要分布在南翼山、油泉子尖顶山等背斜构造的顶部，均呈小面积零星分布，一般构成各背斜构造的核部，在研究区剖面和钻孔中皆未遇到。

1) 岩性组合

根据油 6 井，沉积岩的特征表现为砾状砂岩、粉砂岩、泥质粉砂岩、泥岩，为机械沉积。该组地层中产树茎、石膏木、介形虫、昆虫及鱼类化石，厚 94～1769m。

2) 岩相变化

在咸水泉多见厚层砾岩，为河流相及山麓相堆积，向东粒度变细。在油泉子一带，该组岩性主要为钙质页岩、钙质泥岩和砂质页岩，夹有较多的薄层—中厚层灰岩，裂隙中有较多的石膏脉充填。在南翼山则多为杂色泥岩、砂质泥岩。与下伏层位连续沉积，呈整合接触关系。

3) 沉积环境

在沉积方式上体现为机械沉积或物理沉积、生物沉积，或为泥岩夹灰岩、砾岩的混合型沉积。沉积韵律较明显，受季节性变化影响，沉积微相变化较快。岩性、岩相在垂向上变化较大，平面上变化较小，反映中深湖相—滨湖相—冲洪积相—泛滥平原相—盐湖相沉积。

4) 含矿性

该层中含丰富的构造裂隙水，属油田水型卤水。

5. 新近纪上新统狮子沟组（N_2s）

该组地层主要分布在南翼山、油泉子尖顶山等背斜构造的顶部，均呈小面积零星分布，一般构成各背斜构造的核部，在深层卤水分布区剖面和钻孔中皆未遇到。

1) 岩性组合

根据南 10 井,狮子沟组岩性以灰色—灰黄色砾岩、砾状砂岩为主,夹灰黄色、灰白色砂质泥岩、石膏、芒硝、石盐等。该组地层中产石膏木、介形虫、昆虫、鱼类、树茎等化石,厚 189～1687m。

2) 岩相变化

多具暂时性洪水在山麓地带的堆积物特点,由西向东沉积物粒度变细,指示上新世晚期,湖水浓缩,演化至盐湖环境,由于湖水变浅,局部出现湖沼沉积。与下伏地层呈不整合接触。

3) 沉积环境

在沉积方式上体现为机械沉积或物理沉积、化学沉积。沉积韵律明显,受季节性变化影响较大,沉积微相变化较快。岩性、岩相在垂向上变化大,平面上变化较小,反映中深湖相—滨湖相—冲洪积相—泛滥平原相—盐湖相沉积(陈国俊,2011)。

4) 含矿性

南翼山背斜构造的该岩性段赋存油田水型钾、硼、锂矿。

综上所述,深层卤水分布区从上干柴沟组到狮子沟组,湖水由深变浅,气候由湿润变干旱,上新世晚期是盐类沉积的主要时期。

三、深层卤水区构造特征

柴达木盆地深层卤水区经历了基底构造运动和新构造运动,新构造运动对古近纪、新近纪和第四纪褶皱、断裂构造及现代地貌具有极大影响。基底构造主要包括阿南断裂、赛南-绿南断裂的北西段、柴中断裂和昆南断裂的北西段,新构造运动下形成的断裂和背斜构造相伴而生,二者又和成盐凹地相间出现。为了便于研究深层卤水分布规律,结合盆地内基底构造特征,将深层卤水区划分为柴北缘反 S 型构造带、中央平缓构造带和昆北紧密型构造带。

(一) 柴北缘反 S 型构造带

该构造带呈菱形展布,北西部为阿南断裂,北东部为赛南-绿南断裂,南部为柴中断裂,南西部为鄂博梁Ⅰ号、Ⅱ号、Ⅲ号-盐湖构造。带内断层(褶皱)构造呈 S 型展布,断层走向和褶皱轴向平行或斜交,断层和褶皱构造之间为凹地构造。

1. 断层(背斜)构造

该区断层和背斜构造有鄂博梁Ⅰ～Ⅲ号-葫芦山断层(背斜)、冷湖一～七号断层(背斜)、伊克雅乌汝断层(背斜)、鸭湖断层(背斜)、南八仙断层(背斜)、南陵丘断层(背斜)、北陵丘断层(背斜)、东陵丘断层(背斜)、驼峰山断层(背斜)、苦水泉-大红沟-黄泥滩背斜等,凹地构造有马海凹地、昆特依凹地、大熊滩凹地、南里滩凹地、东台吉乃尔湖。构造总体呈 NW 向,长轴呈反 S 型展布,一般形成深层构造裂隙孔隙卤水,构造间为向斜凹地或断陷凹地,各构造具体特征见表 2-13。

2. 凹地构造

柴北缘反 S 型构造带内凹地构造有两种类型,一是受阿尔金断裂、赛南-绿南断裂和盆地内(断裂)背斜构造控制的凹地构造,如昆特依凹地、马海凹地,上部沉积第四系湖相—化学湖相地层,形成固体盐湖矿床和盐类晶间卤水,下部为砂砾层,一般形成砂砾孔隙卤水,深部形成深层砂砾孔隙卤水;二是仅受盆地内背斜构造和断裂控制的凹地构造,如大熊滩凹地和南里滩凹地,凹地内沉积第四系湖相—化学湖相地层,多分布固液体盐类矿床和晶间卤水。

表 2-13 柴北缘反 S 型构造带断层(背斜)构造特征一览表

构造名称		性质	轴部地层	轴向	轴长/km 长	轴长/km 宽	长∶宽	两翼倾角 南	两翼倾角 北	几何形态	构造面积/km²	资源情况
冷湖反S型构造区	冷湖一号、二号	背斜	N_2y	EW	2～3	0.8	3.5	7°～31°	45°～65°	椭圆状	2.1～5.2	油田水
	冷湖三号		N_1g	NWW	17	3.2	5.3	35°～40°		椭圆状	54.4	小油田
	断层		冷湖一~三号发育于背斜构造核部,长 25km,断距 190~200m,倾向 75°,逆断层,东部和赛南断裂相接,断层下盘为上更新统化学湖相和湖相地层,上盘为 N_2s、N_2y、N_1g 和 E_3g 地层,该断层切穿了背斜构造北翼								
	冷湖四号	背斜	N_1g	NW	16.5	6	2.8	20°～40°	40°～80°	短轴状	85	油田水
	冷湖五号		N_2y	NNW	24.5	13.4	1.8	20°～35°	10°	短轴状(穹隆)	190	油田水
	冷湖六号		N_2y	NW	26	11	2.4	5°～30°	60°～80°	短轴状	230	油田水
	冷湖七号		N_2y	NW	45	16	2.8	20°左右	30°～70°	长轴状	696	油田水
	断层		冷湖四~七号断层沿冷湖四号、五号、六号、七号构造发育,长 70km,六号背斜处为 NE 向性质不明断层,长 7.5km;在冷湖四号北部,冷湖五号背斜和六号背斜中部处变为 NNE—NNW 向逆断层,长 30km,断层倾向 235°~260°。从冷湖五号背斜末端至冷湖七号背斜中部为 NW 向逆断层。断层倾向 235°~260°。冷湖六号背斜中部断距 250~490m 不等;冷湖七号背斜中部至冷湖七号背斜末端出现与轴部构造斜交的正断层和性质不明断层。断层切穿地层为 N_2s、N_2y、N_1g 和 E_3g								
南八仙-马海构造区	南八仙	背斜	N_2y	EW	30	20	1.5	2°～12°	4°	穹隆状	600	油气田
	马海	背斜	N_2y	100°～195°	35.5	20	1.5	2°～31°	3°～65°	短轴状	610	
	古城丘	背斜	N_1g	NW	1.5	0.3	5			短轴状	450	
	北极星	背斜	N_1g	80°～130°	22.8	5	4.5	3°～73°	17°～18°	短轴状、长轴状	700	
	无柴沟	背斜	N_1g	NW	10	5	2	11°～60°	13°～20°	短轴状	100	
	断层		(1)南八仙断层为背斜轴近直立的正断层,断层长 3~8km,断距 20~100m,断层倾向 235°~250°,断层切穿地层为 N_2s、N_2y。 (2)马海断层为与背斜轴斜交的两组正断层,断层长 3~7km,断距 1500m,断层倾向 135°,断层切穿地层为 N_2y、N_1g 和 E_3g。 (3)古城丘南至无柴沟断层西起马海背斜南端,经古城丘南、南极星、东止于无柴沟,长 28km,断距 700~800m,断层倾向 85°~110°,为层间正断层,断层上盘为 E_3g 和 N_1g 地层,下盘为 N_2y 地层。断层两侧发育 NNE 向正断层和性质不明断层。 以上断层起源于同一基底构造										

续表 2-13

构造名称		性质	轴部地层	轴向	轴长/km 长	轴长/km 宽	长:宽	两翼倾角 南	两翼倾角 北	几何形态	构造面积/km²	资源情况
北陵丘-东陵丘分支	东陵丘	背斜	N_1g	115°～140°	16	4～6	3.2	9°～23°	5°～6°	短轴状	784	
	北陵丘	背斜	N_1y	NW	9.3	3.9	2.4	3°～10°	2°～16°	短轴状	468	
	断层											东陵丘断层在背斜核部和南东部位发育正断层和性质不明的斜断层，与背斜轴部交角100°，断层长度大于8km，断距较小。东陵丘断层为发育于背斜南部的3条平行排列的正断层，断层走向10°～20°，和背斜轴轴线近于直交，长5～7.5km，断距200～800m，断层产于E_3g、N_1g、N_2y地层。东陵丘和北陵丘断层在区域上属一个断层系列的次级断层
鄂博梁Ⅰ号-葫芦山	鄂博梁Ⅰ号东支葫芦山	背斜	N_1g	150°	38	12	3.2	30°～70°	58°～80°	短轴状	1080	油田水
			N_2y	105°～110°	50	20	2.5	2°～12°	2°～60°	短轴状	1000	
	断层											鄂博梁Ⅰ号-葫芦山断层西起鄂Ⅰ东部，东至胡芦山，为昆特依凹地的西界和南界，长45km，断距200～800m，断层倾向80°～110°，倾角70°～75°，断层地表多为正断层，深部为逆断层。断层切穿$N_2s、N_1g、E_3g$地层，地表发育与轴部斜交的正断层，簇状分布，长3～8km
鄂博梁Ⅰ～Ⅲ号北分支	鄂博梁Ⅰ号西支		N_1g	近SN	38	12	3.2	30°～70°	58°～70°	短轴状	1080	油田水
	鄂博梁Ⅱ号		N_2y	130°	42	9	4.7	50°～80°	40°～70°	长轴状	1264	油田水
	鄂博梁Ⅲ号		N_2y	120°～140°	45	25	1.8	9°～25°	11°～50°	长轴状	1125	油田水
	鸭湖		N_2s	130°～145°	38	17	2.1	5°～18°	3°～5°	短轴状	596	油田水
	台吉乃尔	背斜	Qp_2g	115°～130°	25	12	2.1	＜1°	2°～3°	短轴状	210	油田水
	伊克雅乌汝		Qp_1a	NW-SE	35	17～20	1.9	4°～20°	2°～4°	穹隆状	600	
	南陵丘		Qp_1a	120°～130°	17	7	2.4	2°～65°	5°～35°	短轴状	370	
	驼峰山		Qp_1a	NW	9.3	4	2.4	42′1′49″	1°26′	短轴状	95	油气田
	断层											鄂博梁Ⅰ～Ⅲ号-驼峰山断层始于鄂博梁Ⅰ号，经鄂博梁Ⅱ号、Ⅲ号构造、沿鸭湖构造、南陵丘构造、驼峰山构造和台吉乃尔构造，长180km，断距40～1800m不等，断层整体表现为反S型，不同部位走向和断层性质不同。(1)鄂博梁Ⅰ号断层性质不明，长度15km，断层走向340°，8条断为正断层，5条长2km的断层组成束状；底部为正断层。(2)鄂博梁Ⅱ号断层是由5条性质不明状断层和5条长2km的断层组成与轴向斜交的斜断层，长度17.5km。(3)鸭湖断层具由5组正断层组成带状断层，延伸长18km，分布宽2～5km；台吉乃尔断层由7条长的正断层组成，分布长度10km。(4)伊克雅乌汝断层由2组近直交断层与4条与轴向斜交的断层组成，分布长10km。以上断层切穿地层为$E_3g、N_1g、N_2y、N_2s、Qp_1a、Qp_2g$，驼峰山断层由4条与轴向斜交的断层组成，分布长3km。驼峰山断层切穿地层长15km，倾在北，切穿地层越深，在深部可能为逆断层

(1)昆特依凹地：昆特依凹地呈平行四边形，NNW向展布，四周为构造凸起，北东为冷湖一～五号断层(背斜)构造，南部为葫芦山背斜构造和断层，南西部为鄂博梁Ⅰ号断层(背斜)构造。在地貌上属断陷凹地，长90km，宽30km，面积270km²，地表沉积上更新统湖相、化学湖相沉积和全新统化学湖相地层，施工的昆ZK01、昆ZK09孔等3个深孔显示，盆地深部沉积上新统狮子沟组和下更新统冲洪积相砂砾层，厚度大于500m，向南部的昆ZK09孔砂砾层变薄，上新世或更早，昆特依凹地沉积盆地在发育过程中不断沉降、沉积，向盆地内沉积减弱。凹地浅部分布盐类晶间卤水钾盐矿床，深部分布深层砂砾孔隙卤水钾盐矿床。

(2)马海凹地：马海凹地呈似菱形，NW向展布，四周为构造凸起，北东为赛前-绿前断裂，南西为冷湖一～七号断裂和背斜构造，南部为鹊南断层。地貌上属断陷凹地，长近140km，宽20～30km，盆地内地层属湖相和化学湖相沉积，面积近450km²，地表沉积上更新统湖相、化学湖相沉积和全新统化学湖相地层，近盆地边缘施工的马ZK01孔等11个钻孔揭露，盆地深部沉积中更新统化学湖相、冲洪积相和下更新统冲洪积相、上新统狮子沟组冲洪积相地层，地层呈水平产出，平行层理，沉积厚度达1000m，从山前向盆地，冲洪积地层厚度变薄。凹地浅部分布盐类晶间卤水钾盐矿床，深部分布深层砂砾孔隙卤水钾盐矿床。

(3)大熊滩凹地：大熊滩凹地地处昆特依凹地南西，呈牛眼状，NNW向展布，四周为断层(背斜)构造凸起，北东部为鄂博梁Ⅰ号-葫芦山断层(背斜)构造，南西为鄂博梁Ⅰ～Ⅱ号断层(背斜)构造。在地貌上属向斜凹地，长30km，宽3～15km，面积35km²，凹地内地表沉积下—中更新统湖相地层，上更新统湖相、化学湖相地层和全新统化学湖相地层，地层呈水平产出，平行层理，沉积厚度50m左右。该凹地浅部为固液相钾盐矿。

(4)南里滩凹地：南里滩凹地地处马海凹地南部，长条状展布，四周为构造凸起，北西向为葫芦山断层(构造)，北东向为冷湖六号、七号断层构造，南东向为南八仙构造、伊克雅乌汝构造和太吉乃尔构造，南西向为鸭湖构造和鄂博梁Ⅲ号构造。在地貌上属断陷凹地，长60km，宽5～20km，面积40km²，凹地内地表沉积中—上更新统湖相地层和全新统化学湖相地层，地层呈水平产出，向凹地边缘微倾斜，平行层理，沉积厚度50m左右。该凹地浅部为固液相钾盐矿。

(二)中央平缓构造带

中央平缓构造带北西部为阿南断裂，南西部为鄂博梁Ⅰ～Ⅲ号-盐湖构造，南部为柴中断裂，南西部为翼南断层。该区断层和背斜构造及断陷凹地之间呈U型展布，宽缓的凹地之间被断层(褶皱)阻挡。

1.断层(背斜)构造

深层卤水分布区断层和褶皱构造为尖顶山-黑梁子断层(褶皱)、红三旱1号-碱山断层(背斜)、大风山-落雁山断层(背斜)、红沟子-南翼山-油墩子断层(褶皱)。断层(背斜)构造总体呈NW、NWW向，多分布深层构造裂隙孔隙卤水，构造间为向斜凹地或断陷凹地，各构造具体特征见表2-14。

2.凹地构造

中央平缓构造带内凹地构造有两种类型，一是受阿尔金断裂和盆地内(断裂)背斜构造控制的凹地构造，如大浪滩凹地-黑北凹地、察汗斯拉图凹地；二是仅受盆地内背斜构造和断裂控制的凹地构造，如油泉子凹地、咸水泉凹地、黄瓜梁凹地和风南凹地等。凹地内沉积第四系湖相—化学湖相地层，多分布固液体盐类矿床。

表 2-14 中央平缓构造带断层(背斜)构造特征一览表

分区	构造名称	性质	轴部地层	轴向	轴长/km 长	轴长/km 宽	长:宽	两翼倾角 南	两翼倾角 北	几何形态	构造面积/km²	资源情况
中央平缓背斜带 红三旱1号－碱山背斜带	红三旱1号	背斜	E_3,N_1g	90°～110°	32	3～5	8	9°43′～66°	9°30′～32′	长轴状	144	油田水
	东坪	背斜	$Q_{p_1}a$	137°～155°	14	5	2.8	1°53′～20°10′	1°36′～2°15′	弯隆状	65	油气
	碱山	背斜	$Q_{p_1}a$	130°	53.6	5.4	9.9	4°～2°	5°～7°	长轴状	510	油田水
	红三旱3号	背斜	$Q_{p_2}g$	NW	17	9	1.9	1°5′～11′	1°41′	短轴状	162	油田水
	红三旱4号	背斜	$Q_{p_2}g$	100°～120°	55	8～10	6.1	2°30′～5′	1°～2°	长轴状	543	油田水
	断层											

红三旱1号、红三旱3号、红三旱4号断层总体呈平行式雁列排列，在背斜核部以斜向正断层或走向断层形式出现。

(1)红三旱1号断层为3条长2～3km的性质不明的斜向正断层，斜列于红三旱1号背斜构造的两端，长2～5km，断层走向330°～20°不等，倾向NE和SW；轴向SW；断层切穿地层为Qp_1a、N_2y地层。碱山断层以斜向正断层形式出现。斜向正断层分布于碱山背斜构造核部分布长42km，断层走向210°～260°，倾向SW，断层切穿地层为Qp_1a，经地震解译，在碱山深部存在两断夹一隆的构造格局，碱北断层长34km，断距600～1200m，碱南断层切穿地层为$E_3g、N_1g、N_1y、N_2y、E_2s$和Qp_1a。断层切穿地层为$E_3g、N_1g$。

(2)红三旱3号、4号断层分布于红三旱碱山背斜构造中的斜向正断层和性质不明斜向正断层。断层长1.5～5.5km，断层走向20°～150°；红三旱3号断层为3条正断层，其中2条倾向相反，倾向NW，长45km，北部断距200～700m，南部断距800m，切穿地层为$E_3g、N_1g$。红三旱4号构造南部和北部存在深部逆断层，形成两断夹一隆的构造格局；红三旱4号断层密集发育，成对出现的格局。北部断层倾向NW，断层切穿地层为$E_3g、N_1g、N_2y、Qp_1a、Qp_2g$；地震解译结果显示。

(3)地震解译的东坪断层长32km，断距200～1800m，断距230°～250°，倾角66°，逆断层，切穿地层为$E_3g、N_1g、N_2y、Qp_1a、Qp_2g$，地表无断层显示。

尖顶山-黑梁子背斜带	潜伏构造	长尾梁	背斜	Qp_2g	NW	16	3	5.4	1°～4°	2°	长轴状	220	
		尖顶山	背斜	$Q_{p_2}g$	NW	15.9	3	5.3	1°～4°	2°	长轴状	218	
		黑梁子	背斜	N_2y	300°～326°	15	7.7	2	12°～25°	9°～25°	椭圆状	130.4	油田水
		黑梁子	背斜	N_2y	NW	26.5	8.8	3	2°～10°	2°～9°	椭圆状	20	
	断层												

(1)尖顶山断层：尖顶山西部发育长1.5km的3组性质不明的断层与核部近直交，在尖顶山南东部发育3组斜向正断层，断层长3～10km，走向330°～350°，倾向40°～60°，断层切穿地层为$N_2y、Qp_1y、Qp_2g$。

(2)黑梁子断层：黑梁子东部发育长1.5km的性质不明的7组断层组与核部直交，断层走向355°～10°。根据地震解译资料，在潜伏构造长190°～200°，倾角60°，切穿地层为$E_3g、N_1g、E_2s$和Qp_1a。北部断层长30km，断距300～1800m，断层性质为逆断层，断层存在尖顶山和黑梁子背斜子背斜两断夹一隆的构造形态，断层长度25～28km，断距300～1800m。北部地震解译资料，在尖顶山和黑梁子背斜形成两断夹一隆的构造。

(3)根据地震解译资料，在尖顶山和黑梁子背斜形成两断夹一隆的构造形态，倾角35°～40°，倾角20°～60°，倾角35°～40°，倾角70°，切穿地层为$E_3g、N_1g$和E_2y。

续表 2-14

分区		构造名称	性质	轴部地层	轴向	轴长/km 长	轴长/km 宽	长:宽	两翼倾角 南	两翼倾角 北	几何形态	构造面积/km²	资源情况
中央平缓背斜带	大风山-落雁山斜列-红沟子-南翼山-油墩子构造带	大风山	背斜	N_2s	285°~300°	31.8	6.2	5.1	8°~20°	1°~8°	箱状	636	油田水
		乱山子	背斜	Qp_1a	NW	22	12	1.8	1°~2°38′	4′~1°7′	穹隆状	186	
		碱石山	背斜	Qp_1a	NW	28.5	5	5.7	5°~12°	5°~10°	长轴状	458	油田水
		土林堡	背斜	Qp_1a	110°~135°	15	7	2	3°~12°	2°	短轴状	105	
		土挖塔	背斜	Qp_1a	117°	18.5	8	2.3	6°	10°	短轴状	150	
		落雁山	背斜	N_2s	100°~115°	31	11~17	2.2	5°~32°	10°~41°	短轴状	465	油田水
		船形丘	背斜	Qp_2g	NW	6	1~2	4	1°~1°40′	1°~1°30′	短轴状	75	油田水
		小梁山	背斜	Qp_1q	120°~130°	19	8.6	2.2	3°	7°	短轴状	175	
		月牙山	背斜	N_2s	90°	6	2	3	5°	4°左右	短轴状	24	
		红沟子	背斜	N_2y	295°~315°	27	7~9	3.6左右	4°~20°	12°~34°	向东倾伏鼻状	300	
		南翼山	背斜	N_2y	NW	34.9	6.9	5.1	6°~46°	4°~39°	长轴状	620	油气,油田水
		黄瓜梁	背斜	N_2y	NW	34	5~9	4.9	10°~34°	33°,最大达88°	短轴状	253	
		油墩子	背斜	N_2y	130°	37.7	7	5.3	25°~50°	>62°,向外21°~48°	长轴状	243	油田水
	断层												

(1)梁北-凤北断层,沿小梁山-大风山北分布,长80km,断距900~1200m,倾向0°~30°,倾角70°,断层性质深部为逆断层,深部切穿地层为E_3g、N_1g、N_2s,浅部切穿Qp_3c地层。
(2)翼北-梁南-凤南断层,沿红沟子北、小梁山北部和大风山南部一线分布,长120km,断距800~1800m,倾向35°~45°,倾角70°,断层性质深部为逆断层,浅部至地表断层。
(3)翼南断层,沿南翼山南部-盐滩北分布,东部和油墩子南部断层相接,长30km,断距1200~1600m,倾向225°,倾角60°,深部为逆断层,切穿E_3g、N_1g、N_2y、N_2s地层,浅部至地表为正断层,浅部切穿Qp_3c地层。
(4)在碱石山、土林堡、落雁山、船形丘等构造发育轴向正断层。

(1)大浪滩-黑北凹地：大浪滩-黑北凹地位于阿尔金山、红沟子、小梁山、南翼山、尖顶山、大风山及东坪构造之间，面积大于1000km²。据青海石油管理局地震物探资料，该凹地西部大浪滩一带处于基底断裂之上，属月牙山断裂（基底断裂）的下降盘，新生代以来一直处于沉降状态，沉积总厚度超过8700m，最深处在梁北断裂（基底断裂）下降盘。路乐河组在小梁山西北沉积厚度大于1200m，至小梁山北侧，下干柴沟组沉积厚度为1750m，下油砂山组为950m，上油砂山组为1200m，狮子沟组为1500m。从西向东，梁ZK10孔从480m钻遇下更新统下段砂砾石层，施工至1600m未揭穿该段；梁ZK01孔从419.72m钻遇下更新统下段砂砾石层，在601.9m处终孔于该段；梁ZK05孔从295.58m钻遇下更新统下段砂砾石层，在1 025.28m终孔于该段；梁ZK03孔从131.3m钻遇下更新统下段砂砾石层，在501m处终孔于该段；黑ZK01孔从385.87m钻遇下更新统下段砂砾石层，在1250m终孔于该段；黑ZK02孔从208.74m钻遇下更新统下段砂砾石层，并在808.4m揭穿该层；黑ZK03孔从168m钻遇下更新统下段砂砾石层，527.18m揭穿该层。这说明靠近山前，下更新统砂砾石层沉积厚度加大、沉积加深；远离山前则下更新统下段砂砾石层变薄、变深。由北向南，从梁ZK10孔经梁ZK02孔、梁ZK06孔、梁ZK08孔，下更新统下段砂砾石层变薄、变深。这是因为从上新世或更早，大浪滩沉积盆地发育过程中不断沉降、沉积，沉积外侧不断隆起（南翼山背斜构造）。

(2)察汗斯拉图凹地：察汗斯拉图凹地为呈近SN向的矩形凹地，在新生代前是一个向南东开口的凹地，新生代以来的构造发展具继承性，因而形成了目前区内地质构造格局：凹地东部为轴向NNW向左行斜列的鄂博梁Ⅰ号、Ⅱ号背斜构造，西部和西南部为轴向NWW—NW向左行雁列的红三旱1号、馒头山、九顶山、东坪、碱山等背斜构造，而盆地东南侧为一片水平岩层，封闭不好，面积8800km²。地表沉积上更新统湖相、化学湖相沉积和全新统化学湖相地层，施工的察ZK01、察ZK02、察ZK03、察ZK04等孔在深部揭露出冲洪积相砂砾层，时代为上新世—中更新世。察ZK02孔施工至185m时，钻遇下更新统下段砂砾石层，施工至1 500.78m时未揭穿该段。且距察ZK02孔南东10km的察ZK01孔施工至1380m时，钻遇该层段，在1388m处揭穿该层。这说明，察ZK02孔处砂砾石层是在基底断裂的基础上沉积的延续，向南变薄，这是因为上新世或更早，察汗斯拉图凹地（沉积盆地）在发育过程中不断沉降、沉积，沉积区外侧沉积物减薄。总的来说，察汗斯拉图凹地构造简单。

(3)油泉子凹地：位于南翼山和油泉子背斜构造之间，西部由油北潜伏隆起与咸水泉凹地相隔，东部为盐滩凹地，为一套沉积了上更新统和全新统的沉积凹地，钻探揭露的沉积厚度约50m。凹地及周边为中、下更新统。凹地内覆盖大，向斜特征不明显。

(4)咸水泉凹地：位于研究区西南部咸水泉背斜构造与红沟子背斜构造之间，性质与油泉子凹地相似，为沉积了上更新统和全新统的沉积凹地，构造形态不规则，面积约33km²。上更新统、全新统沉积厚度约120m，凹地基底为中、下更新统。核部地层为第四系全新统化学盐类沉积。

(5)黄瓜梁凹地：位于研究区东南部油墩子背斜构造与黄瓜梁背斜构造间的向斜构造，为沉积了上更新统和全新统的沉积凹地。其中部宽，而东西两端逐渐尖灭，面积约55km²，上更新统、全新统沉积厚度约38m，凹地核部及周围为中、下更新统。

(6)风南凹地：位于大风山与黄瓜梁、南翼山背斜构造之间，为一宽平状向斜凹地，由于在凹地中零星分布中、下更新统，使该沉积凹地形状极不规则。第四系沉积厚度约28m。

(三)昆北紧密型构造带

昆北紧密型构造带呈条带状展布，北西部为阿尔金断裂，北东部为南翼山断层，南西部为昆南断裂。带内断层（背斜）呈NW向密集分布，断层走向和褶皱轴向基本一致或平行。

1.断层（褶皱）构造

昆北紧密型构造带内的断层（背斜）构造为狮子沟-油砂山逆断层（背斜）、自流井-黄石断层（背斜）、油泉子-开特米里克断层(背斜)、茫崖-大沙坪-斧头山断层(背斜)等。大多与褶皱构造同时或稍晚形成,因此在各组断裂中是最早的一组。其规模一般较大,延伸多在2~3km或4~5km,油泉子构造上的一条断裂最长达14km,断层带宽一般0.2~0.5km,规模稍大的断层带内有断层角砾,断层性质多为正断层,少量为逆断层。断层(背斜)构造内分布深层卤水,构造之间分布向斜凹地,各构造具体特征见表2-15。

2. 凹地构造

昆北紧密型构造带凹地构造有尕斯库勒湖、茫崖湖和甘森湖等。凹地与盆地内断层(背斜构造)和盆地南部的昆北断裂关系密切。凹地内上部有盐类沉积或盐类沉积的盐湖矿,其内含晶间卤水;下部沉积砂砾层,砂砾层中一般为盐水或淡盐水。

(1)尕斯库勒湖:尕斯库勒湖位于柴达木盆地西部,北东部为狮子沟-油砂山南断裂(褶皱)构造,东靠东柴山背斜构造,南西部为昆北断裂,长约36km,宽14km,面积约500km²。尕斯库勒盆地为向北稍凸的似"弯月"形,长轴方向为NWW—SEE,呈西北高、东南低之势。尕斯库勒湖位于盆地的西北方向,为近代汇水中心,湖水面高程为2 853.70m。环湖为冲湖积—湖积平原,主要发育区在尕斯库勒湖的西北部与东南部,海拔高程为2854~3000m。冲湖积—湖积平原的外围,为山前洪积平原和冲洪积平原,其分布特点是南宽北窄,海拔高程2900~3200m,尕斯库勒地区整体为一封闭盆地,浅部形成固、液相并存的综合性盐类矿田,区内50m以浅为晶间浅卤水水层,50~300m为深层晶间承压卤水层,300m以下为大厚度的细颗粒地层,其富水性良好,但低矿化,为咸水。

(2)茫崖湖(凹地):茫崖湖(凹地)位于柴达木盆地西部老茫崖东部,北东部为茫崖-大沙坪断层(背斜),南东部为黄石、红三梁背斜,南西部为昆北断裂,北西部为东柴山、茫崖构造与冷湖相隔,近椭圆状分布,长15km,宽12km,盆地内地层为湖相和化学湖相沉积,地下水为淡水。

(3)甘森湖(凹地)位于柴达木盆地西部,北西部为斧头山、红盘山和沙滩边,北东部为落雁山、船形丘,南东部为那北,南西部为弯梁,向南与昆仑山水系相连,NW向展布,椭圆状,长30km,宽15km,湖中心水域面积1km²,湖内为全新世化学沉积和沼泽沉积物,外围为湖积物、化学沉积物和干盐滩。

表 2-15 昆北紧闭构造带

构造带	名称	性质	轴部地层	轴向	轴长/km 长	轴长/km 宽	长:宽	两翼倾角 南	两翼倾角 北	几何形态	构造面积/km²	资源情况
咸水泉、油泉子-开特米里克-凤凰台构造带、千柴沟构造带	咸水泉	背斜	N_2y	310°~280°	32	10	3.2	15°~20°	30°~70°	向东倾斜鼻状	302~288	油田水
	油泉子	背斜	N_2y	110°~130°	32.8	6.5	5.05	10°~25°	30°~80°	箱状	1000	油田水
	开特米里克	背斜	N_2y	290°~310°	25	8~10	2.5	45°~7°	70°~25°	梳状	235	油田水
	凤凰台	背斜	N_2y	105°~125°	42	11	3.8	49°~78°	74°~89°	梳状	339	
	鄂博山	背斜	Qp_1a	110°	21	7	3	9°~19°	6°~19°	短轴状	145	
	千柴沟	背斜	E_3g	NW	26.4	9.4	2.8	50°~60°	15°	鼻状	490	
	断裂											

（1）油北断裂：西起咸水泉北，经油泉子北部，向东至盐滩南，与翼南断层相交，途经开特米里克北，延伸至凤凰台北，断层长130km，断距300~800m，走向NW，倾向SW，地表为逆断层，深部为正断层，在油泉子北和盐滩南具分叉现象，切穿地层为E_3g、N_1g、N_2g和N_2s。
（2）油南断裂：西起油泉子南北部，向东经开特米里克南，经凤凰台背斜南部，止于鄂博山南部，长80km，断距1200~1600m，走向NW，深部为逆断层，倾向NE，地表为正断层，倾向SW，切穿地层为N_2y、Qp_1a。
此外，咸水泉背斜NW端被NE向断层所截。

狮子沟-油砂山构造带、茫崖-大沙坪构造带、黄石-斧头山构造带、小红山-一条带构造带	狮子沟	背斜	N_2y	NW—NWW	25	4.25	5.8	20°~70°	15°~40°	长轴状	164	油田
	油砂山	背斜	N_2y	NWW	23.5	5.4	4.4	12°	3°~36°	长轴状	400	油田
	北乌斯	背斜	N_2y	NWW	18	8.8	2.2	2°~7°	2°~17°	短轴状	141	
	黄瓜茆	背斜	N_2y	NW	7.5	2.5	4.1			长轴状	100	
	盐山	背斜	N_2y	300°	20	11	1.8	20°~25°	20°~70°	梳状	125	
	茫崖	背斜	N_2y	NWW	30	2.5	12	5°~50°	10°~80°	长轴状	65	
	土林沟	背斜	N_2y	NWW	19	3	6.3	50°~65°	50°~70°	梳状	54	
	大沙坪	背斜	N_2y	110°~150°	33.6	8	4.2	12°~25°	30°~50°	短轴状	394	
	黄石	背斜	E_3N_1g	165°	22	8	2.5	5°~54°	34°~70°	短轴状	411	
	红盘		N_2y	100°~110°	11	5	2.2	31°~55°	5°~21°	短轴状	144	
	斧头山	背斜	N_2y	100°	7.8	2.6	3	5°~25°	5°~50°	短轴状	275	
	甘森	背斜	N_2y	NW	3.5	2.5	1.4	4°~15°	24°~48°	短轴状	37	
	小红山	背斜	N_2s	NW	1.2	0.1	3	60°~88°	30°	短轴状	3.8	
	阿哈提		Qp_1a	NW	3	1.2	2.5	60°~80°	20°左右	短轴状	8.02	
	七个泉	背斜	N_2s	NW	9	2.5	3.6	35°~20°~8°	2°~15°	短轴状	22	
	断层											

（1）茫崖-大沙坪断裂：西起茫崖构造北，东至大沙坪构造南，断层长42.5km，断距100~700m，走向110°~130°，倾向200°~220°，断层性质为逆断层，切穿地层为N_2y、N_2s。
（2）狮子沟-油砂山-黄石断裂：西起狮子沟，经油砂山、茫崖湖至黄石山，长150km，逆断层，茫崖-大沙坪断裂长45km，狮子沟-油砂山断裂长115km，断距150~5600km，地表倾向SW，深部倾向NW，走向NW，红盘山、斧头山及斧头山发育与背斜轴部近直交的NW向正断层。受此断裂的影响，在黄石山、红盘分被第四系覆盖。切穿地层走向330°~350°，切穿地层为E_3g、N_1g、N_2y、N_1y、N_2s层为E_3g、N_1g、N_2s，大部分被第四系覆盖。
2 264.6m，断层倾角20°~30°，倾角60°，大部分被第四系覆盖。
质不明断层。断层走向330°~350°，切穿地层为E_3g、N_1g、N_2y、N_1y、N_2s
质不明断层。

第三章　柴达木盆地岩相古地理及演化

第一节　沉积环境分析

一、沉积物物源

(一)物源分析

1. 基岩

对阿尔金山南坡进行了部分采样，所采集样品主要包括 2 种火成岩、由构造原因产生的碎裂岩以及泥岩变质形成的千枚岩等。具体岩石类型有：碎裂化斑状花岗岩、碎裂化黑云二长花岗岩(图 3-1a)、花岗质碎裂岩(图 3-1b)、黑云斜长碎斑岩、斑状花岗岩、青灰色绢云千枚岩、灰黑色绢云千枚岩等岩石类型。

a. 碎裂化黑云二长花岗岩（正交偏光）　　b. 花岗质碎裂岩（正交偏光）

图 3-1　部分基岩岩石类型分析

2. 砂砾储卤层岩性

对梁 ZK05 孔砂卵砾石层(储卤层)中砾石进行了岩石成分分析，岩石类型为斑状花岗岩、黑云二长花岗岩(图 3-2)、青灰色绢云千枚岩、灰黑色绢云千枚岩等，和基岩基本一致，根据基岩区和凹地沉积物之间的高山深盆的地貌关系，可推断该套深层含钾卤水的储存介质的物源应该来自阿尔金山基岩区。

图 3-2 黑云二长花岗岩

(二)盆地内岩性指示的沉积环境

1. 古近系

古近系岩石类型主要为泥岩、钙质页岩、钙质粉砂岩、细砂岩、含砾中砂岩。

(1)泥岩:紫红色,泥质结构,块状层理构造,主要由黏土矿物组成的岩石,反映较深的陆相湖沉积环境。

(2)钙质页岩:灰绿色,泥质结构,页理构造,遇稀盐酸起泡,反映较浅的陆相湖沉积环境。

(3)钙质粉砂岩:灰绿色,粉砂质结构,块状层理构造。粉砂的含量占50%以上,以石英为主,长石和岩屑少见,有时含较多的白云母。填隙物为钙质与黏土质等,反映深湖相沉积环境。

(4)细砂岩:灰绿色,细粒砂状结构,厚层状构造,主要成分为石英、长石、云母等及含钙质、黏土质和铁质的胶结物,反映较浅湖相水下分流河道沉积环境。

(5)含砾中砂岩:灰绿色,中粒砂状结构,砾状结构,中—厚层层状构造,主要成分为砾石、岩屑、石英、长石、云母等及含钙质、黏土质和铁质的胶结物。砾石含量5%左右,次圆状,分选性差,岩性为花岗岩、片麻岩等,反映较浅湖相水下分离河道沉积环境。

2. 新近系

新近系岩石类型主要为泥岩、钙质页岩、钙质泥岩、钙质粉砂岩、细砂岩、中砂岩、粗砂岩、含砾粗砂岩。

(1)泥岩:灰褐色、灰色、砖红色,泥质结构,中—厚层层理构造,主要由黏土矿物组成,反映陆相湖沉积环境,从灰色至灰褐色、砖红色,反映湖水环境从深湖向浅湖变化。

(2)钙质页岩:灰绿色,泥质结构,页理构造,遇稀盐酸起泡。钙质页岩分布较广,反映陆相湖沉积环境。

(3)钙质粉砂岩:灰绿色,粉砂质结构,块状层理构造。粉砂的含量占50%以上,以石英为主,长石和岩屑少见,有时含较多的白云母。填隙物为钙质与黏土质等,反映深湖相沉积环境。

(4)细砂岩:灰绿色,细粒砂状结构,厚层状构造,主要成分为岩屑、石英、长石、云母等及含钙质、黏土质和铁质的胶结物,反映水下分流河道相沉积环境。碎屑物分选性好,次棱角状,岩屑成分为隐晶质火山岩等,反映水下分流河道相沉积物。

(5)中砂岩:灰绿色,中粒砂状结构,中—厚层层状构造,主要成分为岩屑、石英、长石、云母等及含钙质、黏土质和铁质的胶结物。分选性较好,砂级碎屑呈次圆状、次棱角状等,岩性为花岗岩、片麻岩等,反映水下分流河道相沉积环境。

(6)粗砂岩：灰绿色、灰褐色，粗粒砂状结构，中—厚层层状构造，主要成分为岩屑、石英、长石、云母等及含钙质、黏土质和铁质的胶结物。分选性较好，呈次圆状、次棱角状，岩性为花岗岩、片麻岩等，反映水下分流河道相沉积环境。

(7)含砾粗砂岩：灰绿色、灰褐色，粗粒砂状结构、砾状结构，中—厚层层状构造，主要成分为岩屑、石英、长石、云母等及含钙质、黏土质和铁质的胶结物。砾石含量5%～10%，分选性较差，呈次圆状、次棱角状，岩性为花岗岩、片麻岩等，反映水下分流河道相沉积环境。

3. 第四系

第四纪沉积物分为砾石层、砂层、粉砂层、黏土（淤泥）层和盐岩层六大类，不同的岩石类型代表了不同的沉积环境。

1）砾石层

砾石层呈灰褐色，砾状结构，块状层理构造，有时具向上变粗的逆粒序，单层厚度1～2m，局部可达10m以上。砾石含量大于60%，砂（粉砂、细砂、中粗砂）含量小于40%。砾石砾径2～50mm不等，磨圆度为较差—好，靠近山前，超过50%的砾石呈次棱角状—次圆状，分选性差；远离山前，砾石砾径变小，磨圆度多呈次圆状—圆状，分选性较好。砾石不仅自身大小混杂而生，且和中粗砂、细粉砂之间混杂。砾石岩性为花岗岩、片麻岩、石英脉等。该层是山前冲洪积扇根—中扇的产物。

2）砂层

砂层根据粒度，可进一步分为中粗砂层和细砂层。

(1)中粗砂层：在柴达木盆地西部、北部靠近阿尔金山、昆仑山山前普遍分布，经钻孔揭露，从近地表至千余米的深部皆可见。灰褐色，中粗粒砂状结构，厚层状构造，单层厚度1m左右，最厚达4.06m。由中粗粒石英碎屑（含量50%～60%）、中粗粒长石碎屑（含量25%左右）、中粗粒岩石碎屑（含量10%）等组成，此外可见砾石，砾径大小2～30mm，含量小于5%。碎屑物磨圆度中等—较差，呈次圆状—次棱角状，分选性中等。岩石碎屑成分为脉石英、片麻岩、花岗岩等。该层是冲洪积体系中扇亚相的产物，反映滨湖沉积环境。

(2)细砂层：在柴达木盆地西部、北部普遍分布，经钻孔揭露，从近地表至千余米的深部皆可见。黄褐色，细粒砂状结构，块状层理构造，局部岩芯完整，具胶结现象，单层厚度1m左右，最大可达14.45m，磨圆度中等，呈次圆状—次棱角状，分选性较好。由细粒石英碎屑（含量50%～60%）、细粒长石碎屑（含量20%左右）、砾石（含量<5%）、细粒岩屑（含量10%左右）及少量的云母、钙质胶结物等组成。该层是冲洪积扇体系中扇—扇端亚相的产物，反映滨湖—浅湖沉积环境。

3）黏土粉砂层

在柴达木盆地西部、北部普遍分布，经钻孔揭露，从近地表至千余米的深部皆可见。灰褐色，粉砂泥质结构，块状层理构造，岩芯完整，具胶结现象，单层厚度2～3m。由黏土、粉砂级碎屑和胶结物组成，碎屑含量50%～60%，以石英为主，含少量的长石、云母等。黏土含量40%～50%，主要成分为隐晶质的绿泥石、云母片等。胶结物含量约10%，为钙质胶结。这是盆地中心或湖泊淡化期冲洪积扇体系扇端亚相的产物，反映较深湖—深湖沉积环境。

4）黏土（淤泥）层

(1)粉砂黏土层：在柴达木盆地西部、北部普遍分布，经钻孔揭露，从近地表至千余米的深部皆可见。黄褐色、灰褐色、深灰色，粉砂泥质结构，水平层理构造、纹层状构造、块层状构造。纹层1～3mm，颜色呈深灰色，岩芯完整，具胶结现象，由黏土（含量70%～75%）和粉砂（含量25%～30%）组成。黄褐色粉砂黏土单层厚度最大3.84m，一般2～3m；灰褐色粉砂黏土单层厚度最大4.85m，一般1～2.5m；深灰色粉砂黏土单层厚度最大7.4m，一般1.5～2m。黄褐色、灰褐色和深灰色粉砂黏土相间产出，具有一定的韵律特征。这是冲洪积扇体系扇端—远端扇亚相的产物，反映从浅湖至较深湖相变化的沉积环境特征。

(2)黏土层：分布于在柴达木盆地西部、北部的近地表。褐色、灰褐色、深灰色，泥质结构，块层状构造,岩芯完整,黏土含量95%以上,此外含一些粉砂和粉细砂。反映浅湖沉积环境。

(3)淤泥层:在柴达木盆地西部、北部普遍分布,经钻孔揭露,从近地表至千余米的深部皆可见。灰黑色,泥质结构,层状、纹层状构造,岩芯完整,黏土含量90%以上,具臭鸡蛋味(含H_2S)和腐殖质,如果出现于浅部,常含石膏、石盐等。反映滨湖—浅湖沉积环境。

5)灰岩层

(1)泥灰岩:在跃12井分布。泥灰岩,灰绿色、灰黄色、浅绿色,常呈泥状结构、微粒状结构、薄层状构造,由碳酸盐矿物(含量60%左右)、黏土矿物(含量25%左右)及粉砂(含量15%左右)组成。碳酸盐矿物为方解石,黏土矿物主要为伊利石(含少量的蒙脱石和高岭石),粉砂矿物为石英、长石、海绿石、磷灰石。反映深湖相沉积环境。

(2)灰岩:在跃12井分布。灰白色、灰色,细晶结构,薄—中层状构造,由碳酸盐矿物(含量70%~90%左右)、黏土矿物(含量5%~10%)、粉砂(含量5%~25%)等组成。碳酸盐矿物为方解石,黏土矿物主要为伊利石,粉砂矿物为石英、长石、海绿石、磷灰石。反映较深湖相沉积环境。

6)盐岩层

(1)石盐层:灰白色、无色、透明、细—中粗粒结构,自形晶,晶体呈立方体状,块状构造,胶结较紧密,石盐含量70%~85%,粉砂含量15%,芒硝含量约15%。该层为盐湖沉积或湖泊咸化期的产物。

(2)芒硝层:无色、透明、细—中粗粒自形—半自形晶体,晶体呈板状、针状集合体状等,在露天易失水变成乳白色粉末。芒硝含量80%~95%,粉砂含量5%~20%。该层为盐湖沉积或湖泊浓缩期的产物。

此外,还有石膏层、杂卤石层等。

二、盆地内沉积特征指示的沉积环境

深层卤水分布区在地貌景观上看,为第四纪成盐盆地。北靠阿尔金山,南接尖顶山等第三系构造构成的隆起,东以鄂博梁Ⅱ号断裂等第三系构造构成的构造隆起为界。上新世末至第四纪各期的新构造运动和古气候的变化控制本区成盐作用和沉积相的演化。地层中岩石的颜色、结构、构造、成分、含矿性及动植物化石等为研究该区的沉积特征和沉积环境提供了重要的信息。

1. 颜色

第四系沉积物中,黑色(淤泥)层约占10%,表现为有机质丰富,为还原条件下形成的地层。褐红色(粉砂黏土、细砂、砾砂)沉积层约占30%,构成红层建造,为氧化环境下的产物,通常认为大面积的红层出现是炎热干旱的古地理环境,不过在长期停止沉积的浅海,也可能形成氧化的硬底。深层卤水分布区有大面积的红层应为炎热干旱的陆相河流相分流河道的产物,通常是氧化铁引起的,表明当时的气候炎热,铁质在地表氧化进入沉积物。浅色(以青灰色、灰绿色、灰褐色地层为主)沉积层约占30%,呈夹层或互层产于红层建造之中,是洪水期水下河流相分流河道的产物,代表弱还原环境。这些颜色特性反映当时沉积环境处于动荡不定之中。白色(石盐)沉积地层约占10%,反映其为盐度较高的环境下的沉积地层。此外,出现黄褐色等过渡性颜色,代表不同环境间过渡的特性。

2. 沉积物的结构构造

沉积物的粒度对沉积特征和沉积环境的指示性较强。据统计,深层卤水分布区沉积物的粒度有卵砾石级、砾石级、粗粒、中粒、细粒和微粒,不同部位粒度差异较大。

靠近山前,地形坡度大、水动力强的部位,沉积物粒度大,反之亦然。冲洪积扇体中,山前地区,地形坡度较大,水动力强,属冲洪积扇扇根,突发性洪流及大量碎屑和泥质基质的供应条件下形成的卵砾石级、砾石级碎屑物。扇中部位地形坡度变缓,水动力减弱,分流河道、河漫滩、辫状水道、片流作用下形成粗粒、中粒、细粒碎屑物。扇端和远端扇地形较平缓,水动力最弱,水道不甚发育,片流活动为主的环境下一般形成细粒、微粒及黏土等。

砂层粒度韵律变化不明显,只有局部地段从下往上存在由细粒到微粒、再由细粒到微粒的沉积韵律层,或从粗粒到细粒的韵律层。反映当时沉积环境中伴随有动荡不定的运动。沉积物粒度由北到南逐渐变细,这可能与古水流流向为 NEE 向有关。磨圆度差、分选性差的碎屑物产于扇根部位;磨圆度中等、分选性中等的碎屑物产于中扇部位;磨圆度好、分选性好的碎屑物产于扇缘部位。梁 ZK10 孔砾石磨圆度差、分选性差,说明该区距蚀源区较近,黑 ZK02 孔以南的尖顶山出现的下更新统砾石磨圆度好、分选性好,说明该区距蚀源区阿尔金山较远。

同时,沉积物的构造对沉积特征和环境也有一定的指示作用。经统计,深层卤水分布区沉积物一般为中厚—厚层状,局部为块状或薄层状,薄层往往呈夹层出现。一般认为,这些层理构造可由两种原因引起,一是由于较粗粒的岩屑在泥石流作用下快速沉降,沉积物来不及分异,而不显细层;还可能是由于极细沉积物的差异不明显的缓慢沉降造成。从本区出现的沉积物的粒度有粗粒、中粒、细粒和少量的微粒这一点可以看出,这些块状、厚层状构造的成因类型属泥石流沉积。这又说明,这些沉积物为河流洪泛期的产物。本次调查工作发现,沉积层内原始水平层理、平行层理较为发育,且水平层理主要产于砂层、粉砂层。在当时盆地条件下,沉积物从悬浮液中沉淀出来,经周期和季节性变化,沉积物因有机质含量或颜色不同而显现出连续或不连续的水平细层,形成水平层理,说明当时流水运动缓慢或处于静水环境,是中扇部—扇缘分流河道相的产物。平行层理产于含砾砂层,表示当时处于较强水动力条件、急流及能量高的环境中,是水下分流河道相的产物。

3. 沉积物的成分特征

砾石岩性为花岗岩、片麻岩、石英脉等,岩性较复杂,与北部阿尔金隆起的岩性较一致,说明碎屑物搬运距离不远,来源于盆地北部隆起区。

中粗砂、细砂成分为长石、石英、少量岩屑等,岩屑反映物源区较近,长石反映物源区较远,石英反映物源区较远,三者同时出现,初步判断沉积物是在冲积扇的中部,辫状水道、片流作用下形成。

粉砂岩的成分为石英和黏土矿物,反映沉积物离物源区较远,在片流活动为主的环境下形成,一般反映河漫滩相、冲洪积扇端沉积亚相。

石盐层、石膏层是在盐湖环境下的产物,一般产于盐湖内带和外带。

研究区沉积环境整体上具统一性和微相的变化性,总体上反映了陆相湖的沉积特征,同时体现了扇根、中扇、扇缘、盐湖外带、盐湖内带等沉积亚相,也体现了分流河道、水下分流河道及河漫滩相等多种微相。

4. 地层中盐成分

细砂、中粗砂、含砾砂、砾石层中除夹薄层的黏土粉砂、粉砂黏土外,无盐岩层,表现为淡水沉积环境特征。该层与石盐层接触部位,为含石膏的黏土粉砂、粉砂黏土、淤泥层,表现为近滨沼泽和泥坪亚相沉积环境特征,从淡水向咸水过渡,反映预备盐沉积阶段。在粉砂黏土、淤泥层中,含大量的石盐层、芒硝、石膏等盐岩层,表现为盐湖相沉积环境特征,该相中粉砂黏土、淤泥层表现为淡水沉积,盐岩层为咸水沉积。

5. 地层中卤水水化学特征

深层卤水分布区卤水层如果 K^+、Na^+、Ca^{2+}、Mg^{2+}、SO_4^{2-}、CO_3^{2-}(HCO_3^-)含量及矿化度高,Cl^- 含量低,密度大于 1.2g/L(饱和卤水),则卤水储层沉积环境为盐湖相;如果 K^+、Na^+、Ca^{2+}、Mg^{2+}、SO_4^{2-}、

CO_3^{2-}（HCO_3^-）含量及矿化度高,Cl^-含量低,密度小于1.2g/L(不饱和卤水),则卤水储层沉积环境为冲洪积扇相;如果K^+、Na^+、Ca^{2+}、Mg^{2+}、SO_4^{2-}、CO_3^{2-}（HCO_3^-）含量及矿化度较低,Cl^-含量低,且K^+含量较低,说明卤水储层的沉积环境为咸水环境下的冲洪积扇。

三、地震响应特征指示的沉积环境

不同的沉积物,对地震波传播和运动方式表现出不同的反应,由此可以判断地下沉积环境。碎屑层地震波连续性差,反映冲洪积相沉积环境;石盐层与黏土层互层表现出强弱不同的连续地震波形,反映盐湖相沉积环境。由此可见,不同的地震响应特征能反映不同的沉积环境。

第二节　柴达木盆地岩相古地理

一、古近纪岩相古地理

（一）古近纪古新世（E_1）—始新世（E_2）

古新世—始新世为湖盆沉积的发生—发展阶段,湖盆处于演化的早期,受晚期燕山运动的影响,从古新世开始,盆地周边山系继续隆升,盆地却进入整体沉降阶段,路乐河组在东高西低的古地形基础上填平补齐,东部地区相对抬升,未接受沉积,盆地西部和北缘地区构造运动强烈,物源供给充分,碎屑岩发育。通过沉积相剖面和探井钻探揭示此时盆地内广泛发育河流泛滥平原相沉积或三角洲前缘相沉积,沉积了一套河流相路乐河组红色粗碎屑岩建造(图3-3,表3-1)。

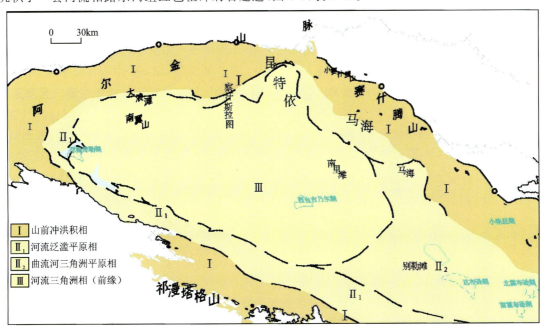

图3-3　渐新世乐路河组岩相古地理图

表 3-1　柴达木盆地西部地区中—新生界沉积特征表

地层				岩性描述	反射层段特征	构造期次	沉积相	资料来源
界	系	统	组 段					
新生界	第四系	更新统	阿拉尔组	上部为褐色—褐红色—灰褐色粉砂岩、泥岩,局部含石膏,下部为褐色—灰褐色—黄褐色中粗砂、中细砂、含砾砂等			山前冲洪积相—河流泛滥平原相—盐湖相	黑ZK01
				灰白色—浅灰色—灰褐色含黏土、粉砂、石膏的中粗粒、巨粒石盐,夹白钠镁矾,以及黑色—褐色淤泥、黏土层、粉砂质泥岩				ZK336
				灰色—灰黄色砾岩、砾状砂岩为主,夹灰黄色—灰白色砂质泥岩、石膏、芒硝、石盐等	中弱振幅中频中低连续相	喜马拉雅运动晚期		绿参1
	新近系	上新统	狮子沟组	上部为褐色—褐红色—灰褐色粉砂岩、泥岩,局部含石膏;下部为褐色—灰褐色—黄褐色中粗砂、中细砂、含砾砂等			中深湖相—滨湖相—冲洪积相—泛滥平原相—盐湖相	黑ZK01
				灰白色—浅灰色—灰褐色含黏土、芒硝的中细粒石盐、石膏,与灰色、黄褐色、褐灰色粉砂黏土互层				ZK336
				灰色—灰黄色砾岩、砾状砂岩为主,夹灰黄色—灰白色砂质泥岩、石膏、芒硝、石盐等	中弱振幅中频中连续相			南10
			上油砂山组	砾状砂岩、粉砂岩、泥质粉砂岩、泥岩	弱振幅高频较连续平行—亚平行相	喜马拉雅运动中期	中深湖相—滨湖相—冲洪积相—泛滥平原相	油6
		中新统	下油砂山组	为黄绿色粉细砂岩、细砂岩,灰绿色中粗砂岩,褐色—灰褐色含砾中粗粒砂岩,局部夹石盐			较深湖相—浅湖相—滨湖相—三角洲平原相—冲洪积相—泛滥平原相	剖面3~11层
				灰色—深灰色泥岩为主,夹深灰色钙质泥岩、砂质泥岩、泥质粉砂岩				油6
			上干柴沟组	紫红色中层状钙质粉砂岩,灰绿色钙质页岩,砖红色泥岩,局部夹石盐、石膏,灰绿色含砾中粗粒砂岩、泥质粉砂岩、中细砾砾岩	中强振幅高频高连续平行席状相		较深湖相—浅湖相—滨湖相—三角洲平原—冲洪积	剖面12~16层
				上部以厚层灰色泥岩为主,夹薄层泥灰岩、灰岩;下部为灰色泥岩夹薄层泥灰岩、粉砂岩,泥灰岩含油斑、油迹				跃12
	古近系	渐新统	下干柴沟组	薄层状,灰绿色—紫红色泥质粉砂岩、细砂岩、中粗粒砂岩、含砾中粗粒砂岩,局部夹石盐、石膏	中强振幅较连续平行—亚平行相		深湖相—浅湖相—滨湖相—三角洲相—泛滥平原相—山前冲洪积相	剖面17~24层
				以灰色泥岩为主,夹粉砂岩				七东1
		始新统	路乐河组 上段	以浅灰色—灰色及深灰色泥岩、钙质泥岩为主,夹泥质粉砂岩	中强振幅中高频较连续相		扇三角洲前缘相	跃12
			下段	以棕褐色泥岩为主,夹细砂岩	中强振幅中高频较连续相	喜马拉雅运动早期	三角洲前缘相	七东1
		古新统		底部为砾岩,其上以泥岩为主,夹粉砂岩	中弱振幅中频中连续相	燕山运动晚期	河流泛滥平原相	切1

注:剖面,指柴达木盆地西部黑北凹地地区2016年实测剖面。

(二)渐新世(E_3)

渐新世为湖盆发展—稳定沉降阶段,盆地内自三角洲相向滨湖相—浅湖相—深湖相发展并明显扩大,沉积中心在南翼山—狮子沟—英雄岭一带,一里坪地区发育滨浅湖相,阿尔金山前、昆仑山前、祁连山前、跃进、牛鼻子梁、冷湖等地区沉积薄层状灰绿色、紫红色泥质粉砂岩、细砂岩、中粗粒砂岩、含砾中粗粒砂岩建造,属冲积扇相—扇三角洲相—河流相—三角洲相,近岸滨湖亚相砂体也较发育。渐新世晚期由于阿尔金山、昆仑山的迅速隆升,湖盆开始由西向东、自南而北有规律地迁移,沉积中心向东迁移至南翼山一带,沉积了一套下干柴柴沟组以灰色泥岩为主夹粉砂岩的建造(图3-4),属浅相—深湖相。

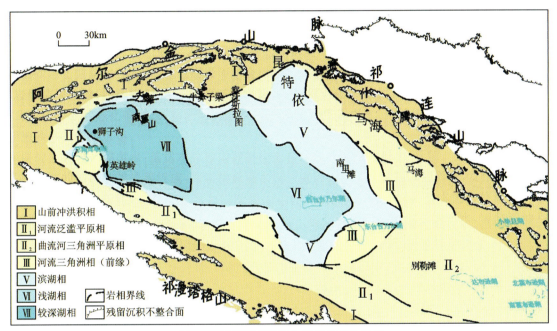

图3-4 渐新世下干柴沟组岩相古地理图

二、新近纪岩相古地理

(一)中新世(N_1)

1. 中新世早期(N_1^1)

中新世为柴达木盆地稳定沉降阶段,发育达到鼎盛时期,盆地内半深湖—深湖相明显扩大,英雄岭凹陷和茫崖凹陷连为一体,沉积了一套上干柴沟组地层:下部灰色泥岩夹薄层泥灰岩、粉砂岩,泥灰岩含油斑、油迹建造,以深湖相沉积为主,碳酸盐岩较为发育,有机质丰富,成为柴西地区主力生油岩系;上部以厚层灰色泥岩为主,夹薄层泥灰岩、灰岩建造。向周缘依次发育滨浅湖相、河流泛滥平原相,昆仑山前广泛发育三角洲前缘相;阿尔金山山前沉积紫红色中层状钙质粉砂岩、灰绿色钙质页岩、砖红色泥岩,灰绿色含砾中粗粒砂岩、泥质粉砂岩,中细砾砾岩建造;此时一里坪地区已成为滨湖沉积相,祁连山和昆仑山前发育冲积扇(图3-5)。

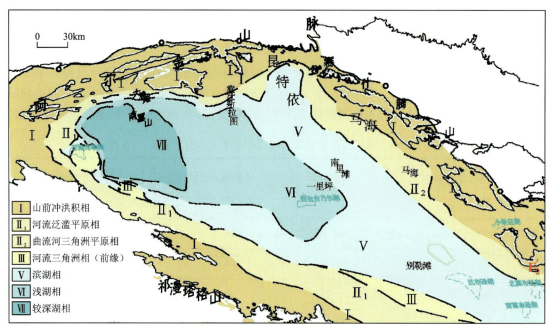

图 3-5 中新世早期上干柴沟组岩相古地理图(据杨生德等,2013)

2. 中新世晚期(N_1^2)

中新世晚期,为稳定—逐渐收缩沉降时期,盆地内表现为较深湖相—浅湖相—滨湖相—三角洲平原相—冲洪积相—泛滥平原相,英雄岭凹陷和茫崖凹陷连为一体,以深湖相沉积为主,沉积了下油砂山组,为一套以灰色—深灰色泥岩为主,夹深灰色钙质泥岩、砂质泥岩、泥质粉砂岩的建造,有机质较丰富,为柴西地区生油岩系,向周缘依次发育滨浅湖相、河流泛滥平原相,昆仑山前跃进—绿草滩地区广泛发育三角洲前缘相;阿尔金地区沉积黄绿色粉细砂岩、细砂岩,灰绿色中粗砂岩,褐色—灰褐色含砾中粗粒砂岩,局部夹石盐建造,属三角洲平原相—冲洪积相(图3-6);此时一里坪地区已成为沉降沉积中心,发育半深湖—深湖相,祁连山和昆仑山前发育冲积扇。

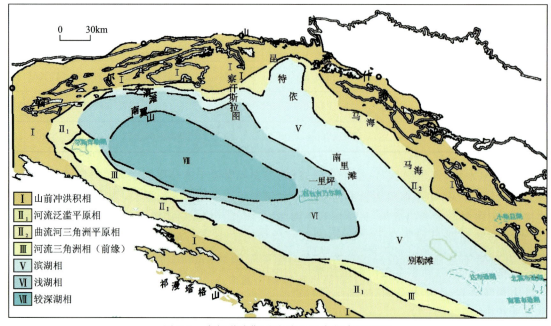

图 3-6 中新世晚期下油砂山组岩相古地理图

(二) 上新世（N_2）

1. 上新世早期（N_2^1）

上新世早期，盆地收缩，受喜马拉雅中期构造运动的影响，昆仑山迅速抬升，盆地进入挤压坳陷发育阶段。盆地面积逐渐萎缩，沉降中心向东迁，气候逐渐干旱。随着水域变浅，沉积了一套上油砂山组砾状砂岩、粉砂岩、泥质粉砂岩、泥岩建造。沉降中心继续向东迁移（图3-7）。

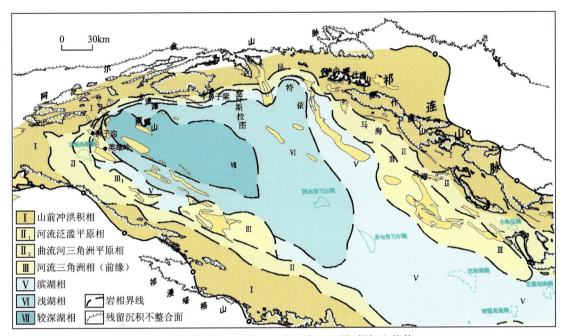

图 3-7　上新世早期上油砂山组岩相古地理图（据杨生德等，2013）

此时，在西部油砂山—茫崖一线有低矮的丘陵出露水面，孕斯库勒湖与柴达木古湖仍为统一的整体。湖盆的沉降中心在南翼山——一里沟一带，最深处在一里沟一带，为深湖环境。周围一里坪、西台为浅湖环境，东台、涩聂湖等地区为滨湖环境，在盆地边缘部分则为冲积、洪积环境，当时马海地区为冲洪积扇及冲积平原环境。补给柴达木古湖的水主要来自东、南、北3个方向。由于当时古气候相对较为温暖湿润，湖水主要为淡水—微咸水，仅在远离淡水补给的柴达木西北部部分地区湖水才发生浓缩。此时大浪滩、察汗斯拉图及昆特依上新世地层上出现河流泛滥相、河流三角洲相、滨湖相和浅湖相的过渡相。

2. 上新世晚期（N_2^2）

到上新世晚期，气候更加干旱，湖水进一步浓缩，沉积了狮子沟组，为一套以灰色、灰黄色砾岩、砾状砂岩为主，夹灰黄色、灰白色砂质泥岩、石膏、芒硝、岩盐的建造。其明显的特点是出现石膏、芒硝、岩盐等一套盐湖相蒸发岩系，此外，随着水域变浅沉积物复又变粗，湖相碎屑岩层显著增多，它是湖面收缩，湖泊趋向消亡的标志。

由于上新世末期的新构造强烈抬升，冲积、洪积扇向湖推进，淡水环境转化为扇三角洲相与滨浅湖相交替的环境。在柴西地区，阿尔金山、昆仑山山前沉积褐色—褐红色—灰褐色粉砂岩、泥岩，局部含石膏，下部为褐色—灰褐色—黄褐色中粗砂、中细砂、含砾砂等，属滨湖相—冲洪积相；茫崖凹陷和英雄岭凹陷为河流泛滥平原相；大浪滩—黑北凹地一带，沉积灰白色—浅灰色—灰褐色含黏土、芒硝的中细粒石盐、石膏与灰褐色—黄褐色—褐灰色粉砂黏土互层建造，属泛滥平原相—盐湖相。一里坪地区以深湖相—浅湖相为主,向周缘发育滨浅湖相、河流泛滥平原相(图3-8)。

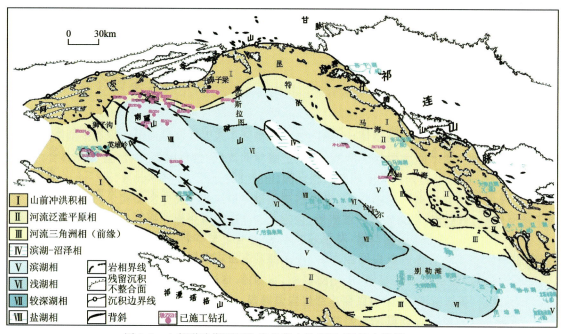

图3-8 上新世晚期狮子沟组岩相古地理图(据杨生德等,2013)

三、第四纪更新世岩相古地理

新近纪末期,受喜马拉雅晚期构造运动的影响,青藏高原强烈抬升,盆地进入山间盆地发育阶段,钻探揭示此时盆地内广泛发育河流泛滥平原相沉积,西部和北缘地区沉积物较粗,以砂砾层为主,东部地区沉积物相对较细,以砂泥岩为主,西部整体抬升,遭受强烈剥蚀,柴西地区广泛发育河流泛滥平原相,阿尔金山前、赛什腾山山前和昆仑山山前发育冲积扇。一里坪地区以浅湖相为主,东部相对沉降,盆地的沉积中心自西部的英雄岭—茫崖一带转移到东部的三湖凹陷,第四纪时期,盆地受新构造运动影响,湖盆继续向东迁移至三湖凹陷,形成现今沉积和构造格局。

(一)早更新世(Qp_1)

早更新世早期,受青藏运动的影响,柴达木盆地南西部狮子沟—油砂山—茫崖—大沙坪—斧头山一线强烈褶皱隆起形成背斜带,导致尕斯库勒盆地与属于中央凹陷带的大浪滩——里坪—三湖凹陷带基本隔离,形成了与柴达木古湖分开独立的沉积盆地,沉积环境从早期的扇三角洲向中后期的滨浅湖环境演变(图3-9)。柴达木盆地北东部冷湖构造带褶皱隆起,形成水下或水面屏障,使马海地区由冲积、洪积扇环境转变为湖泊环境,形成马海凹地。

早更新世中期,尕斯库勒湖在干冷的古气候条件下开始形成石膏,中央凹陷带的红沟子—南翼山、咸水泉—油泉子—油墩子、尖顶山、大风山一带和属于北部断块带的鄂博梁、冷湖构造带等也相继褶皱隆起(其构造方向继承了基底和中生代以来的NW向构造方向),使柴达木古湖发生初步分割,形成了大浪滩、察汗斯拉图、昆特依、一里坪等彼此之间互相连通的沉积凹地的雏形。

早更新世晚期,柴达木盆地西北部抬升,古气候愈加干冷,湖水浓缩,滨湖沉积环境与盐湖沉积环境并存。尕斯库勒湖在山前为冲洪积沉积环境,湖中心普遍出现石膏等盐类沉积,进入预备盐沉积阶段的

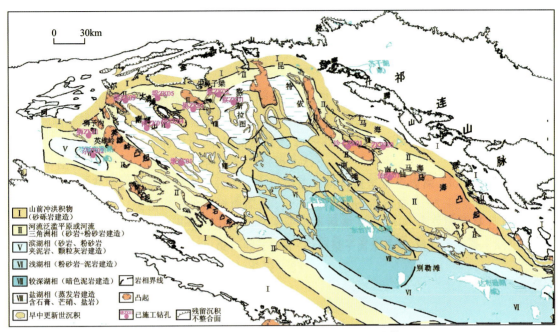

图 3-9 早更新世阿拉尔组岩相古地理图（据杨生德等，2013）

盐湖沉积环境。大浪滩和察汗斯拉图一带山前为冲洪积、河流三角洲沉积环境，湖中心盐类沉积明显增加，出现盐湖相硫酸盐、芒硝和白钠镁矾。马海和昆特依在山前为冲洪积沉积环境，向湖中心普遍出现石盐沉积，进入盐湖沉积环境。柴达木盆地东南部发生强烈沉降，沉积中心向东迁移至东、西台吉乃尔湖和涩聂湖一带，处于中深湖环境，仍为淡水至微咸水湖沉积发展阶段，湖水随后向东迅速扩展至达布逊、霍布逊湖以东，成为滨浅湖环境，沉积厚达 1000m 以上。

（二）中更新世（Qp_2）

中更新世初期，柴达木盆地西北部继续抬升，次级构造相继露出水面。大浪滩、察汗斯拉图、昆特依、马海、一里坪等盆地都被次级构造进一步分割（图 3-10），至此，现代地理格局的雏形已基本形成，但各盆地之间尚有水道相通。此时咸水泉—油泉子—开特米里克—油墩子一线已隆出水面与南面的油砂山-茫崖构造隆起连成一片；小梁山、南翼山、大风山、碱石山亦相继隆起，一里坪与大浪滩仍有通道相连。鄂博梁Ⅰ～Ⅱ号和葫芦山隆起使察汗斯拉图和昆特依之间隔离。冷湖三～七号、丘林构造和东部的南八仙、东陵丘等构造隆起将马海盆地与一里坪、三湖凹陷带分割开。此时柴达木盆地的沉降沉积中心进一步东移至察尔汗地区，沉积厚达 600m 以上，处于淡水—微咸水的中深湖—浅湖环境。一里坪以西、以北的各个湖盆均为盐湖的浅滨湖环境。

此时由于青藏高原进一步隆起，加之气候干燥，盐类物质大量析出，柴达木西北部各成盐盆地普遍进入自析盐湖阶段。尕斯库勒以滨浅湖、盐湖和干盐湖交替环境为主；大浪滩地区仍为盐湖浅湖环境，在中更新世形成砂质黏土（或淤泥）与石膏的互层，盐层比例继续增加；察汗斯拉图仍为含粉砂淤泥（或黏土）夹盐层的盐湖与咸化滨浅湖相交替的沉积，中上部夹有较多的芒硝层，盐层较早更新世时有所增加；昆特依为滨浅湖相的泥盐互层沉积，夹较多的芒硝层；马海盆地除山前和盆地东、西两侧有淡水沉积外，主要为泥、盐互层的盐湖沉积；一里坪在中更新世早期仍为盐湖与咸化浅湖交替沉积，夹有石盐数层，至中更新世晚期逐渐转化为半咸水—咸水滨浅湖沉积，石盐消失，以碳酸盐岩和碎屑沉积为主。

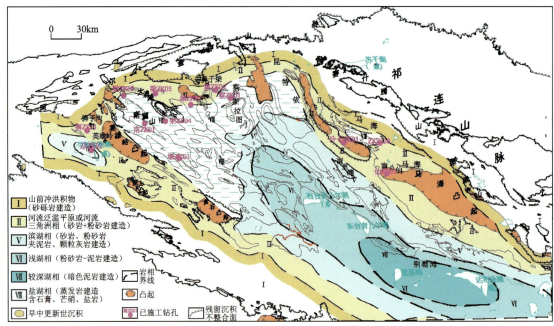

图 3-10　中更新世尕斯库勒组岩相古地理图(据杨生德等,2013)

(三)晚更新世(Qp_3)

晚更新世早期,受共和运动的影响,早、中更新世褶皱隆升加剧,冷湖构造(一~七号)、鄂博梁Ⅰ~Ⅲ号、伊克雅乌汝、红三旱1~4号、碱山等一系列 NW-SE 向背斜构造再度隆升,导致柴达木古湖完全解体,形成除一里坪与东南部的察尔汗仍然相通外,大浪滩、察汗斯拉图、昆特依和马海等完全分离的凹地(图 3-11)。由于盐湖的解体、收缩和浓缩,柴达木盆地西北部普遍进入干盐湖阶段。此时尕斯库勒盆地盐湖进一步收缩和浓缩,在东部亦形成干盐湖,在南岸发育宽阔的泥坪。

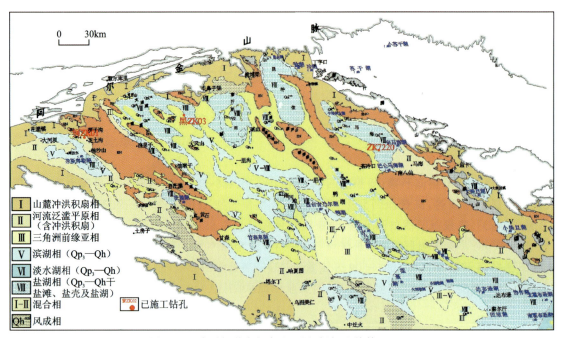

图 3-11　晚更新世岩相古地理图(据杨生德等,2013)

大浪滩盆地内次级隆起进一步发育,南翼山与红沟子、黄瓜梁连接,北侧的尖顶山—黑梁子—长尾梁也连接成背斜带,西部小梁山和东南的乱山子也已隆出水面,将大浪滩盆地分割成3条狭长的地带:北带为黑北凹地,中带为风北、风南、黄瓜梁、小梁山周围的凹地,南带为孤立咸水泉、油泉子凹地。察汗斯拉图已形成完全封闭的湖盆,碱北凹地已经形成,湖水进一步浓缩,出现大量盐类沉积,并发育成干盐湖,除石盐外,还沉积了大量的芒硝。在昆特依凹地,第四纪新构造运动使原有的背斜构造进一步隆升,使其与邻区湖盆完全隔离,成为独立的盆地,基本上与现代湖区形态一致。南部大盐滩是湖泊的沉降沉积中心,除形成石盐层外,亦夹有一些芒硝层,已进入干盐滩阶段。位于冷湖三号北侧的钾湖区长期处于昆特依盐湖的边缘,为含石盐的碎屑沉积,属滨湖环境。在马海凹地,第四纪新构造运动导致赛什腾山山前断裂活动及冷湖五、六、七号背斜再度隆起,将马海凹地与邻近湖盆完全隔离,并使湖泊在南北方向上大面积收缩,局限在 NW-SE 向的狭长洼地中,平面上呈西窄东宽的喇叭形,主要为盐湖的浅滨湖环境。第四纪新构造运动使一里坪盆地几乎完全封闭,仅与东南部有通道联系,沉积中心移至坳陷东侧,石盐消失,仅见石膏,应为咸化滨浅湖环境。察尔汗盆地在晚更新世早期、中期为淡水—微咸水的滨湖与沼泽交替的环境。

至晚更新世中期,所有的次级隆起除小梁山外均连成一片,致使盆地的大部分地区都隆起成为剥蚀区,大浪滩盐湖被高度分割,其中以小梁山周围的面积最大。梁北凹地仍为沉降中心,其余均成为NW向展布的狭长小凹地。此时,盐湖环境在小梁山的周围较为发育,其外围已形成干盐湖。其余的洼地多为小范围的盐沼环境,最后形成干盐湖。

晚更新世晚期,地壳继续强烈抬升,加之气候极度干旱,除已进入干盐湖环境的大浪滩、察汗斯拉图、昆特依外,使原来湖水面积较大的尕斯库勒盐湖随着湖水的逐渐收缩,东岸大片石盐质湖底露出水面,成为萨勒哈环境,西南岸则为冲积环境。马海盐湖急剧收缩和浓缩,也变成干盐湖。而在一里坪盆地东南部及察尔汗地区,湖水急剧浓缩,开始形成广布的石盐沉积,普遍进入盐湖阶段。

(四)全新世(Qh)

全新世时柴达木盆地西部仅有风积和盐渍化作用形成的一些含石盐和光卤石的砂梁和砂丘。昆特依盆地在全新世时已全面进入干盐湖环境,只有北部钾湖区在全新世时由于槽状风蚀洼地低于潜水面而成为全新世盐湖,现在也已干涸成干盐滩。马海盆地盐湖仅分布于东部,在东北部湖水高度浓缩,形成光卤石富集带,然后干涸成干盐滩。一里坪盆地最终演变成干盐湖,与西台吉乃尔湖间以干盐滩相隔。东、西台吉乃尔湖因受那陵格勒河的扇前补给而维持其盐湖环境。察尔汗盆地进入干盐湖阶段,仅在河流入口处形成几个大小不等的盐湖。

综上所述,第四纪期间新构造运动与半干燥、干燥的古气候控制了柴达木湖盆沉积环境的演化。各期新构造运动导致柴达木盆地古湖逐渐遭受分割和解体,形成各个次级成盐盆地,加上半干燥、干燥古气候的影响,各成盐盆地逐步收缩和浓缩,分别由淡水—微咸水湖阶段逐步发展到预备盐湖阶段、自析盐湖阶段、干盐湖阶段,最后全部干涸,基本上结束了柴达木盐湖的演化历史。

第三节 柴达木盆地发展演化

一、印支运动对柴达木盆地演化的影响

印支运动是在三叠纪期间到早侏罗世之前发生的地壳运动。该运动造成柴达木盆地局部断陷、中

生代陆相三角洲相沉积阶段，油田、煤、油页岩和部分深层卤水储层形成。盆地除早古生代局部沉积海相奥陶纪—晚志留世滩间山群蛇绿岩建造、中生代晚三叠世局部沉积陆相鄂拉山组火山岩建造外，基本为隆升构造剥蚀区。早侏罗世盆地北缘的祁连山前和阿尔金山南缘古构造带在印支运动作用下开始发生断块活动，形成了一些规模较小、分割性较强的差异性断陷凹地。

二、燕山运动对柴达木盆地演化的影响

燕山运动发生于侏罗纪到白垩纪时期。该运动造成柴达木盆地局部抬升剥蚀，断陷凹地内沉积了大煤沟组山麓—河流相含砾杂砂岩建造、滨湖相砾砂建造、湖沼相含煤泥岩、粉砂岩建造等，采石岭组山麓—河流相杂色砂砾岩建造及红水沟组滨湖相砂质泥岩建造。侏罗纪地层分布范围较为局限，主要位于柴北缘西段、祁连山与阿尔金山的交会处，向南超覆尖灭。早白垩世盆地沉积扩大，中心向南迁移，沉积环境由湖泊—沼泽相过渡为河流—冲积相，形成了陆相红色砂砾岩和砂泥岩沉积。早侏罗世在宗务隆山山前断裂带南，出现冷湖-鱼卡、绿草山-大煤沟、德令哈等断陷盆地，为油田、煤和油页岩的形成奠定了基础，中侏罗世至早白垩世在山前的山麓—河流相含砾杂砂岩建造、滨湖相砾砂建造为极深部砂砾孔隙卤水创造了储卤空间——深层砂砾孔隙卤水第二找矿空间。

三、喜马拉雅运动对柴达木盆地的影响

喜马拉雅运动发生于古新世—上新世，为湖盆沉积阶段，即油气、深层卤水储层形成期。古新世—始新世为喜马拉雅运动一幕，为湖盆沉积发生—发展阶段，当时古地貌为东高西低，盆地内以河流相沉积为主，路乐河组大面积超覆于中生界或更老的地层之上，盆地南部及西部开始接受沉积。渐新世为湖盆发展—稳定沉降阶段，盆地内出现滨湖相—浅湖相—深湖相沉积，主要的沉降中心是狮子沟—英雄岭。

中新世早期为喜马拉雅运动二幕，随着青藏高原陆内俯冲加剧，柴达木盆地滨湖相沉积向东扩展，滨湖相—浅湖相—深湖相沉积已占全盆地一半以上，这个时期英雄岭凹陷开始向东迁。中新世晚期为稳定—逐渐收缩沉降阶段，盆地内表现为较深湖相—浅湖相—滨湖相—三角洲平原相—冲洪积相—泛滥平原相，沉降中心靠近一里坪，在阿尔金、赛什腾山前沉积了一套冲洪积相的砂砾层，为深层砂砾孔隙卤水的第二储卤空间。上新世早期，受昆仑山迅速抬升的影响，盆地收缩，气候逐渐干旱，在西部油砂山—茫崖一线有低矮的丘陵出露水面，尕斯库勒湖与柴达木古湖仍为统一的整体。湖盆的沉降中心在南翼山—一里沟一带，最深处在一里沟一带。以上沉积地层中，在山前冲洪积相的砂砾层沉积建造是极深层卤水的储卤空间（第二空间），湖相沉积建造是深层构造裂隙孔隙卤水和油气的储卤空间。

上新世中期，气候更加干旱，湖水进一步浓缩，西部出现石膏、芒硝、岩盐等一套盐湖相蒸发岩系，中部一里坪地区以深湖相—浅湖相为主，向周缘发育滨浅湖相、河流泛滥平原相。在南翼山、尖顶山和大风山沉积形成天青石矿，由于构造运动的影响，在前期沉积的湖相地层中发育与断裂关系密切的构造裂隙，为深层构造裂隙孔隙卤水开拓了储卤空间，在山前的山麓—河流相沉积建造形成了深层砂砾孔隙卤水的储卤空间，在山前大浪滩、察汗斯拉图等凹地形成深层盐类晶间卤水储层。

上新世晚期为喜马拉雅运动三幕，地层强烈隆升，NW向褶皱形成，第四纪沉积凹地基本形成，固体盐类矿产生，盐类晶间卤水储卤空间形成，而山前形成了砂砾孔隙卤水的储卤空间。早更新世（即青藏运动），盆地中央坳陷带的南翼山、油泉子、尖顶山、大风山等构造和柴北缘断阶带的鄂博梁、冷湖构造带相继褶皱隆起，形成了大浪滩、察汗斯拉图、昆特依、一里坪、马海等沉积凹地，沉积岩盐层，形成深部盐类晶间卤水；在凹地边缘的山前地带沉积山前冲洪积相砂砾层，形成深部砂砾孔隙卤水。中更新世（共

和运动)湖相和化学湖相沉积不断发生,形成浅部盐类晶间卤水,凹地边缘的山前地带沉积冲洪积相砂砾层形成浅部砂砾孔隙卤水。

受共和运动的影响,柴达木盆地内褶皱加剧、背斜构造再度隆升,柴达木盆地古湖完全解体,盐湖—干盐湖鼎盛,固液相盐湖矿发育。晚更新世(末次造山运动),地区强烈抬升,褶皱隆起加剧,次级隆起面积加大,沉积凹地湖水收缩,普遍进入盐湖沉积阶段,柴达木盆地西部、北部固液体盐类矿进入鼎盛。全新世,在干旱、半干旱古气候和不断进行的新构造运动的影响下,柴达木盆地遭受完全分割和解体,盆地西部出现零星的盐湖沉积,东部察尔汗一带为盐湖沉积鼎盛时期,形成了大小不等的多个现代盐湖。

第四章 柴达木盆地水文地质特征

第一节 柴达木盆地水文地质简述

一、水文地质分区

柴达木盆地地下水系统是隶属我国西北内陆盆地地下水系统区的一级地下水系统。其边界主要以盆地周边的地表分水岭为界,东以青海南山和鄂拉山地表分水岭为界,与黄河上游一级地下水系统相邻;北界为党河南山地表分水岭,与河西走廊一级地下水系统相隔;西界为阿尔金山地表分水岭,与塔里木盆地一级地下水系统相邻;南为昆仑山地表分水岭,与藏北高原地下水系统区和长江地下水系统分界。盆地属典型的中温带干旱、半干旱气候区,降雨稀少,而蒸发却极其强烈,受构造、地貌和气候条件的影响,盆地有独立水的循环系统,与外界基本不存在水量和水质的交换。

根据地下水系统结构、水动力或水化学特征等将柴达木盆地地下水系统划分为若干二级地下水系统,其边界分别为次级盆地尾闾湖的汇流范围(即次级盆地的地表分水岭、地下水分水岭和岩相古地理界线)和一级地下水系统的界线。其划分原则:具有相对独立和完整的地下水循环演化体系(次级水循环);与邻近的地下水系统没有或只有少量的物质和能量交换;充分考虑地表水系的汇流中心——尾闾湖,以尾闾湖的汇流范围来划分地下水系统;充分考虑地貌因素,根据柴达木盆地结构特征,按次级盆地范围来划分地下水系统;柴达木盆地新生界红色碎屑岩地层发育,常形成层状裂隙孔隙含水层,盆地西部主要分布油气共生的油田水,为古封存水,因此将油田水作为一种单独的二级地下水系统划分出来。依据以上地下水系统划分原则,按柴达木盆地结构特征,以次级盆地尾闾湖的汇流范围,将柴达木盆地一级地下水系统划分为15个二级地下水系统,即花土沟盆地、大浪滩、冷湖盆地、花海子盆地、马海盆地、大柴旦盆地、小柴旦盆地、德令哈盆地、乌兰盆地、茫崖盆地、东—西台吉乃尔湖、西达布逊湖、东达布逊湖、南—北霍布逊湖和碎屑岩类裂隙孔隙油田水二级地下水系统。

二、地下水特征

1. 盆地地下水平面上具环带状结构特征,与地表景观带具有一定的对应关系

柴达木盆地(包括次级山间盆地)从山前到盆地中心,含水层特征、地下水富水性及水质等,具有环带状或半环带状分带规律,不同的景观带具有各自的含水层特征。具体表现如下:

(1)山前冲洪积平原深藏潜水带:分布在山前至冲洪积扇的中部,含水层岩性以砂卵砾石为主,地下水埋藏深度一般大于50m,近山前地带埋深大于100m,含水层厚度大于200m,透水性好,径流迅速,地下水循环交替积极,富水性强,单井涌水量多大于5000m³/d,水质好,水化学类型因地而异,一般以 HCO₃·Cl–Na、Cl·HCO₃–Na·Ca型为主,矿化度小于1g/L(图4-1)。

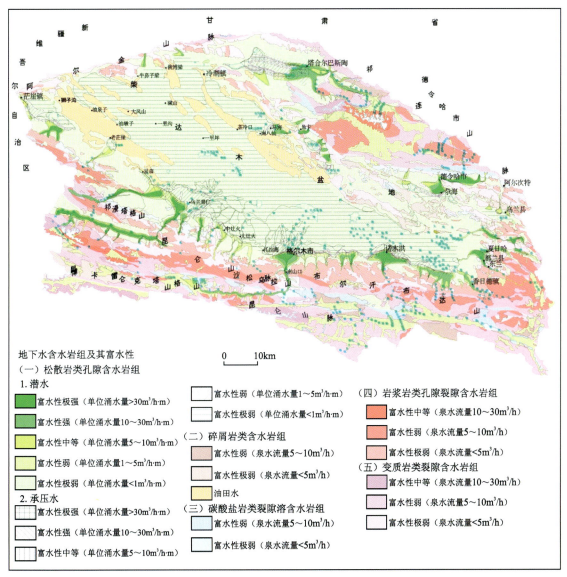

图4-1　柴达木盆地水文地质图(据王永贵,2008)

(2)冲洪积平原浅藏潜水带:在扇前缘呈片状或线状溢出,含水层岩性为粗中砂、粉砂,富水性强,单井涌水量1000～5000m³/d,水质好,矿化度小于1g/L。

(3)冲湖积平原上部弱矿化潜水与下部淡、微咸承压—自流水带:本带地下水是前两带地下水的延续和分异,分布区宽10～30km,潜水埋藏深度一般小于20m,含水层岩性以细粉砂为主,单井涌水量100～1000m³/d。该带承压水含水层厚度、岩性、水头均呈不规则变化,含水层一般有3层以上,格尔木西可达7层,水位埋深8～10m,诺木洪北部最高达37m,单井涌水量一般100～1000m³/d。水化学类型以HCO₃·Cl·SO₄–Na·Ca·Mg型居多,水质较好,矿化度多小于1g/L。

(4)湖积平原咸水、卤水带:分布于盆地中央现代湖泊及其周边地区,地下径流近于停滞,矿化度高。该带上部潜水埋深小于1m,含水层厚度5～26m,单井涌水量大于5000m³/d,矿化度350～383g/L,属工业矿水,在60m以浅有多层卤水。

显然,山前戈壁砾石带的第四系溶滤潜水是本区主要富水区,水量丰富,水质好。河流出山口后大量渗漏地下,成为地下水的丰富源泉。

盆地的地貌岩相带、生态景观与地下水分带大致的对应关系表现为：中高山及中低山基岩带对应基岩裂隙水，山前戈壁砾石带对应第四系溶滤型孔隙潜水、局部承压水，绿洲细土带对应第四系大陆盐渍化潜水—承压自流水，盐壳湖沼带对应第四系大陆盐渍化咸潜水及卤水、咸承压自流水。

2. 地下水水质受地域或含水层沉积环境控制明显

从水化学成因类型来看，盆地内地下水水化学具宏观的水平演化规律与分带特征，可分为：渗入成因地下水、沉积（埋藏）成因地下水和内生成因地下水。前两种类型之间还存在着溶滤-沉积过渡型。

溶滤型地下水主要分布在盆地周边山区基岩裂隙、溶隙和冻结层以及河谷、山间盆地第四系孔隙中；平原区主要分布在冲洪积扇、冲洪积平原中下部，基本与盐壳分布界线相吻合的第四系松散层孔隙中。山区溶滤水化学成分起源于山区现代大气降水和河水。

盆地河水大多数矿化度小于0.5g/L，最小的为巴音河，矿化度为0.29g/L；最大的为全集河及脑儿河，矿化度分别为4.6g/L及4.3g/L，水化学类型一般为$HCO_3·Cl-Ca·Na$型或$Cl·HCO_3-Na·Ca(Mg)$型。

沉积水主要分布在冲湖积、湖积平原。上部潜水一般是微咸水、半咸水、咸水和卤水，下部承压—自流水在冲湖积平原一般为淡水，矿化度小于1g/L。在湖积平原虽有数层承压—自流水，但水量极小，一般为咸水和卤水，水化学类型为$Cl-Na·Mg$型及$Cl-Na$型。

盆地地下水化学纵向变化极为明显，规律性强，水化学成因由溶滤型过渡到沉积型，其化学成分与地下水的运移有密切的关系：山区裂隙水接受降水的补给，通过基岩裂隙或断裂以泉出露转化为地表水，或沿周边侧向补给冲洪积扇潜水，由于裂隙发育，裂隙水运移速度较快，溶滤作用短促，基本保留降水水化学特征；在冲洪积扇，河水下渗量较大，水力坡度大，径流速度快，而且常年性河流沿途都有补给，溶滤作用时间较短，故潜水保持了裂隙水和河水的化学特性；在排泄区潜水以泉集河排泄，水化学特征仍保持潜水水化学特征；到冲湖积平原中下部和湖积平原，水化学演化过程是在蒸发作用下进行的。在蒸发作用下，HCO_3^-和CO_3^{2-}不再聚集，其含量受钙盐和镁盐的溶解度限制，Ca^{2+}的聚集则限制在硫酸镁的溶解度范围内，由各离子变化曲线直观地反映了这一变化规律，这从根本上限定了潜水的演化方向逐渐向着K^+、Na^+、Mg^{2+}和Cl^-、SO_4^{2-}五元体系的卤水演化。

深藏型地下水分布在盆地西北部古近系、新近系和第四系下更新统碎屑岩类油田水中，它们基本上处于停滞状况，不参加水循环，埋藏在数百米以至千米以下，具高压，根据钻孔揭露，基本上为自喷井，水化学类型为氯化钙型，矿化度188.2～326g/L。矿化度垂向上变化规律非常明显，在地下700～800m随深度减少矿化度增高，由188.2～222.5g/L增高到320.0～325.2g/L。

内生成因地下水是来源于地壳深部的地下水沿深部断裂构造向上运移而成。柴达木盆地内锂、硼含量高的卤水与该类型地下水有关。

3. 喜马拉雅期构造运动对柴达木盆地地下水分布具有重要影响

在地质演化上，柴达木盆地主要经历了：早—中侏罗世陷落型前陆盆地发展阶段、晚侏罗世—白垩纪盆地挤压反转阶段、古近纪挤压走滑阶段和新近纪—第四纪周边造山带向盆挤压推覆。

其中晚侏罗世—白垩纪盆地挤压反转阶段使得阿尔金山不断隆起，至晚更新世导致柴达木盆地与塔里木盆地彻底分开，成为封闭湖盆。古近纪挤压走滑阶段和新近纪—第四纪周边造山带向盆挤压推覆作用使柴达木盆地现代大陆水圈逐步形成。该阶段受新近纪以来形成的逆冲-褶皱构造影响，在盆地内由边部向盆地中心依次发育盆内断层三角构造带（如那北构造）和盆内冲起构造带（如诺木洪北早更新世地层的冲起）。在周边逆冲-褶皱构造带与盆内断层三角构造带之间多发育山前冲洪积平原，发育山前戈壁带单层型潜水；受盆内逆冲构造带阻拦，向盆地中心沉积物颗粒变细，地层相变趋于复杂，在盆内冲起构造带到盆地中心逐步由双层型潜水与一层承压水、局部地下水，向湖积平原多层型咸水、盐卤水局部地下水过渡。随新近纪—第四纪周边造山带的向盆挤压推覆，特别是第四纪在柴南缘断裂、柴北缘断裂和阿尔金南断裂组成的3组冲断荷载系作用下,周边造山带向盆地挤压、逆冲推覆,从逆冲推覆山链剥蚀下来的陆屑流向盆地,在垂向上形成向上变粗、水平方向上由盆地边缘的冲洪积扇粗粒沉积为主,向冲积扇的细粒沉积、盆地中心的湖积相过渡的充填序列,由此形成相应的砂砾孔隙卤水型地下水。

三、地下水分类及含水岩组的划分

1. 地下水分类及含水岩组的划分

按含水层岩性组合地下水的赋存条件与水力性质和水动力特征等的不同,可将盆地内地下水分为基岩裂隙水、构造裂隙孔隙水(油田水)、松散岩类孔隙(卤)水。基岩裂隙水根据含水岩性进一步划分为碳酸盐岩类裂隙岩溶水、岩浆岩类孔隙裂隙水和变质岩类裂隙水3种类型(图4-2)。松散岩类孔隙(卤)水进一步分为砂砾孔隙卤水和砂砾孔隙淡水、化学盐类晶间卤水。砂砾孔隙卤水按埋藏深度可分为浅层砂砾孔隙卤水和深层砂砾孔隙卤水,盐类晶间卤水按埋藏深度可分为浅层盐类晶间卤水和深层盐类晶间卤水。

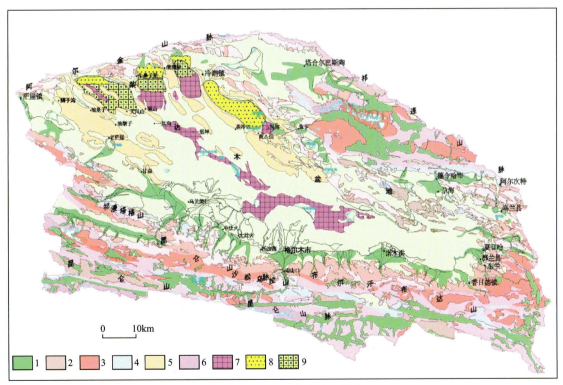

图4-2 柴达木盆地含水岩组划分图

1.松散岩类孔隙含水岩组;2.碎屑岩类含水岩组;3.岩浆岩类孔隙裂隙含水岩组;4.碳酸盐岩类裂隙岩溶含水岩组;5.构造裂隙孔隙卤水(油田水);6.变质岩类裂隙含水岩组;7.盐类晶间卤水;8.砂砾孔隙卤水;9.上部晶间卤水、下部砂砾孔隙卤水

2. 含水岩组的分布

基岩裂隙含水岩组分布于基岩山区,为地下水的补给区。碳酸盐岩类裂隙岩溶含水岩组,为碳酸盐岩形成的裂隙溶洞系统,主要分布于昆仑山和祁连山的碳酸盐岩分布区,在盆地各含水层系统中分布范围最小,分布面积3 780.151km²。岩浆岩类孔隙裂隙含水岩组,主要为各类岩浆岩结晶体,分布面积

13 136.64km²。变质岩类裂隙含水岩组,赋存于盆地周边山区各类不同变质岩之中,构造较为复杂,缺乏比较稳定的含水层,分布面积17 460.654km²。

构造裂隙孔隙含水岩组一般分布在盆地新生界红色碎屑岩地层发育的背斜构造区,地貌上属丘陵山区,褶皱比较平缓,构造中分布较稳定的构造裂隙孔隙,其内卤水的矿化度高,分布面积17 504.209km²,一般为深层构造裂隙孔隙卤水。

松散盐类孔隙含水岩组由第四系松散堆积物组成,是柴达木盆地分布最广的含水层之一,面积124 617.61km²,主要分布在山间沟谷、山前冲洪积、冲湖积、湖积平原区。纵向上由山前倾斜平原向盆地中心岩性颗粒由粗变细,即由卵砾石层逐渐过渡为砂砾石、粗细砂及粉砂、亚砂土;在垂向上由单一卵砾石层过渡为砂砾石、砂层、亚砂土、亚黏土相互叠置的多层结构。横向上,平行盆缘山体,以流域主河道为中心,在山前带含水层自成体系,相互间无水力联系,富水性相差甚大,极不均匀;在冲洪积扇前缘—冲湖积平原区,含水层相互连通,形成大范围分布、相互间具有水力联系的统一的多层含水层系统。山前砂砾层中分布砂砾孔隙卤水,岩盐地层中分布盐类晶间卤水。

3. 含水岩组地质特征

1) 松散岩类孔隙含水岩组特征

此岩组根据含水层结构、水力特征及埋藏条件,可划分为潜水含水层与承压水含水层。含水层的特征具体表现为由山前到湖盆中心,由单一的潜水含水层变为多层承压—自流水含水层,含水层岩性由粗到细,厚度由大变小,富水性由强到弱,径流条件由强—弱—停滞,水化学作用也相应出现盐分的溶滤、搬运、积聚等,地下水矿化度由低变高,水质逐渐变差。其中盆地周边的山间河谷区赋存松散岩类孔隙含水层;山前冲洪积平原分布单层结构松散岩类孔隙潜水含水层与多层结构孔隙潜水/承压水含水层;冲湖积平原分布多层孔隙承压自流水含水层。其中,盆地北部山前冲洪积相孔隙水一般分布于高矿化度的卤水含水层,冲湖积平原分布于多层型孔隙咸水及卤水含水层为盐类晶间卤水含水层。

2) 构造裂隙孔隙含水岩组特征

构造裂隙孔隙含水岩组又称构造裂隙孔隙卤水(油田水)含水层,在柴达木盆地新生界碎屑岩地层发育,褶皱比较平缓,常形成比较稳定的层状裂隙孔隙含水岩组,指储存在第三系的砂岩、砾岩等碎屑岩及第四系下更新统半胶结的砂层中的地下水的含水层。在盆地西部主要为储存在储油构造中的与油、气共生的油田水,与地表水无水力联系,水质差。在盆地内这些储油构造分布在西北部地区,并呈NW向斜垣在盆地中。古近系、新近系碎屑岩类形成的储油构造有冷湖、鄂博梁、红三旱、尖顶山、大风山、油墩子、油泉子、咸水泉等构造;第四系下更新统湖相沉积形成的储油构造分布在小梁山和碱山等地,在这些构造中均储存着丰富的油田水。其涌水量大,矿化度高。

3) 基岩裂隙含水岩组特征

基岩裂隙含水岩组分为碳酸盐岩类裂隙岩溶含水岩组、岩浆岩类孔隙裂隙含水岩组和变质岩类裂隙含水岩组。

(1) 碳酸盐岩类裂隙岩溶含水岩组主要为碳酸盐岩形成的裂隙溶洞水,按其岩性特征与地层结构,可划分为两个亚类:一是以碳酸盐岩为主的岩溶含水层;二是碳酸盐岩夹碎屑岩(碎屑岩占30%~50%)组成的岩溶含水层。昆仑山区碳酸盐岩类地层分布广泛,自寒武系至三叠系均有出露,出露的泉多为裸露型岩溶裂隙水。大横山地区的恰尔托、狼牙山一带在出露的大面积的奥陶系碎屑岩夹碳酸盐岩中发育裂隙岩溶水,单泉流量6.64~27.3m³/d。诺木洪山区裂隙岩溶水主要出露在冰沟群灰岩、大理岩中,溶洞发育最大直径达50cm。单泉流量为100~1000m³/d,泉群流量大于1000m³/d,如出露在洪水河东岸结晶灰岩中的低温泉水,其单泉流量为1 650.24m³/d,泉群流量超过2000m³/d,水温17℃,为$HCO_3 \cdot Cl-Na \cdot Ca$型,次为$Cl \cdot HCO_3-Na \cdot Ca$型,矿化度0.5~1g/L。祁连山区出露的碳酸盐岩及碳酸盐岩夹碎屑岩,单泉流量为100~4000m³/d。出露于德令哈地区的洪果尔前震旦系白云岩中的岩溶泉,单泉流量为 4 147.2 m^3/d,水化学类型为 $HCO_3-Ca \cdot Mg$ 型,矿化度 0.8g/L。在德令哈泽令沟水文站西侧,沿断裂阻水带分布的岩溶泉,均在陡崖下溶洞中流出,单泉流量为 30.69~368L/s,矿化度小于 1g/L。据新生煤矿钻孔资料,在奥陶系灰岩中发育溶洞,钻孔出水量为 1 924.18m^3/d,水化学类型为 $Cl \cdot HCO_3 \cdot SO_4-Na \cdot Mg$ 型,矿化度 3.0g/L。阿尔金山区碳酸盐类分布不广泛,在南坡,前震旦系和震旦系地层中发育的碎屑岩夹大理岩及灰岩,仅在当金山口西侧山体南坡沿断裂出露了数个裂隙岩溶泉,单泉流量为 44.93m^3/d,泉群流量为 100m^3/d。水化学类型为 $SO_4 \cdot Cl-Na \cdot Ca$ 型,矿化度为 0.13g/L。

(2)岩浆岩类孔隙裂隙含水岩组分布于柴达木盆地周边的昆仑山、祁连山、阿尔金山等山区,主要为各类岩浆岩结晶块体状含水层系统,地下水赋存于岩浆岩、火山岩的构造裂隙、成岩孔隙及网状风化裂隙中,缺乏比较稳定的含水层,受岩性和地形地貌的控制,富水性和水质因地而异。昆仑山区出露了大面积的不同时期的侵入岩体,其出露面积约占基岩出露面积的 60% 以上,赋存有较丰富的孔隙裂隙水。该含水岩组出露了较多的泉,单泉流量 0.86~172.8m^3/d;侵入岩体出露的泉流量一般大于变质岩体出露的泉。水化学类型多为 $HCO_3 \cdot Cl-Na \cdot Ca$、$Cl \cdot SO_4-Na$、$Cl-Na$ 型,其矿化度一般为 0.17~7.21g/L。祁连山区出露有加里东期、海西期和印支期的花岗岩、花岗闪长岩和石英闪长岩等,赛什腾山、阿木尼克山仅零星出露。岩浆岩含水岩组分布面积约占基岩出露面积的 45% 左右,虽然出露面积较广泛,但一般在海拔 4400m 以上的冻土区,仅在构造带和山体边缘出露泉,其单泉流量为 20m^3/d,水化学类型一般为 $SO_4 \cdot Cl-Na \cdot Mg(Ca)$ 型,矿化度在 2.5g/L 左右。阿尔金山出露的岩浆岩含水岩组分布面积较小,约占基岩出露面积的 20% 左右。岩体虽然多次经受构造变动,褶皱、断裂发育,但该区降水稀少,补给条件极差,岩浆岩岩体中几乎未见泉水出露,整个山区无常年性水流,暂时性流水也寥寥无几。据冷湖西北的 18 号钻孔揭露,埋深在 57.50m 的花岗岩岩体及风化层中见有裂隙水,水位埋深 56.98m,其涌水量为 23.93m^3/d,单位涌水量为 0.16$m^3/(h \cdot m)$。水化学类型为 $SO_4 \cdot HCO_3 \cdot Cl-Na \cdot Ca$ 型,矿化度为 0.248g/L。

(3)变质岩类裂隙含水岩组赋存于柴达木盆地周边的昆仑山、祁连山、阿尔金山及盆地北部山区的各类不同变质岩体之中,构造较为复杂,在地下水系统中处于补给区。主要接受山区降水、冰雪融水补给,一般在河流源区泄出地表,大部分以泉的形式转化为地表水,一部分成为河谷潜流,补给山前平原地下水。受地层岩性和地形地貌的控制,富水性和水质因地而异。

昆仑山区变质岩裂隙含水层中出露了大量的泉水,单泉流量一般为 2.074~43.2m^3/d,个别大于 200m^3/d;此类水水质较好,矿化度一般小于 1.0g/L。水化学类型一般为 $HCO_3 \cdot Cl-Ca \cdot Na$ 型,次为 $Cl-Na$ 型,也有 $Cl \cdot SO_4-Na$ 型,矿化度 0.21~8.5g/L。祁连山山区变质岩裂隙含水岩组中出露的泉,单泉流量一般为 5.00~50.00m^3/d,个别大于 100m^3/d。水化学类型一般为 $Cl \cdot SO_4-Ca \cdot Na$ 型,矿化度 1~3g/L。马海大坂山前,钻孔在 33.5m 深度揭露到片岩中的裂隙水,含水层厚度 115.8m,降深 3.72m 时,涌水量 543m^3/d,矿化度 8.08g/L,为咸水。阿尔金山变质岩类裂隙含水岩组同岩浆岩类裂隙含水岩组一样,水量较贫乏、富水性差,仅在金泉山地区石英岩中出露有两处泉水,单泉流量为 1.210m^3/d 及 67.39m^3/d。水化学类型分别为 $HCO_3 \cdot SO_4-Na \cdot Ca$ 型和 $HCO_3-Ca \cdot Na$ 型,矿化度分别为 0.11g/L 和 0.1g/L。

四、地下水补给、径流、排泄特征

盆地内干旱的气候、封闭的地形条件以及独特的地质构造特点,决定了本区地下水的补给、径流和排泄特征。自山区至山前平原区、湖盆中心,依次为补给区、径流区、排泄区,具环带状水平分布规律(图 4-3)。

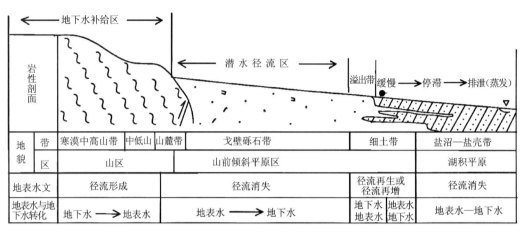

图 4-3 区域地下水补给、径流、排泄示意图

1. 地下水的补给

盆地四周基岩山区，地势高，气候冷湿，海拔 5000m 以上终年积雪，4300m 以上为多年冻土区。山区降水集中于 6—8 月，3 个月累计降水占全年的 60%～70%。此时雨强易形成洪水，加之适逢山区冰雪融化盛期，融雪融冰水会同大气降水形成地表径流向盆地倾泻，构成流域内水资源的来源，也为地下水补给创造了条件。因基岩的构造裂隙发育，地形坡度大，大气降水的一部分形成地表河流沿沟谷向山前排泄，另一部分沿基岩裂隙渗入河谷地下水和侧向补给，并以地下潜流形式径流至山前平原。

河水在流出山口进入冲洪积平原后，水流运动在松散透水的砂卵砾石的河床之中，便产生了垂向渗漏，尤其在戈壁带前缘，地下水位埋藏较浅，良好的渗透性能和梳状河道为地下水补给的有利条件，使得河水大量渗漏补给地下水。那陵郭勒河出山口流量为 $31.79m^3/s$（5 月），向北径流 23km 时，河流流量只有 $11.66m^3/s$，这充分说明了地表水流的垂直渗漏，是本区地下水补给的主导因素。

2. 地下水的径流

柴达木盆地内地下水的径流方向具有一定的规律性：山区地下水一般向河谷或山间沟谷方向径流；冲洪积平原地下水向盆地对应的湖区径流，山区地下水的水力坡度一般大于 10‰。山前冲洪积扇后缘由于地形突然开阔，冲洪积扇地形坡度较大，加之山前多沉积松散的砾卵石，地下水径流畅通，向扇前随着含水岩性的变细，地形变缓，地下水由单一潜水变为潜水和承压自流水。到达冲洪积平原前缘，水力坡度 1‰ 左右，地下水的径流极为缓慢。在冲湖积平原的前缘地下水往往以泉的形式出露。而在湖盆区化学沉积平原的地下水处于一个封闭的盆地中，不再向外界补给，地下水径流基本停止。

3. 地下水的排泄

山区基岩裂隙水一般在河谷底或在断裂通过地段以泉的形式流出地表，补给地表河流。冲洪积平原地下水在细土带一部分消耗于蒸发排泄，另一部分以地下径流和泉集河的形式补给盆地内低洼的盐湖地区，盐湖是区域地下水的最终排泄区，盐湖内排泄方式以陆面蒸发、卤水开采等为主。

第二节 深层卤水水文地质特征

一、深层卤水的类型

根据地下水赋存条件、储水岩性、水力性质及水力特征,将研究区深层卤水划分为深层盐类晶间卤水、深层砂砾孔隙卤水和深层构造裂隙孔隙卤水3种类型。

深层盐类晶间卤水:柴达木盆地山前断陷凹陷和背斜构造区之间的沉积凹地,发育第四系更新统和新近系湖盆相沉积地层,含有大量的盐类地层,其深度达1000余米,赋存着一定量高矿化卤水,称为深层盐类晶间卤水。如大浪滩凹地梁ZK09孔揭露的深部至1250m的卤水。

深层砂砾孔隙卤水:柴达木盆地周缘阿尔金山等山前冲洪积扇上,发育第四系下更新统和新近系砂砾层,岩性结构松散,颗粒粗,其内赋存高矿化度卤水,为砂砾孔隙卤水。如大浪滩凹地深部砂砾孔隙卤水、黑北凹地深部砂砾孔隙卤水、察汗斯拉图凹地深部砂砾孔隙卤水、昆特依凹地深部砂砾孔隙卤水和马海凹地砂砾孔隙卤水等。

深层构造裂隙孔隙卤水:柴达木盆地内背斜构造在地貌上表现为低山、丘陵。含水介质由古近系与新近系微胶结的砂岩和灰岩等组成,泥岩构成隔水层。受到后期新构造运动的影响,发生褶皱、断裂后,其分布又受到构造的控制,垂向上表现为以断裂为主的"立体网格"卤水层,基本上与外界没有水力联系,封闭性较好,深度达到2000余米,属高矿化度卤水。将此称为构造裂隙孔隙卤水,因与石油和天然气共生,又称油田水。如南翼山、小梁山、尖顶山、大风山、碱石山等背斜构造区中的卤水。

二、深层卤水分布特征

柴达木盆地深层卤水严格受到构造和地貌的控制,既决定了地下水的贮存空间,又决定着地下水的赋存状态。深层盐类晶间卤水被新构造运动所引起的褶皱系统分割、被背斜隆起阻隔,均呈相间分布状态。深层砂砾孔隙卤水局限于山前冲洪积扇。构造裂隙孔隙卤水的分布受新生代背斜构造这一特定的地质条件的限制。

深层盐类晶间卤水分布于柴达木盆地梁中凹地、黑北凹地、察汗斯拉图凹地等地区。在大浪滩凹地施工的几个深孔(梁ZK02、梁ZK04、梁ZK06、梁ZK09、黑ZK01孔)揭露到晶间卤水层,储卤层顶板埋深155.50~540.00m,底板埋深441.26~1 250.80m,赋存于下更新统和狮子沟组地层(表4-1)。

表4-1 柴达木盆地大浪滩-黑北凹地深层盐类晶间卤水抽水试验表

工程编号	含水层厚度/m			水位埋深/m	卤水密度/(g·cm^{-3})	水温/℃	涌水量/(m^3·d^{-1})	单位涌水量/(m^3·d^{-1}·m^{-1})	渗透系数/(m·d^{-1})	影响半径/m	水化学类型
	自	至	纯厚度								
梁ZK02	540.00	994.95	92.05	10.60	1.23	8	7.70	0.06	4.88	500.00	硫酸镁亚型
梁ZK06	276.00	997.20	388.01	9.40	1.28	7	39.22	0.63	0.15	242.10	硫酸镁亚型
梁ZK08	466.50	901.43	90.88	0.33	1.21	10	61.95	0.69	0.009	86.16	硫酸镁亚型
梁ZK04	155.50	569.50	135.88	0.10	1.23	4	19.09	0.39	0.025	78.21	硫酸镁亚型
梁ZK09	356.00	1 250.80	309.34	79.10	1.25	11	1.94	0.024	5.8×10^{-5}	5.98	硫酸镁亚型
ZK1602	216.30	441.26	37.12	16.00	1.21	10	126.23	0.93	0.03	234.00	硫酸镁亚型

深层砂砾孔隙卤水主要分布于湖盆边缘的山前冲洪积扇。砂砾孔隙卤水从地貌上看，主要分布于山前冲洪积扇及古湖盆边缘；从地域上看，主要分布于黑北凹地和马海凹地。这是由于中、下更新统上部细碎屑岩层作为隔水层阻挡了山前冲洪积物中地下水形成的溢出带潜水，在阿拉巴斯套至黑北凹地北缘近EW向狭长地带内呈断续状分布。深层砂砾孔隙承压卤水从目前工作程度看，分布于大浪滩—黑北凹地—察汗斯拉图凹地山前的深部。施工的梁ZK01、梁ZK03、梁ZK05、梁ZK07、梁ZK10、黑ZK01、黑ZK02孔等均见该层，分布长度约100km，宽度8~10km，储卤层顶板埋深206.00~897.65m(表4-2)。

表4-2 柴达木盆地大浪滩-黑北凹地深层砂砾孔隙卤水抽水试验表

工程编号	含水层厚度/m			水位埋深/m	卤水密度/(g·cm^{-3})	水温/℃	涌水量/(m^3·d^{-1})	单位涌水量/(m^3·d^{-1}·m^{-1})	渗透系数/(m·d^{-1})	影响半径/m	水化学类型
	自	至	纯厚度								
梁ZK01	206.00	601.09	216.71	4.10	1.22	5.00	338.86	33.55	1.336	500.00	硫酸镁亚型
梁ZK05	323.00	1 025.28	691.70	22.94	1.20	12.80	1 135.92	140.24	7.48	221.26	氯化物型
梁ZK07	465.00	1 026.82	353.78	25.50	1.20	14.00	1 739.23	246.70	11.66	240.73	氯化物型
梁ZK03	297.94	501.50	203.56	14.00	1.17	6.00	234.58	82.02	20.30	500.00	氯化物型
梁ZK10	897.65	1 600.65	683.46	10.20	1.19	37.00	1 889.00	28.58	0.054	154.00	氯化物型
黑ZK01	405.00	1 251.00	846.00	11.36	1.19	13.00	869.98	22.98	0.027	65.60	氯化物型
黑ZK02	148.32	808.46	428.50	24.30	1.18	24.00	2 268.69	46.80	0.121	60.23	氯化物型
ZK1601	260.64	1 028.60	452.52	13.70	1.19	18.00	6 579.96	528.09	1.39	147.00	氯化物型
ZK1602	552.70	1 501.01	854.36	18.45	1.20	27.58	4 337.28	123.57	0.18	148.00	氯化物型
ZK0801	96.45	684.04	411.41	20.75	1.17	30.00	121.39	1.21	0.003	55.00	氯化物型
ZK2401	160.00	999.00	839.00	22.41	1.18	15.00	6 073.92	632.37	0.87	90.00	氯化物型
ZK2402	160.00	1 100.00	47.00	20.89	1.20	23.00	7 471.87	373.03	0.69	166.68	氯化物型
ZK5601	196.00	1 150.41	886.23	14.50	1.19	21.00	8 685.27	839.16	1.08	107.00	氯化物型
ZK4003	151.75	591.90	60.22	32.36	1.17	13.00	1 328.14	22.45	0.311	330.00	氯化物型
黑ZK04	58.66	1 251.30	918.13	21.09	1.19	15.00	1 889.74	46.63	0.06	154.00	氯化物型
黑ZK05	30.40	1 300.40	1 270.00	30.40	1.18	13.00	4 337.28	124.14	0.004	7.62	氯化物型

深层构造裂隙孔隙卤水主要分布于各背斜核部、断裂发育部位，从时间上看，大水层主要分布于第三纪；从古地理环境上看，深层卤水主要分布于渐新世—上新世湖相沉积地层中；从空间上看，该类型孔隙卤水主要分布于大风山、尖顶山、小梁山、红沟子、油墩子及油泉子、南翼山等背斜构造区，埋深变化较大。大风山深层卤水深度950~2000m,尖顶山深层卤水深度约700m,小梁山深层卤水深度1100~5500m,红沟子深层卤水深度约1000m,油墩子深层卤水深度750~1000m,油泉子深层卤水深度约2200m,开特米里克深层卤水深度约300m,南翼山深层卤水深度1500~3000m(表4-3)。

表 4-3　柴达木盆地深层构造裂隙孔隙卤水试水试验表

位置	井号	孔深/m	试水深度/m	水位埋深/m	涌水量/(m³·d⁻¹)	水化学类型
大风山	风三井	4 510.00	2 000.00	—	1.10	氯化钙型
大风山	风二井	5 014.00	950.00	730.00	5.56	氯化钙型
大风山	风八井	2 500.00	2 000.00	自流	100.00	氯化钙型
尖顶山	尖中八	1 200.00	—	50.00	3.45	氯化钙型
尖顶山	尖中四	1 200.00	700.00	548.00	23.80	氯化钙型
小梁山	102 井	2 000.00	1 100.00～1 500.00	108.55	75.00	氯化钙型
红沟子	红中三	1 200.00	1 000.00	961.27	0.04	氯化钙型
油墩子	墩一井	1 290.00	750.00～800.00	10.30	933.12	氯化钙型
油墩子	ZK01	1 420.90	1 420.90	自流	50.00	氯化钙型
油泉子	油一井	2 230.00	2 200.00	自流	1 555.20	氯化钙型
开特米里克	中一号井	305.35	300.00	42.97	4.30	氯化钙型
南翼山	南 ZK01	2 011.74	1 501.98～2 011.70	自流	1.90	氯化钙型
南翼山	南 2-3	3 450.00	2 620.00～2 655.00	自流	39.00	氯化钙型
南翼山	南 6	3 500.00	2 220.00～2 829.35	自喷	683.24	氯化钙型
南翼山	南 13	355.00	3 040.60～3 117.80	自喷	694.30	氯化钙型

三、深层卤水分带性特征

1. 水平分带特征

根据区内构造、地貌特征和区内物探、重力资料分析，各凹陷区之间均被古近系或第四系下、中更新统构成的褶皱系统的隆起所阻隔。深层构造裂隙孔隙卤水、深层盐类晶间卤水和深层砂砾孔隙卤水在同一水平断面上相间出现，山前一般为深层砂砾孔隙卤水，靠近湖中心，出现深层盐类晶间卤水，再出现深层构造裂隙孔隙卤水，水化学类型依次表现为氯化物（氯化钠）型、硫酸镁亚型、氯化钙型。大浪滩地区，由北西向南东，山前为深层砂砾孔隙卤水，向凹地中心逐步出现深层盐类晶间卤水，在凹地的南端出现构造裂隙孔隙卤水，水化学类型依次表现为氯化物（氯化钠）型、硫酸镁亚型、氯化钙型；由北东至南西，依次出现深层构造裂隙孔隙卤水、深层盐类晶间卤水、深层构造裂隙孔隙卤水，水化学类型依次表现氯化钙型、硫酸镁亚型、氯化钙型。马海地区，由北东至南西，山前为深层砂砾孔隙卤水，向凹地中心逐步出现深层盐类晶间卤水，在凹地的南端出现构造裂隙孔隙卤水，水化学类型依次表现为氯化物（氯化钠）型、硫酸镁亚型、氯化钙型；由北西向南东，依次出现深层构造裂隙孔隙卤水、深层盐类晶间卤水、深层构造裂隙孔隙卤水，水化学类型依次表现为氯化钙型、硫酸镁亚型、氯化钙型、硫酸镁亚型、氯化钙型。

2. 垂直分带特征

(1)依据深部钻探资料，根据埋藏条件不同将深层卤水区地下水分为潜水和承压水。黑北凹地黑 ZK05 和黑 ZK07 等深孔中，砂砾层由下至上连续分布，地层中未出现隔水层，分布深层砂砾潜卤水。其他钻孔，包括大浪滩凹地、昆特依凹地、马海凹地梁 ZK01、梁 ZK10、黑 ZK01、黑 ZK04、察 ZK01、察 ZK04、昆 ZK01、马 ZK01 等大批钻孔，因砂砾层中隔水层发育，深层卤水以承压水的形式出现。钻探资料显示，深层承压卤水分布深度在 350～1600m 之间。

(2)柴达木盆地深层盐类晶间卤水、深层砂砾孔隙卤水和深层构造裂隙孔隙卤水的矿化度、盐类含量、密度等在垂向上均无明显的变化和分带性。而在盆地内凹地中,如果下部沉积砂砾层,上部沉积盐岩层,则会出现明显的分带性。上部卤水为深层盐类晶间卤水,水化学类型为硫酸镁亚型,K^+、Na^+、Mg^{2+}含量高;下部卤水为深层砂砾孔隙卤水,水化学类型为氯化物型,K^+、Na^+、Mg^{2+}含量低。

四、深层卤水储层岩性

深层盐类晶间卤水的储卤层为第四系下更新统阿拉尔组、上新统狮子沟组内在化学沉积作用下形成的石盐、含砂的石盐、含芒硝的石盐等,其间的黏土层、淤泥和泥岩层为隔水层。盐岩层一般呈多层状,单层厚度0.3～5m,累计厚度85.46～386.28m,隔水层单层厚度几厘米至几米厚。

深层砂砾孔隙卤水的储卤层为第四系下更新统阿拉尔组、上新统狮子沟组冲洪扇体系中网状水系沉积形成的砂、粉砂,水下分流河道沉积形成的砂卵砾石、河道间沉积的砂等,厚层状,局部含黏土层,构成相对隔水层,砂砾层单层厚度几厘米至几百米,呈犬牙交错状,累计厚度197.3～840m。

深层构造裂隙孔隙卤水的储卤层为古近系和新近系,含水空间由地层岩性和地层内次生构造裂隙双重控制。碎屑岩层由各类砂岩、含砂泥岩、粉砂岩、泥质粉砂岩、粉砂质泥岩组成,以粒间孔和次生孔作为含水空间,主要受沉积和成岩作用控制。碳酸盐岩岩性主要为藻灰岩、泥灰岩等,以晶间孔、溶蚀孔和溶洞为含水空间。碳酸盐含量高者缝洞更发育,岩层中的酸性水溶液对岩石组分具有重要的溶蚀作用。储层岩性为含粉砂质灰岩、粉砂质泥灰岩、泥质粉砂岩等(表4-4),储集空间类型以基质孔隙为主,次为溶孔、溶洞。藻灰岩和钙质粉砂岩的溶蚀孔、粒间孔都是有效的,泥质(粉砂)灰岩中的部分微孔与泥质孔隙均是无效孔隙。深层构造裂隙对于深层卤水含水空间的形成起主导作用,并能改善储层的渗流性能。构造作用下,在碎屑岩内形成裂隙-孔隙型含水层,其含水空间为粒间孔和次生孔;在碳酸盐岩内形成裂隙-孔洞型含水层,其含水空间为宏观裂隙、微裂隙、晶间孔、溶蚀孔、溶洞等。构造作用还能将一些成岩裂隙、风化裂隙和各种孔隙连在一起形成复杂的网络系统。因此,深层裂隙构造是背斜构造区深层卤水的主要赋存空间,也是油气水渗滤的主要通道。在背斜构造整体控制油、气、水分布的大背景下,构造裂隙的发育程度是影响油气水富集程度的重要因素。裂隙水的分布具有不均匀性,含水介质具有不均一性与各向异性,它们在横向上的连通性不太好,这也是青海石油管理局在构造上布井的间距较密的原因。

表4-4 南翼山油田储层综合评价表

储层特征		储层类型		
		含粉砂质灰岩	粉砂质泥灰岩	泥质粉砂岩
厚度/m		11～22	64～78	11～14
储集空间类型		溶孔、生物体腔孔	成岩缝、微孔隙	粒间孔
物性	孔隙度/%	14.9～15.5	14.5～14.6	13.6～13.8
	渗透率/$\times 10^{-3} \mu m^2$	4.60～6.96	3.09～4.06	2.09～4.25
孔隙结构	排驱压力/MPa	<10	>10	>10
	最大连通孔隙半径/μm	0.04～0.5	<0.04	<0.04
	平均孔隙半径/μm	>10	5～10	5～10
	面孔率/%	>2	<2	<2
孔隙结构类型		粗孔—小孔型	中粗孔—微孔型	中粗孔—微孔型
综合评价		中等—较好	差—中等	差—中等

五、富水性特征

深层盐类晶间卤水层单位涌水量一般为 $0.024\sim0.69\,\mathrm{m^3/(d\cdot m)}$,普遍较小,渗透系数 $5.8\times10^{-5}\sim4.88\,\mathrm{m/d}$,影响半径 $5.98\sim500.00\,\mathrm{m}$,含水层富水性弱(表 4-1)。这与储卤层埋深大、岩盐层致密有关。

深层砂砾孔隙卤水以浅部的潜水,单位涌水量 $1.21\sim839.16\,\mathrm{m^3/(d\cdot m)}$,渗透系数 $0.003\sim11.66\,\mathrm{m/d}$,影响半径 $7.62\sim500.00\,\mathrm{m}$,富水性中等—强(表 4-2)。

深层构造裂隙孔隙卤水富水性变化较大。大风山卤水从自流至水位埋深 $730.00\,\mathrm{m}$,单井(自流)涌水量 $1.10\sim100.00\,\mathrm{m^3/d}$,尖顶山卤水水位埋深 $50.00\sim548.00\,\mathrm{m}$,涌水量 $3.45\sim23.80\,\mathrm{m^3/d}$;小梁山水位埋深 $108.55\,\mathrm{m}$,单井涌水量 $75.00\,\mathrm{m^3/d}$;红沟子卤水水位埋深 $961.27\,\mathrm{m}$,单井涌水量 $0.04\,\mathrm{m^3/d}$;油墩子卤水水位埋深 $10.30\,\mathrm{m}$,单井涌水量 $50.00\sim933.12\,\mathrm{m^3/d}$;油泉子卤水自流,单井涌水量 $1\,555.20\,\mathrm{m^3/d}$;南翼山卤水自喷,单井涌水量 $1.90\sim694.30\,\mathrm{m^3/d}$(表 4-3)。

六、深层卤水补给、径流、排泄条件

深层卤水分布区地表无常年性河流分布,雨季形成的季节性洪水流入区内补给地下水,另外在大浪滩矿区的西北角(深层卤水区外界)苦水泉有常年性泉水出露,涌水量小于 $0.40\,\mathrm{L/s}$,出沟口后即垂直渗漏,全部渗入地下(图4-4),以地下潜流的方式补给深层卤水区。

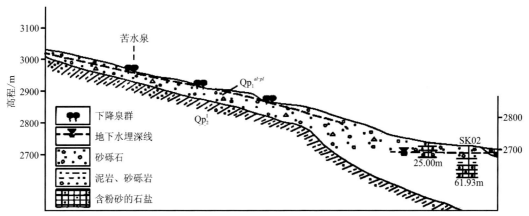

图 4-4 深层卤水区水文地质剖面示意图

梁中各凹地、黑北凹地及双泉凹地与西北部的冲洪积扇前缘相接,外围山区在雨季形成的洪流及地下潜流对其地下水有一定的补给,但补给量较小。区域内的黄瓜梁凹地、风南凹地、风北凹地远离山区,地下水基本无外界补给,区内气候干旱,多年平均降水量仅 $14.3\,\mathrm{mm}$,降水补给的意义不大。前人在小梁山、南翼山、油墩子等背斜构造上施工的石油钻井,目前有的油井仍在向外冒水,因此深层地下水通过断裂及人工揭露也是本区地下水的一个补给来源。

各含盐盆地因地势低洼,地形平坦,地下水的径流基本停滞,从而成为地下水的最终归宿。在极其干旱气候条件作用下,地下水以蒸发形式得以排泄,这就使得各凹地中心部位成为排泄区,也是现代盐湖的富集区。

由于各类地下水的分布规律、埋藏条件的不同,造成它们各自的补给、径流、排泄条件也有所不同。

1. 深层盐类晶间卤水

深层盐类晶间卤水的补给一部分来源于大气降水,另一部分来源于西北部的基岩裂隙水的地下潜流补给。由于盆地内地形平坦,地下水大都具有承压性,地下水的径流条件差,故地下水的运移十分缓慢,有的地段甚至处于停滞状态。由于地下水埋深大,地下水排泄微弱。深部晶间卤水由于受上部巨厚黏土层阻隔越流相当困难,靠近山区与基岩裂隙水有少量的交换,向盆地中心基本处于封存状态。

综上所述,地下水在矿田内从补给区、径流区至排泄区具有很明显的水平分带性,同时在垂向上亦可能存在着一定的分带规律,即从深源而来的地下水以断裂带作为其径流通道而到达浅部以至潜水层。

2. 深层砂砾孔隙卤水

深层砂砾孔隙卤水的补给一部分来源于大气降水,另一部分来源于西北部的基岩裂隙水的地下潜流补给。由于盆地内地形平坦,地下水大都具有承压性,地下水的径流条件差,故地下水的运移十分缓慢,有的地段甚至处于停滞状态。由于地下水埋深大,地下水的排泄十分微弱。

3. 深层构造裂隙孔隙卤水

深层构造裂隙孔隙卤水埋藏深度大,多赋存于第三系背斜构造中,有时上覆有第四系中、上更新统含粉砂的黏土隔水层,形成高承压自流水,因而接受垂直及越流补给的可能性不大,同时由于上覆地层的高度压实作用,接受侧向补给的量也有限。初步分析认为,该类地下水可能主要是地层沉积时的封存水,还有一部分来源于大气降水沿裂隙下渗向深部补给,并在还原环境下脱硫,导致水质转化为氯化钙型。向外界的排泄主要是局部由于断裂构造的沟通,深层卤水沿断裂上升,以泉水或越流补给的形式排泄(如钾湖等地氯化物型水即来源于此)。油井开采等人类活动,也是深层卤水通过钻井排泄到地表的途径之一。

第三节 深层卤水地球化学特征

一、深层盐类晶间卤水地球化学特征

(一)常量元素地球化学特征

该晶间卤水矿化度一般为 305.78～332.60g/L,大浪滩凹地最低,察汗斯拉图凹地最高。常量元素中,K^+ 含量(质量浓度)2.83～6.50g/L,察汗斯拉图凹地最低,黑北凹地最高,各离子含量从西至东,变化较大,且无规律。Na^+ 含量 70.27～122.75g/L,黑北凹地最低,察汗斯拉图凹地最高。Ca^{2+} 含量 0.21～2.52g/L,含量比较低,低于孔隙卤水之中的含量,在黑北凹地最低,马海凹地最高。Mg^{2+} 含量 1.95～35.06g/L,察汗斯拉图凹地最低,黑北凹地最高。Cl^- 含量 183.90～190.50g/L,察汗斯拉图凹地最低,黑北凹地最高。SO_4^{2-} 含量 3.63～32.61g/L,马海凹地最低,黑北凹地最高。根据瓦里亚什科水化学分类,属硫酸镁亚型(表 4-5)。

表 4-5 柴达木盆地深层晶间卤水水化学组分表

采样地点	质量浓度/(g·L^{-1})						质量浓度/(mg·L^{-1})		
	K$^+$	Na$^+$	Ca^{2+}	Mg^{2+}	Cl$^-$	SO$_4^{2-}$	B$_2$O$_3$	Li$^+$	CO$_3^{2-}$
大浪滩凹地梁 ZK09	5.78	94.09	0.31	13.24	184.08	7.79	197.88	5.64	7.11
黑北凹地黑 ZK01(晶)	6.50	70.27	0.21	35.06	190.50	32.61	263.90	18.00	64.74
察 ZK02 晶间卤水	3.66	116.60	0.40	3.94	184.33	14.51	123.25	7.66	1.53
察 ZK01-SQ01	2.83	122.75	0.31	1.95	183.90	19.71	124.35	1.70	0.00
昆特依大盐滩矿床 ZK4508	5.93	101.54	1.51	10.73	189.63	4.93	144.91	5.12	—
马海凹地马 ZK5608	3.59	104.56	2.52	7.93	187.62	3.63	95.94	3.12	—

采样地点	质量浓度/(mg·L^{-1})							密度/ (g·cm^{-3})	矿化度/ (g·L^{-1})
	HCO$_3^-$	Rb$^+$	Cs$^+$	Sr^{2+}	Br$^-$	I$^-$	NO$_3^-$		
大浪滩凹地梁 ZK09	169.18	0.13	0.19	5.62	21.03	0.68	176.85	1.20	305.78
黑北凹地黑 ZK01(晶)	468.7	0.29	0.24	5.28	36.88	4.42	120.00	1.22	335.90
察 ZK02 晶间卤水	28.11	0.57	0.02	8.49	27.73	9.49	16.31	1.20	323.58
察 ZK01-SQ01	35.63	0.34	0.01	5.25	30.30	5.78	19.65	1.21	332.60
昆特依大盐滩矿床 ZK4508	4.34	1.23	0.06	37.60	42.00	4.25	15.91	1.20	314.42
马海凹地马 ZK5608	0.00	0.68	0.05	45.69	38.80	3.60	13.67	1.20	309.90

(二)微量元素地球化学特征

微量元素一般较低。Rb$^+$含量 0.13~1.23mg/L,大浪滩凹地最低,昆特依凹地最高。I$^-$含量 0.68~9.49mg/L,大浪滩凹地最低,察汗斯拉图凹地最高。Li$^+$含量 1.70~18.00mg/L,察汗斯拉图凹地最低,黑北凹地最高。B$_2$O$_3$含量 95.94~263.90mg/L,马海凹地最低,黑北凹地最高。Br$^-$含量 21.03~42.0 mg/L,大浪滩凹地最低,昆特依大盐滩最高。Sr^{2+}含量 5.25~45.69mg/L,察汗斯拉图凹地最低,马海凹地最高。Cs$^+$含量 0.01~0.24mg/L,察汗斯拉图凹地最低,黑北凹地最高(表 4-5)。

Br、B、Sr 等微量元素具有独特的地球化学特征,对水体来源、形成环境的判断具有重要的指示作用。Br 主要富集于溶液中而不形成独立矿物,部分 Br 与含氯盐类沉积物形成固溶体,主要以 NaBr、KBr、KMgBr$_3$·6H$_2$O 的形式存在,仅以 Cl 的类质同象存在于氯化物型矿物中。B 是易溶元素,在自然界主要存在于水圈及上地壳沉积岩系中,对于沉积环境及各种地质作用具有明显的指示意义,可以用来判别沉积环境、物源。Sr 是典型的分散元素,在自然界中主要以类质同象的形式分布在造岩矿物中,可以用来判断水体的补给来源和古沉积环境。

从深层卤水区基本成分聚类分析谱系图(图 4-5)看,Mg^{2+}、HCO$_3^-$聚为一亚类,然后和 Li$^+$聚为一类;Cl$^-$和 Br$^-$聚为一亚类,然后和 Ca^{2+}聚为一类;SO$_4^{2-}$和矿化度聚为一亚类,然后和 Rb$^+$聚为一类;K$^+$和 Cs$^+$聚为一亚类,然后和 Na$^+$聚为一类。以上说明,Mg^{2+}、HCO$_3^-$具有很强的相关性,Cl$^-$和 Ca^{2+}具有很强的相关性,SO$_4^{2-}$和矿化度具有很强的相关性,K$^+$和 Na$^+$具有很强的相关性,这些元素(氧化物)又反映出一定的同源性,且在晶间卤水层内,水-盐溶滤作用中,先在 H$_2$O、CO$_2$参与下,硫镁矾-石盐溶解,产生 Mg^{2+}和 HCO$_3^-$,随着光卤石、杂卤石等盐类矿物不断溶解,依次产生 Cl$^-$、Ca^{2+},同时因 SO$_4^{2-}$的增加,矿化度升高。随着固体盐类的不断溶解,K$^+$、Cs$^+$、Na$^+$含量逐渐增加。另外,从柴达木盆地西部卤水基本成分因子分析(表 4-6)中共提取 3 个主因子,公共因子方差贡献累计百分比为 91.864%,第一主因子反映了卤水离子中 41.401% 的信息;第二主因子反映了卤水离子中 33.338% 的信息;第三主因子反映了卤水离子中 17.124% 的信息。3 个主因子分别为: A1(Mg^{2+}、HCO_3^-、Li^+、B_2O_3、I^-、Sr^{2+}、NO_3^-),A2(K^+、Na^+、Ca^{2+}、Cl^-、Cs^+、Br^-),A3(SO_4^{2-}、Rb^+、矿化度)。

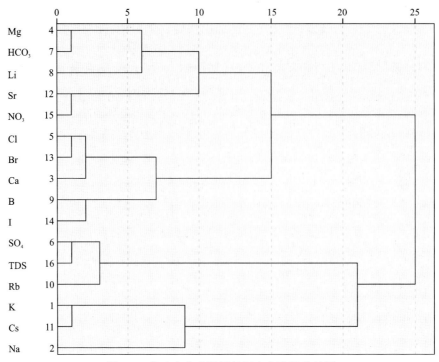

图 4-5 柴达木盆地深层晶间卤水聚类分析图

表 4-6 研究区向斜凹地晶间卤水因子分析一览表

	A1	A2	A3	公因子方差
K^+	−0.253	0.861	0.390	0.963
Na^+	−0.903	0.409	0.022	0.990
Ca^{2+}	0.561	0.761	0.120	0.972
Mg^{2+}	0.644	−0.673	0.356	0.998
Cl^-	0.672	0.709	0.091	0.990
SO_4^{2-}	−0.521	−0.736	0.419	0.998
HCO_3^-	0.806	−0.571	0.116	0.998
Li^+	0.462	−0.436	0.236	0.968
B^{3+}	0.880	0.181	0.357	0.996
Rb^+	−0.173	−0.503	0.695	0.985
Cs^+	−0.227	0.846	0.465	0.985
Sr^{2+}	0.926	−0.169	−0.234	0.993
Br^-	0.486	0.775	0.392	0.994
I^-	0.732	0.006	0.655	0.967
NO_3^-	0.802	−0.145	−0.464	0.974
矿化度	−0.547	−0.426	0.717	0.997
提取的方差比例	41.401	33.338	17.124	
提取的方差累计	41.401	74.739	91.864	

第一主因子表明了深层卤水区深层卤水中 Mg^{2+}、HCO_3^-、Li^+、B_2O_3、I^-、Sr^{2+}、NO_3^- 数值高,它们之间关系密切;第二主因子表明了深层卤水区深层卤水中 K^+、Na^+、Ca^{2+}、Cl^-、Cs^+、Br^- 数值相对较高,它们之间关系密切;第三主因子表明了深层卤水区深层卤水中 SO_4^{2-}、Rb^+、矿化度数值相对较高,关系较为密切。因此,从卤水聚类和因子分析中得出,深层盐类晶间卤水区矿化度的高低与 SO_4^{2-} 的含量呈正相关。

(三)卤水特征系数

卤水特征系数(或比例系数)是研究地下卤水起源演化规律的重要内容。前人提出了多个特征系数来分析地下卤水(表 4-7)。

表 4-7 不同沉积阶段系数特征表

沉积阶段	$K\times10^3/\sum_{盐}$	$K\times10^3/Cl$	$Mg\times10^2/Cl$	$Cl\times10^2/\sum_{盐}$	γ_{Na}/γ_{Cl}	$Br\times10^3/Cl$
正常海水	10.33	18.70	6.71	55.15	0.86	3.40
石盐沉积	10.70	18.80	7.16	56.60	0.82	4.70
钾石盐沉积	50.83	94.45	34.53	53.60	0.16	17.50
共结点	1.90	4.53	37.66	64.00	0.04	24.40

注:$K\times10^3/\sum_{盐}$、$K\times10^3/Cl$、$Mg\times10^2/Cl$、$Cl\times10^2/\sum_{盐}$ 来源于袁见齐(1963);γ_{Na}/γ_{Cl}、$Br\times10^3/Cl$ 来源于石油化学工业部化学矿山局(1977)。

根据表 4-6 深层盐类晶间卤水水化学特征值计算所得的特征系数值列于表 4-8。综合文献使用的特征系数,令某离子 x 的当量浓度表示为 γ_x,物质的浓度为 η_x,质量浓度为 ρ_x,可以将特征系数归纳如表 4-8。

表 4-8 柴达木盆地西部深层盐类晶间卤水特征系数表

采样地点	$K\times10^3/\sum_{盐}$	$K\times10^3/Cl$	$Mg\times10^2/Cl$	$Cl\times10^2/\sum_{盐}$	γ_{Na}/γ_{Cl}	$\gamma_{SO_4}/(\gamma_{SO_4}+\gamma_{Cl})$	$Br\times10^3/Cl$
大浪滩凹地梁 ZK09	18.90	31.41	7.19	60.18	0.79	0.03	0.11
黑北凹地黑 ZK01(晶)	19.34	34.12	18.40	56.67	0.57	0.11	0.19
察 ZK02 晶间卤水	11.29	19.83	2.14	56.95	0.98	0.05	0.15
察 ZK01-SQ01	8.52	15.36	1.06	55.45	1.03	0.07	0.16
昆特依大盐滩矿床 ZK4508	18.84	31.25	5.66	60.29	0.83	0.02	0.22
马海凹地马 ZK5608	11.58	19.13	4.23	60.51	0.86	0.01	0.21

(1)$K\times10^3/\sum_{盐}$ 系数表示总盐中钾的富集程度。柴达木盆地深层盐类晶间卤水 $K\times10^3/\sum_{盐}$ 系数值为 8.52~19.34,皆小于钾盐开始结晶时的平均值,部分小于大洋水的平均值,部分大于 NaCl 开始结晶时的平均值。系数由大至小依次为黑北凹地>大浪滩凹地>昆特依凹地>马海凹地>察汗斯拉图凹地,与前述的钾含量变化一致。

(2)$K\times10^3/Cl$ 系数表示卤水中钾和氯的相对富集关系。柴达木盆地深层盐类晶间卤水 $K\times10^3/Cl$ 系数值为 15.36~34.12,大小依次为黑北凹地>大浪滩凹地>昆特依凹地>察汗斯拉图凹地,与钾含量和 $K\times10^3/\sum_{盐}$ 系数值变化一致。除察汗斯拉图凹地小于 18.7 以外,其余都大于 18.8。

(3)$Mg\times10^2/Cl$ 系数表示镁和氯的相对富集关系。柴达木盆地深层盐类晶间卤水 $Mg\times10^2/Cl$ 系数值为 1.06~18.40,大小依次为黑北凹地>大浪滩凹地>昆特依凹地>马海凹地>察汗斯拉图凹地,除黑北凹地和大浪滩凹地高于石盐开始结晶时的镁氯系数值之外,其余都低于大洋水的镁氯系数值。

可能是因为与大气降水有关的原始地下水中 Mg 含量较低,当溶解周缘山区古盐层时镁氯系数值变大。在黑北凹地和大浪滩凹地,地下水径流至周缘山区古盐岩层时溶解了大量的 Mg^{2+},因而镁氯系数值增加,而其他 3 个凹地周缘山区古盐层分布相对较少,溶解的 Mg^{2+} 含量少,因而镁氯系数值较低。

(4) $Cl \times 10^2 / \sum_{盐}$ 系数表示总盐中氯的富集程度。柴达木盆地深层盐类晶间卤水中 $Cl \times 10^2 / \sum_{盐}$ 特征系数值 55.45~60.51,高于大洋水的平均值,多数接近石盐开始结晶的平均值。

(5) γ_{Na}/γ_{Cl} 系数表示地下卤水中钠盐的富集程度。柴达木盆地深层盐类晶间卤水钠氯系数(γ_{Na}/γ_{Cl})平均值在 0.57~1.03 之间,大小依次为察汗斯拉图凹地>马海凹地>昆特依凹地>大浪滩凹地>黑北凹地。察汗斯拉图凹地大于正常海水的系数值,其他低于正常海水的系数值。

(6) $Br \times 10^3 /Cl$ 系数表示氯和溴的相对富集关系。一般来说,氯与溴化学性质相似,而溴化物的溶解度比氯大,在由海水结晶的石盐中 $Br \times 10^3/Cl$ 值变化的理论范围为 3.4~24.4。柴达木盆地深层盐类晶间卤水溴氯系数为 0.11~0.22,大小依次为昆特依凹地>马海凹地>黑北凹地>察汗斯拉图凹地>大浪滩凹地。

(7) $\gamma_{SO_4}/(\gamma_{SO_4}+\gamma_{Cl})$ 系数表示地下水还原程度,其值越低,表示还原程度越高。柴达木盆地深层盐类晶间卤水还原系数 $\gamma_{SO_4}/(\gamma_{SO_4}+\gamma_{Cl})$ 为 0.01~0.11,比较低,说明研究区卤水的脱硫作用强,卤水经历了长期的变质还原作用。

(四)同位素特征

1. S 同位素

目前发现,$\delta^{34}S$ 值最高的硫化物是俄罗斯哲兹卡兹甘的层状铜矿床中的胶状黄铜矿,其 $\delta^{34}S$ 值为 70‰;$\delta^{34}S$ 值最低的硫化物是同一矿区中的维杰斯基统砂岩里的黄铁矿结核,其 $\delta^{34}S$ 值为 −52‰。$\delta^{34}S$ 值最高的硫酸盐矿物是德国维斯罗兹矿床中的重晶石,其 $\delta^{34}S$ 值高达 94‰,$\delta^{34}S$ 值最低的硫酸盐矿物是俄罗斯勘察加自然硫矿床中的明矾石[$KAl_3(SO_4)_2(OH)_6$],其 $\delta^{34}S$ 值仅有 −10.8‰。由此可见,S 同位素的典型变化范围高达 150‰。不过 98% 样品的 $\delta^{34}S$ 值的变化在 −40‰~40‰ 之间。所以,S 同位素的典型变化范围是 80‰。S 同位素有这样大的变化范围,这与 S 同位素质量差和一系列化学性质有关。S 是一种变价元素,在不同环境下,可形成负价的硫化物、自然硫直至正六价的硫酸盐。一方面,这些不同的含硫化物之间有明显的 S 同位素分馏;另一方面,各种含硫化合物的稳定性和溶解度也各不相同。例如冷水中金属硫化物很难溶解,但硫酸盐的溶解度却很大,在循环水的作用下,硫酸盐会被溶解并被带走,导致轻同位素的硫与重同位素的硫发生空间上的分离。在地质作用过程中,由于物理化学条件的变化,会产生局部地区堆积硫化物或硫酸盐,再一次使重硫和轻硫发生分离。

大气硫的来源为沼泽和湖水蒸发或排泄到空气中的硫。一般地,大气中硫酸盐浮粒、气态 H_2S 和 SO_4 出现,说明其硫有多种来源,其同位素组成变化也大。就降水中硫酸盐的 $\delta^{34}S$ 值而言,其变化范围在 5‰~20‰ 之间。

陨石中各种硫化物的 $\delta^{34}S$ 值在 2.5‰~5.6‰ 之间。大多数超基性岩(橄榄岩、纯橄榄岩和橄辉岩以及辉长苏长橄榄岩)的 $\delta^{34}S$ 值在 −1.7‰~−0.45‰ 之间,德国的橄碱玄武岩中硫酸盐含量很低,$\delta^{34}S$ 值为 2.6‰,硫化物 $\delta^{34}S$ 值为 1.3‰,和陨石硫的同位素组成相近。基性岩(辉长岩、辉绿岩、斜长岩和玄武岩等)的 $\delta^{34}S$ 值在 −5.7‰~7.6‰ 之间,平均值接近 2.7‰,比陨石和超基性岩 $\delta^{34}S$ 值高,且变化范围大,这可能与地壳硫的污染或岩浆结晶分异过程密集的去气作用引起的硫同位素分馏有关。中酸性岩硫同位素变化范围较宽,$\delta^{34}S$ 值在 −13.3‰~30.2‰ 之间,平均值在 5.1‰ 左右。这与母岩的多成因、多元性有关。

沉积(蒸发)岩中,太古宙和元古宙岩石中硫化物和硫酸盐 $\delta^{34}S$ 值为 3‰~6‰,都具有相近的、接近于陨石硫的同位素特点。不同地质时期海水硫酸盐同位素组成存在较大的变化，$\delta^{34}S$ 值在 10‰～30‰ 之间（前寒武纪 $\delta^{34}S$ 值约 17‰，早古生代 $\delta^{34}S$ 值在 30‰左右，中生代 $\delta^{34}S$ 值约 10‰，古生代 $\delta^{34}S$ 值在 20‰左右）。变质岩的硫同位素组成介于岩浆岩和沉积岩之间。

在变质作用条件下，变质岩或矿物的硫同位素组成趋于均一化，即接近于岩石、矿物的硫同位素平均值。如赋存于昆阳群浅变质岩中的云南东川铜矿，矿床的硫同位素组成变化范围在 -12.3‰～14.4‰之间，自下而上明显受地层岩性控制，自下而上 $\delta^{34}S$ 值逐步增大，过渡层底部层状铜矿平均 $\delta^{34}S$ 值为 0.8‰，白云岩底部层状铜矿平均 $\delta^{34}S$ 值为 4.2‰，白云岩中部层状铜矿 $\delta^{34}S$ 平均值为 9.8‰，明显保留着细菌还原海水硫酸盐的硫同位素特点。

柴达木盆地中淡水硫同位素 $\delta^{34}S$ 值为 7.2‰（樊启顺，2009），与北方大气降水硫同位素 $\delta^{34}S$ 平均值 7.44 接近。察汗斯拉图晶间卤水 $\delta^{34}S$ 值范围为 25.5‰～25.7‰，黑北凹地晶间卤水硫同位素 $\delta^{34}S$ 值为 22.7‰～24.1‰（表 4-9）。

表 4-9 柴达木西部硫同位素特征

卤水类型	原样号	样品名称	$\delta^{34}S_{v\text{-}cdt}$/‰
晶间卤水储层	察 2ZK02-SQ02	水	25.6
	察 2ZK02-SJ11	水	25.5
	察 2ZK02-SJ05	水	25.7
	察 2ZK02-SJ08	水	25.5
	黑 ZK03I-1SJ04	水	22.7
	黑 ZK03I-2SJ06	水	23.6
	黑 ZK03I-2SJ10	水	23.8
	黑 ZK03I-2SJ14	水	24.1

2. Sr 同位素

铷有两种同位素：^{85}Rb 和 ^{87}Rb，其同位素平均丰度分别为 72.17% 和 27.83%。^{87}Rb 为放射性同位素，它通过 β 衰变变成 ^{87}Sr，即 $^{87}Rb \longrightarrow ^{87}Sr + \beta^- + \gamma^- + Q$（式中：$\beta^-$ 为负 β 离子；γ^- 为中微子，Q 为衰变能，$Q=0.275 MeV$）。^{87}Sr 的演化与铷的地球化学性质及 ^{87}Rb 的衰变直接相关。锶有 4 种同位素，都是稳定同位素：^{88}Sr、^{87}Sr、^{86}Sr 和 ^{84}Sr，它们的丰度分别为 82.53%、7.04%、9.87% 和 0.56%。

Sr 同位素演化涉及 3 个方面的主要因素，地球的原始锶、地壳或地质体形成至现在的演化时间以及各种地质体的 Rb/Sr 含量比。所谓的锶的演化，就是指地球、地壳或某地质体形成后至今放射性成因 ^{87}Sr 的增长趋势。地球或某一地质体形成时所包含的那部分 ^{87}Sr 称为初始锶，用 $(^{87}Sr/^{86}Sr)_{初始值}$ 或 $(^{87}Sr/^{86}Sr)_0$ 表示。初始锶值为 $0.698\,990 \pm 47$，称之为 BABI（Basaltic Achondrite Best Initial）值。地球或某一地质体形成后由 ^{87}Rb 衰变至今所积累的那部分 ^{87}Sr 称为放射性锶，用 $(^{87}Sr/^{86}Sr)_{放射性成因}$ 表示。初始锶和放射性锶之和称为普通锶，即 $(^{87}Sr/^{86}Sr)_{普通锶} = (^{87}Sr/^{86}Sr)_{初始值} + (^{87}Sr/^{86}Sr)_{放射性成因}$。自元素合成至今，$^{88}Sr$、$^{86}Sr$ 和 ^{84}Sr 三种同位素绝对含量没有发生变化，但 ^{87}Sr 却随时间推移而不断增长。在研究中习惯上采用 $^{87}Sr/^{86}Sr$ 比值来表示 Sr 同位素的变化。

$^{87}Sr/^{86}Sr$ 在现代河流中平均值为 0.711 9，代表壳源；在热流体中平均值为 0.703 5，代表幔源；在海水中平均值为 0.709 2，是壳源和幔源 Sr 混合的结果。大浪滩凹地晶间卤水中分析检测的 $^{87}Sr/^{86}Sr$ 值同位素变化范围为 0.711 307～0.711 418（图 4-6）。

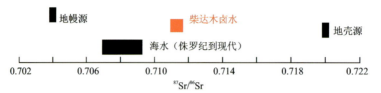

图 4-6 柴达木西部大浪滩凹地晶间卤水样品 Sr 同位素比值特征

(五)盐类包裹体测温

侯献华等(2016)对大浪滩凹地梁 ZK02 孔 20 个盐类储层包裹体进行了测温工作,并编制了均一温度分布情况直方图(图 4-7、图 4-8)。

选取了柴达木西部地质研究程度较高的梁 ZK02 孔岩芯样品进行石盐包裹体均一温度研究,得到了初步的关于古温度的信息。筛选样品深度分布范围 165.8～763.9m,根据古地磁测年结果,样品主要分布于早更新世(样品深度范围 373.76～763.9m)和中更新世(样品深度范围 165.8～263.17m)。研究结果显示,早更新世最大均一温度为 18.7～26.8℃,矿物组合以石盐、石膏矿物组合为主,含少量杂卤石。中更新世最大均一温度 25.5～50.6℃,反映中更新世整体温度偏高,最高达到 50.6℃ 的年均极端高温。与中更新世钾盐的出现较为吻合。同时,在此沉积期,芒硝出现也较为普遍,推测可能是季节温度变化较大的原因。

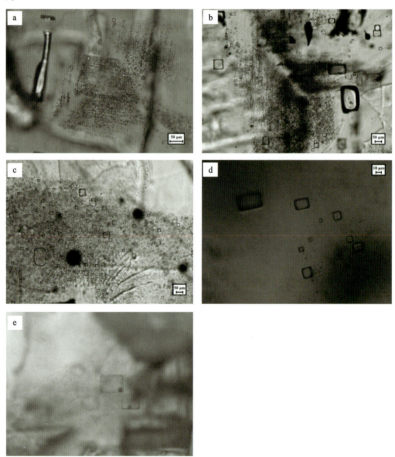

图 4-7 梁 ZK02 孔的原生石盐结构及大量的流体包裹体
a.ZK02 孔 S436 的原生石盐包裹体分布;b.ZK02 孔原生石盐"人"字晶;c.ZK02 孔 S506 丰富的原生石盐包裹体;d.石盐包裹体低温冷冻成核

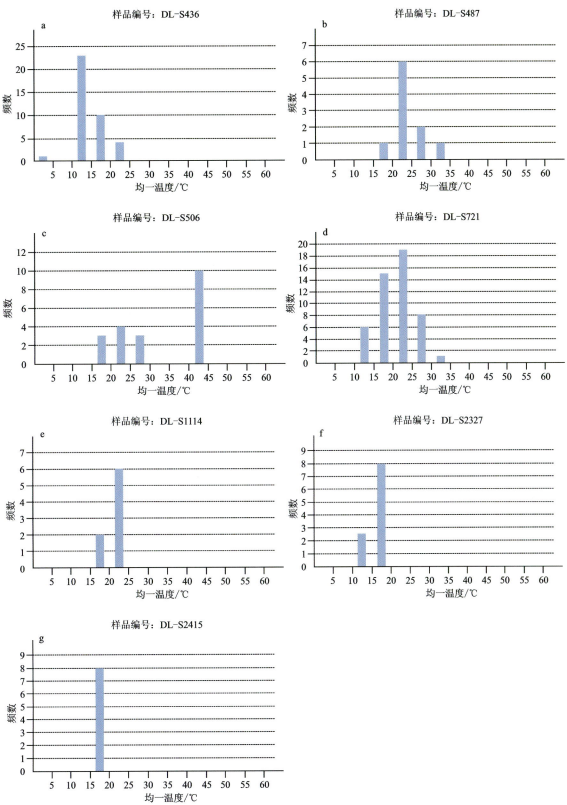

图 4-8 均一温度直方图

二、深层砂砾孔隙卤水地球化学特征

(一)常量元素地球化学特征

柴达木西部深层砂砾孔隙卤水 K^+ 含量 1.64~3.76g/L,由大至小依次为黑北凹地＞马海凹地＞昆特依凹地＞大浪滩凹地＞察汗斯拉图凹地。Na^+ 含量 90.65~112.77g/L,由大至小依次为大浪滩凹地＞察汗斯拉图凹＞黑北凹地＞昆特依凹地＞马海凹地。Ca^{2+} 含量 3.73~6.19g/L,由大至小依次为察汗斯拉图凹地＞黑北凹地＞大浪滩凹地＞昆特依凹地＞马海凹地。Mg^{2+} 含量 2.26~10.82g/L,由大至小依次为昆特依凹地＞黑北凹地＞马海凹地＞察汗斯拉图凹地＞大浪滩凹地。Cl^- 含量 169.05~188.27g/L,由大至小依次为大浪滩凹地＞黑北凹地＞察汗斯拉图凹地＞昆特依凹地＞马海凹地。SO_4^{2-} 含量 1.33~2.51g/L,由大至小依次为马海凹地＞昆特依凹地＞黑北凹地＞察汗斯拉图凹地。B_2O_3 含量 63.98~188.84mg/L,由大至小依次为察汗斯拉图凹地＞黑北凹地＞大浪滩凹地＞昆特依凹地＞马海凹地(表4-10)。

表4-10 柴达木盆地深层砂砾孔隙卤水水化学组分表

采样地点	样号	质量浓度/(g·L^{-1})						质量浓度/(mg·L^{-1})		
		K^+	Na^+	Ca^{2+}	Mg^{2+}	Cl^-	SO_4^{2-}	B_2O_3	Li^+	CO_3^{2-}
大浪滩凹地梁 ZK10	SQ01	2.15	110.52	4.70	2.32	185.98	1.44	89.53	1.54	0
	SQ02	1.93	112.77	4.85	2.26	188.27	1.33	96.59	1.51	0
黑北凹地黑 ZK04Ⅱ	SQ01	3.67	93.43	5.41	9.16	181.33	1.87	121.97	5.37	0
	SQ02	3.76	93.09	5.45	9.49	181.33	1.62	127.97	5.43	0
察汗斯拉图凹地察 ZK02Ⅱ	SD01	1.64	100.58	6.19	3.77	176.31	1.46	188.84	6.68	0
	SD02	1.67	102.34	5.55	3.67	178.08	1.65	185.82	6.58	0
昆特依凹地 ZK10	SD01	2.95	91.53	3.79	10.82	176.93	2.12	86.04	2.51	0
	SD02	2.89	90.83	3.77	10.81	177.37	1.98	88.25	2.47	0
马海凹地马 ZK4010	W2SQ01	2.95	90.65	3.73	7.84	169.05	2.51	63.98	4.09	0
	W2SQ02	3.16	92.65	3.81	7.88	172.58	2.44	69.98	4.07	0

采样地点	样号	质量浓度/(mg·L^{-1})							密度/(g·cm^{-3})	矿化度/(g·L^{-1})
		HCO_3^-	Rb^+	Cs^+	Sr^{2+}	Br^-	I^-	NO_3^-		
大浪滩凹地梁 ZK10	SQ01	91.71	0.44	<0.10	73.09	51.00	0.53	17.00	1.19	307.10
	SQ02	58.51	0.16	<0.10	78.20	49.00	0.14	18.20	1.19	311.40
黑北凹地黑 ZK04Ⅱ	SQ01	2.33	0.01	0	1.74	0.55	0.02	0.13	1.19	295.13
	SQ02	0	0.01	0	1.58	0.53	0.02	0.13	1.19	295.00
察汗斯拉图凹地察 ZK02Ⅱ	SD01	0	0.65	0.42	99.48	40.67	6.05	7.62	1.19	290.82
	SD02	0	0.66	0.44	96.95	43.17	6.25	7.52	1.19	293.82
昆特依凹地 ZK10	SD01	14.37	0.34	<0.10	41.44	35.50	1.36	13.38	1.19	288.23
	SD02	1.53	0.33	<0.10	40.69	37.00	1.35	12.93	1.19	287.74
马海凹地马 ZK4010	W2SQ01	7.45	0.37	<0.10	50.56	32.50	4.00	4.85	1.18	276.90
	W2SQ02	0	0.35	<0.10	53.47	34.90	3.70	4.85	1.18	282.69

(二)微量元素地球化学特征

柴达木盆地西部深层砂砾孔隙卤水 Li^+ 含量 1.51~6.68mg/L,由大至小依次为察汗斯拉图凹地>黑北凹地>马海凹地>昆特依凹地>大浪滩凹地。Rb^+ 含量 0.01~0.66mg/L,含量由大至小依次为察汗斯拉图凹地>马海凹地>昆特依凹地>大浪滩凹地>黑北凹地。Cs^+ 含量 0~0.44mg/L,仅察汗斯拉图凹地为 0.44mg/L,其余凹地都低于 0.11mg/L。Br^- 含量 0.53~51.00mg/L,由大至小依次为大浪滩凹地>察汗斯拉图凹地>昆特依凹地>马海凹地>黑北凹地最低。I^- 含量 0.02~6.25mg/L,由大至小依次为察汗斯拉图凹地>马海凹地>昆特依凹地>大浪滩凹地>黑北凹地。CO_3^{2-} 在各凹地都为 0。HCO_3^- 含量变化较大,不仅在各个矿区之间变化大,而且在同一个钻孔的不同样品之间变化也大,其含量 0~91.71mg/L,由大至小依次为大浪滩凹地>昆特依凹地>察汗斯拉图凹地和黑北凹地(二者含量为 0)。NO_3^- 含量 0.13~18.20mg/L,由大至小依次为大浪滩凹地>昆特依凹地>察汗斯拉图凹地>马海凹地>黑北凹地。矿化度值 276.90~311.40g/L,由大至小依次为大浪滩凹地>黑北凹地>察汗斯拉图凹地>昆特依凹地>马海凹地。

(三)卤水特征系数

(1)$K \times 10^3 / \sum_{盐}$ 系数。从表 4-11 中可以看出,$K \times 10^3 / \sum_{盐}$ 系数值为 5.65~12.75,由大至小依次为黑北凹地>马海凹地>昆特依凹地>大浪滩凹地>察汗斯拉图凹地,与钾含量变化一致。

(2)$K \times 10^3 / Cl$ 系数。表 4-11 中 $K \times 10^3 / Cl$ 系数值为 9.30~20.74,大小依次为黑北凹地>马海凹地>昆特依凹地>大浪滩凹地>察汗斯拉图凹地,与钾含量和 $K \times 10^3 / \sum_{盐}$ 系数的值变化一致。大浪滩凹地、察汗斯拉图凹地和马海凹地低于大洋水的平均值(18.7),黑北凹地高于石盐开始结晶时的平均值(18.8)。

(3)$Mg \times 10^2 / Cl$ 系数。柴达木盆地 $Mg \times 10^2 / Cl$ 系数值为 1.20~6.12,大小依次为昆特依凹地>黑北凹地>马海凹地>察汗斯拉图凹地>大浪滩凹地,与镁含量变化一致。

(4)$Cl \times 10^2 / \sum_{盐}$ 系数。柴达木盆地 $Cl \times 10^2 / \sum_{盐}$ 系数值为 60.40~61.62,接近共结点值,这一特征与矿化度的变化规律一致,是砂砾层中的地下水经历了后期盐类矿物的溶解和富集改造过程的证据。

(5)γ_{Na}/γ_{Cl} 系数。柴达木盆地深层砂砾孔隙卤水 γ_{Na}/γ_{Cl} 系数值为 0.79~0.92,大小依次为大浪滩凹地>察汗斯拉图凹地>马海凹地>昆特依凹地>黑北凹地。

(6)$\gamma_{SO_4}/(\gamma_{SO_4}+\gamma_{Cl})$ 系数。柴达木盆地还原系数 $\gamma_{SO_4}/(\gamma_{SO_4}+\gamma_{Cl})$ 系数值为 0.01,比较低,说明研究区卤水的脱硫作用强,卤水经历了长期的变质作用。

(7)$Br \times 10^3 / Cl$ 系数。柴达木盆地 $Br \times 10^3 / Cl$ 系数值为 0.003~0.270,大小依次为大浪滩凹地>察汗斯拉图凹地>昆特依凹地>马海凹地>黑北凹地,与钾含量、$K \times 10^3 / \sum_{盐}$ 和 $K \times 10^3 / Cl$ 系数值的变化较接近。

表 4-11 柴达木盆地深层砂砾孔隙卤水特征系数表

采样地点	样号	$K \times 10^3/\sum_{盐}$	$K \times 10^3/Cl$	$Mg \times 10^2/Cl$	$Cl \times 10^2/\sum_{盐}$	γ_{Na}/γ_{Cl}	$\gamma_{SO_4}/(\gamma_{SO_4}+\gamma_{Cl})$	$Br \times 10^3/Cl$
大浪滩凹地梁 ZK10	SQ01	6.99	11.56	1.25	60.49	0.92	0.01	0.270
	SQ02	6.19	10.25	1.20	60.40	0.92	0.01	0.260
黑北凹地黑 ZK04Ⅱ	SQ01	12.44	20.24	5.05	61.46	0.79	0.01	0.003
	SQ02	12.75	20.74	5.23	61.49	0.79	0.01	0.003
察汗斯拉图凹地察 ZK02Ⅱ	SD01	5.65	9.30	2.14	60.73	0.88	0.01	0.230
	SD02	5.69	9.38	2.06	60.71	0.89	0.01	0.240

续表 4-11

采样地点	样号	$K\times 10^3/\sum_{盐}$	$K\times 10^3/Cl$	$Mg\times 10^2/Cl$	$Cl\times 10^2/\sum_{盐}$	γ_{Na}/γ_{Cl}	$\gamma_{SO_4}/(\gamma_{SO_4}+\gamma_{Cl})$	$Br\times 10^3/Cl$
昆特依凹地 ZK10	SD01	10.23	16.67	6.12	61.36	0.80	0.01	0.200
	SD02	10.04	16.29	6.09	61.62	0.79	0.01	0.210
马海凹地马 ZK4010	W2SQ01	10.65	17.45	4.64	61.05	0.83	0.01	0.190
	W2SQ02	11.18	18.31	4.57	61.05	0.83	0.01	0.200

（四）同位素特征

1. S 同位素

柴达木盆地砂砾孔隙卤水 S 同位素值 14.62～26.8（表 4-12），与大气水及中酸性岩的 $\delta^{34}S$ 值较接近。

表 4-12　柴达木盆地西部深层砂砾孔隙卤水 S 同位素测试值

卤水类型	原样号	样品名称	$\delta^{34}S_{v\text{-}cdt}/‰$
砂砾孔隙卤水	察 ZK02Ⅱ-SJ04	卤水	24.00
	察 ZK02Ⅱ-SJ06	卤水	26.80
	察 ZK02Ⅱ-SJ01	卤水	23.80
	察 ZK02Ⅱ-SJ10	卤水	25.70
	察 ZK02Ⅱ-SQ02	卤水	25.60
	察 ZK02Ⅱ-SJ11	卤水	25.50
	察 ZK02Ⅱ-SJ05	卤水	25.70
	察 ZK02Ⅱ-SJ08	卤水	25.50
砂砾孔隙卤水	黑 ZK03Ⅰ-1SJ04	卤水	22.70
	黑 ZK03Ⅰ-1SJ06	卤水	23.60
	黑 ZK03Ⅰ-1SJ10	卤水	23.80
	黑 ZK03Ⅰ-1SJ14	卤水	24.10
	黑 ZK6407	卤水	25.59
	黑 ZK6211	卤水	16.47
	黑 ZK6212	卤水	19.96
	黑-ZK6402I01	卤水	17.91
	黑-ZK6402Ⅱ02	卤水	18.32
	ZK0808SY01	卤水	14.62
	ZK0808SY02	卤水	15.11

2. H、O 同位素

H 元素有两种稳定同位素：^1H 和 $^2H(D)$，它们的天然平均丰度分别为 99.984 4% 和 0.015 6%，同位素分馏也最明显，分馏范围达 700‰。O 元素有 ^{16}O、^{17}O 和 ^{18}O 这 3 种同位素，其相对丰度分别为 99.762%、0.038%、0.200%。^{16}O 和 ^{18}O 的丰度较高，彼此间质量相差也较大，分馏范围达 100‰。H、O

同位素的分馏方式主要有蒸发作用、凝结作用、各种物理和化学反应过程中的动力学同位素分馏以及在水圈、岩石圈、大气圈及生物圈中不同物质之间的同位素交换。

H、O 稳定同位素可以研究地下卤水的起源。大气水的同位素组成变化幅度大，δD 值从 $-250‰$ 至 $25‰$，$\delta^{18}O$ 值从 $-55‰$ 至 $10‰$，岩浆水和火山岩、深成岩具有比较一致的同位素组成，其范围是：δD 值从 $-80‰$ 至 $-40‰$，$\delta^{18}O$ 值从 $5.5‰$ 至 $8.5‰$。变质水的 $\delta^{18}O$ 值从 $5‰$ 至 $25‰$，δD 值从 $-65‰$ 至 $-20‰$，主要受原岩性质和变质温度控制（图 4-9）。

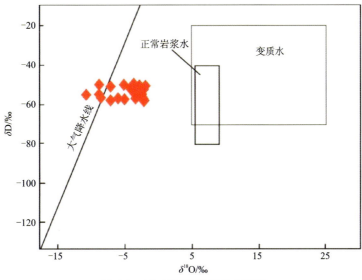

图 4-9 氢、氧同位素样品分布图

柴达木盆地深层砂砾孔隙卤水 $\delta D_{V\text{-}SMOW}$ 值为 $-18.7‰\sim 58.1‰$，$\delta^{18}O_{V\text{-}SMOW}$ 值为 $-8.2‰\sim 3‰$（表 4-13）。

表 4-13 柴达木盆地深层砂砾孔隙卤水氢、氧同位素数据

样号	$\delta D_{V\text{-}SMOW}/‰$	$\delta^{18}O_{V\text{-}SMOW}/‰$	样号	$\delta D_{V\text{-}SMOW}/‰$	$\delta^{18}O_{V\text{-}SMOW}/‰$
SD01	−57.7	−2.80	SJ12	−50.6	−5.30
SD02	−56.6	−3.00	SJ13	−51.2	−2.70
SJ01	−52.4	−4.50	SQ01	−55.1	−9.80
SJ02	−55.3	−8.20	SQ02	−51.5	−6.80
SJ03	−55.7	−3.30	SQ03	−51.4	−3.40
SJ04	−56.3	−3.10	SQ04	−58.1	−2.90
SJ05	−55.0	−3.10	SQ05	−56.0	−3.70
SJ06	−54.0	−3.20	SQ06	−50.7	−8.20
SJ07	−57.7	−6.80	SQ07	−52.7	−4.10
SJ08	−56.9	−3.90	SQ08	−54.5	−4.00
SJ09	−56.2	−8.00	SQ09	−50.4	−4.10
SJ10	−57.3	−5.20	SQ10	−53.1	−2.90
SJ11	−54.9	−3.30	SQ11	−56.7	−6.00
马 ZK0808SY01	−22.8	1.35	黑 ZK6402-01	−22.7	1.25
马 ZK0808SY02	−20.7	3.00	黑 ZK6402-02	−18.7	2.62

3. Sr 同位素

柴达木盆地深层砂砾孔隙卤水同位素 $^{87}Sr/^{86}Sr$ 值为 0.711 307～0.711 979，$^{85}Rb/^{86}Sr$ 值为 $1.69 \times 10^{-4} \sim 7.18 \times 10^{-3}$（表 4-14）。

表 4-14 柴达木盆地砂砾孔隙卤水 Sr 同位素数据

采样位置	$^{87}Sr/^{86}Sr$	$^{87}Sr/^{86}Sr$ 误差	$^{85}Rb/^{86}Sr$
察 ZK02Ⅱ-SJ04	0.711 815	0.000 005	1.69×10^{-4}
察 ZK02Ⅱ-SJ06	0.711 794	0.000 005	3.27×10^{-4}
察 ZK02Ⅱ-SJ01	0.711 979	0.000 013	7.18×10^{-3}
察 ZK02Ⅱ-SJ10	0.711 846	0.000 010	2.04×10^{-3}
察 ZK02Ⅱ-SQ02	7.111 418	0.000 005	7.31×10^{-4}
察 ZK02Ⅱ-SJ11	0.711 446	0.000 006	5.20×10^{-4}
察 ZK02Ⅱ-SJ05	0.711 367	0.000 005	5.20×10^{-4}
察 ZK02Ⅱ-SJ08	0.711 369	0.000 004	9.37×10^{-4}
黑 ZK03Ⅰ-1SJ04	0.711 307	0.000 004	2.73×10^{-4}
黑 ZK03Ⅰ-1SJ06	0.711 325	0.000 007	1.98×10^{-4}
黑 ZK03Ⅰ-1SJ10	0.711 384	0.000 008	1.70×10^{-3}
黑 ZK03Ⅰ-1SJ14	0.711 355	0.000 004	1.73×10^{-4}
梁 ZK10-SJ17	0.711 818	0.000 007	2.34×10^{-3}
梁 ZK10-SJ14	0.711 807	0.000 007	3.50×10^{-3}
梁 ZK10-SJ10	0.711 806	0.000 006	1.62×10^{-3}
梁 ZK10-SJ05	0.711 854	0.000 006	2.06×10^{-3}
梁 ZK10-SJ01	0.711 762	0.000 006	3.31×10^{-4}

三、深层构造裂隙孔隙卤水地球化学特征

(一)常量元素地球化学特征

从水化学分析结果(表 4-15)看，柴达木盆地西部背斜构造油田卤水 K^+ 含量 0.12～6.42g/L，冷湖背斜构造最低，南翼山背斜构造最高，盆地内西部高于东部。Na^+ 含量 14.95～115.80g/L，小梁山背斜构造最低，油墩子背斜构造最高，仍然具有西部高于东部的特征。Ca^{2+} 含量 0.08～12.26g/L，小梁山背斜构造最低，南翼山背斜构造最高。Mg^{2+} 含量 0.07～1.69g/L，小梁山背斜构造最低，尖顶山背斜构造最高。Cl^- 含量 22.05～200.70g/L，小梁山最低，尖顶山最高。SO_4^{2-} 含量 0.02～2.09g/L，尖顶山最低，小梁山背斜构造最高。水化学类型按苏林分类原则大部分属于氯化钙型。矿化度 40.30～310.30g/L，比现代海洋水矿化度(35g/L)高数倍甚至达十倍以上。小梁山背斜构造所有的化学成分含量都低，这可能与油田公司在采油后采取的回灌工程有关。总体而言，常量元素离子(除 Mg^{2+} 外)与矿化度均表现为东部低、西部高的特征。

表4-15 柴达木盆地西部构造类型孔隙卤水化学成分表

采样地点	质量浓度/(g·L^{-1})						质量浓度/(mg·L^{-1})		
	K$^+$	Na$^+$	Ca^{2+}	Mg^{2+}	Cl$^-$	SO$_4^{2-}$	B$_2$O$_3$	Li$^+$	CO$_3^{2-}$
南翼山 N12	6.42	83.15	12.26	0.97	156.84	0.31	2 512.00	188.30	0
南翼山 N14	5.32	64.81	6.21	0.20	115.27	0.30	3 502.78	137.39	0
小梁山 ZK102	0.60	14.95	0.08	0.07	22.05	2.09	200.50	0.67	0
油墩子副墩 ZK01	0.67	115.80	3.62	0.77	186.53	1.54	949.60	3.50	0
尖顶山 J7	0.97	78.27	4.79	1.69	200.70	0.02	1 560.67	58.42	0
碱石山碱石 1SQ03	1.70	48.42	3.74	0.40	82.38	0.83	1 497.26	102.00	0
冷湖构造冷七 ZK01	0.12	44.03	2.83	1.02	74.47	1.89	70.90	3.13	0

采样地点	质量浓度/(mg·L^{-1})						密度/(g·cm^{-3})	矿化度/(g·L^{-1})
	HCO$_3^-$	Rb$^+$	Cs$^+$	Sr^{2+}	Br$^-$	I$^-$	NO$_3^-$		
南翼山 N12	0	—	—	939.24	44.95	34.49	21.60	1.16	263.70
南翼山 N14	685.37	21.94	18.03	676.72	75.42	29.53	22.80	1.13	197.40
小梁山 ZK102	249.00	0.94	<0.05	6.82	15.20	6.60	112.00	1.02	40.30
油墩子副墩 ZK01	173.98	0.58	0.08	82.13	65.20	28.35	194.90	1.19	310.30
尖顶山 J7	0	—	—	327.35	53.33	28.42	18.50	1.14	221.60
碱石山碱石 1SQ03	0	5.40	4.13	237.70	0.15	33.50	3.30	1.10	139.10
冷湖构造冷七 ZK01	21.34	<0.10	<0.10	116.97	67.10	16.10	14.50	1.08	124.60

(二)微量元素地球化学特征

微量元素中，Br$^-$含量0.15~75.42mg/L，东部的碱石山最低，西部的南翼山最高。B$_2$O$_3$含量70.90~3 502.78mg/L，东部的冷湖构造最低，西部的南翼山最高。Li$^+$含量0.67~188.30mg/L，小梁山、冷湖构造较低，南翼山最高。Rb$^+$含量0.10~21.94mg/L，冷湖构造最低，南翼山最高。Cs$^+$含量0.05~18.03mg/L，在小梁山、油墩子背斜构造较低，南翼山最高。Sr^{2+}含量6.82~939.24mg/L，小梁山、油墩子较低，南翼山最高。I$^-$含量6.60~34.49mg/L，小梁山、冷湖构造较低，南翼山、碱石山偏高。NO$_3^-$含量3.30~194.90mg/L。小梁山微量元素的离子含量都低，这可能与油田公司在采油后采取的回灌工程有关。总体而言，微量元素离子表现为东部低、西部高的特征。根据Br、B、Sr等微量元素地球化学特征，可推断柴达木盆地早期盐类元素从东部向西部迁移的运移规律。

从柴达木盆地基本成分聚类分析谱系图(图4-10)上看，Cl$^-$、矿化度、Na$^+$聚为一亚类，Rb$^+$、Sr$^+$、Br$^-$聚为一亚类，然后二者聚为一类，说明卤水矿化度与溶解的石盐矿物(NaCl)相关，水-盐的溶滤作用增强是卤水矿化度增高的重要因子；而Mg^{2+}、SO$_4^{2-}$聚为一类，说明卤水在迁移演化途中有地表卤水或浅层硫酸盐型卤水的掺合；K$^+$、Sr^{2+}、Ca^{2+}、Li$^+$首先聚为一亚类，再和B^{3+}聚为一类，说明卤水中微量离子(Li$^+$、Sr^{2+}、B^{3+})与常量离子(Ca^{2+}、K$^+$)具有很强的相关性，具有的相同的物源条件。I$^-$独成一类，这与I化学性质不活泼有关。而较高的Ca^{2+}特征，反映了卤水可能发生了白云岩化作用，具有深部卤水的特征。

另外，柴达木盆地西部卤水基本成分因子分析表(表4-16)提取的4个主因子，公共因子方差贡献累计百分比为95.505%，第一主因子反映了卤水离子中49.603%的信息；第二主因子反映了卤水离子中28.688%的信息；第三主因子反映了卤水离子中10.361%的信息。第四主因子反映了卤水离子中6.852%的信息。4个主因子分别为：A1(Na$^+$、Cl$^-$、矿化度、K$^+$、Ca^{2+}、Li$^+$、Sr^{2+}、B^{3+})，A2(Na$^+$、Rb$^+$、

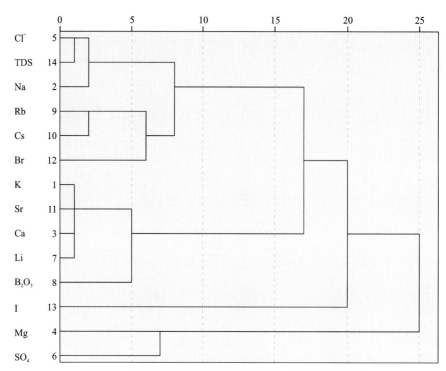

图 4-10 柴达木盆地背斜构造卤水基本成分聚类分析图

Cs^+、Br^-），A3（Mg^{2+}、SO_4^{2-}、HCO_3^-），A4（Mg^{2+}、Rb^+、I^-）。

表 4-16 柴达木盆地背斜构造卤水基本成分因子分析一览表

元素（氧化物）	A1	A2	A3	A4	公因子方差
K^+	0.872	−0.399	0.165	0.119	0.961
Na^+	0.656	0.731	0.031	−0.092	0.975
Ca^{2+}	0.936	−0.311	0.140	0.050	0.995
Mg^{2+}	−0.338	−0.265	0.687	0.524	0.931
Cl^-	0.855	0.467	0.166	0.008	0.976
SO_4^{2-}	−0.897	0.056	0.381	0.167	0.980
HCO_3^-	−0.864	0.097	0.026	−0.195	0.794
Li^+	0.893	−0.416	0.122	0.091	0.994
B_2O_3	0.700	−0.440	−0.202	−0.368	0.860
Rb^+	0.252	0.826	−0.256	0.416	0.984
Cs^+	0.332	0.914	0.024	0.197	0.985
Sr^{2+}	0.879	−0.415	0.148	0.056	0.970
Br^-	−0.061	0.948	0.144	−0.261	0.991
I^-	0.007	−0.210	−0.820	0.485	0.952
矿化度	0.861	0.461	0.154	−0.002	0.978
方差贡献	7.441	4.303	1.554	1.028	
方差贡献/%	49.603	28.688	10.361	6.852	
累计/%	49.603	78.292	88.653	95.505	

第一主因子表明了深层卤水区深层卤水中 K^+、Na^+、Ca^{2+}、Cl^-、Li^+、Sr^{2+}、B^{3+}、矿化度数值高，其

间关系密切；第二主因子表明了深层卤水区深层卤水中 Na^+、Rb^+、Cs^+、Br^- 数值相对较高，其间关系密切；第三主因子表明了深层卤水区深层卤水中 Mg^{2+}、SO_4^{2-}、HCO_3^- 数值相对较高，关系较为密切。第四主因子表明了深层卤水区深层卤水中 Mg^{2+}、Rb^+、I^- 关系比较密切。因此，从卤水聚类和因子分析中得出，柴达木盆地西部大部分卤水具有深源的特征，在卤水迁移途中溶滤了周围的岩盐，具有高的矿化度，后期有地表水体掺合，也从侧面反映了卤水演化的复杂性。

目前我国广泛使用的是苏林分类法。苏林认为，裸露的地质构造中的地下水可能属于 Na_2SO_4 型，与地表大气降水隔绝的封闭水多属于 $CaCl_2$ 型，两者之间的过渡带是 $MgCl_2$ 型。在油田剖面上部地段以 $NaHCO_3$ 型为主，随着埋深增加过渡为 $MgCl_2$ 型，最后变为 $CaCl_2$ 型。因此可以推断，南翼山构造环境属于与地表大气降水隔绝的封闭环境，油泉子、开特米里克构造环境属于裸露的构造裂隙水，小梁山构造环境处于过渡部位。

（三）卤水特征系数

（1）$K \times 10^3 / \sum_{盐}$ 系数。柴达木盆地构造裂隙孔隙卤水中，$K \times 10^3 / \sum_{盐}$ 系数值为 0.96～26.97，东部的冷湖构造最低，西部的南翼山最高。油墩子背斜构造、尖顶山和冷湖七号构造 $K \times 10^3 / \sum_{盐}$ 系数值远低于石盐开始结晶时的平均值和大洋水的平均值，而南翼山又远高此二值（表 4-17）。

表 4-17 柴达木西部背斜构造裂隙孔隙卤水化学特征系数一览表

采样地点	$K \times 10^3 / \sum_{盐}$	$K \times 10^3 / Cl$	$Mg \times 10^2 / Cl$	$Cl \times 10^2 / \sum_{盐}$	γ_{Na}/γ_{Cl}	$\gamma_{SO_4}/(\gamma_{SO_4}+\gamma_{Cl})$	$Br \times 10^3 / Cl$
南翼山 N12	24.35	40.93	0.62	59.48	0.82	0	0.287
南翼山 N14	26.97	46.15	0.17	58.43	0.87	0	0.654
小梁山 ZK102	14.84	27.21	0.32	54.54	1.05	0.07	0.689
油墩子墩 ZK01	2.16	3.59	0.41	60.09	0.96	0.01	0.350
尖顶山 J7	3.36	4.83	0.84	69.57	0.60	0	0.266
碱石山碱石 1SQ03	12.20	20.64	0.49	59.12	0.91	0.01	0.002
冷湖构造冷七 ZK01	0.96	1.61	1.37	59.73	0.91	0.02	0.901

（2）$K \times 10^3 / Cl$ 系数。柴达木盆地构造裂隙孔隙卤水中，$K \times 10^3 / Cl$ 系数值为 1.61～46.15，东部冷湖七号构造最低，南翼山构造最高。油墩子背斜构造、尖顶山背斜构造和冷湖七号背斜构造远低于大洋平均值，而南翼山、小梁山和碱石山高于石盐开始结晶时的平均值。这可能与柴达木盆地上新世盐类沉积中心在南翼山（柴达木盆地西部）有关。

（3）$Mg \times 10^2 / Cl$ 系数。柴达木盆地构造裂隙孔隙卤水中 $Mg \times 10^2 / Cl$ 系数值为 0.17～1.37，远低于大洋水的平均值。这与构造裂隙孔隙卤水在背斜构造区经历了长期的还原作用有关。

（4）$Cl \times 10^2 / \sum_{盐}$ 系数。柴达木盆地构造裂隙孔隙卤水中 $Cl \times 10^2 / \sum_{盐}$ 系数值为 54.54～69.57，除小梁山低于钾盐开始结晶时的平均值外，基本高于石盐开始结晶时的平均值，说明构造裂隙孔隙卤水的形成与盐溶关系密切。

（5）γ_{Na}/γ_{Cl} 系数。柴达木盆地构造裂隙孔隙卤水中 γ_{Na}/γ_{Cl} 系数值为 0.60～1.05，尖顶山最低，小梁山最高。除尖顶山较低，为 0.60 之外，其他地区都大于 0.87，具有溶滤卤水的特征。

（6）$\gamma_{SO_4}/(\gamma_{SO_4}+\gamma_{Cl})$ 系数。柴达木盆地构造裂隙孔隙卤水还原系数 $\gamma_{SO_4}/(\gamma_{SO_4}+\gamma_{Cl})$ 最高为 0.07，说明研究区卤水的脱硫作用强，卤水经历了长期的变质还原作用。

（7）$Br \times 10^3 / Cl$ 系数。柴达木盆地构造类型孔隙卤水中 $Br \times 10^3 / Cl$ 系数值为 0.002～0.901，远高于石盐开始结晶时的 $Br \times 10^3 / Cl$ 系数值，说明构造裂隙孔隙卤水与岩盐层溶解关系密切，属溶滤型卤水。

第五章 深层卤水矿床特征

柴达木盆地深层卤水的矿床类型为深层盐类晶间卤水钾盐矿床、深层砂砾孔隙卤水钾盐矿床和深层构造裂隙孔隙卤水钾锂盐矿床。深层盐类晶间卤水钾盐矿床有大浪滩凹地深层盐类晶间卤水钾盐矿床；深层砂砾孔隙卤水钾盐矿床有大浪滩-黑北凹地深层砂砾孔隙卤水钾盐矿床、察汗斯拉图凹地深层砂砾孔隙卤水钾盐矿床、昆特依凹地深层砂砾孔隙卤水钾盐矿床和马海凹地深层砂砾孔隙卤水钾盐矿床；构造裂隙孔隙卤水钾盐矿床有南翼山深层卤水钾盐矿床、狮子沟深层卤水钾盐矿床、鄂博梁Ⅱ号深层卤水锂盐矿床、碱石山深层卤水锂盐矿床，还有小梁山、油泉子、开特米里克深层卤水钾盐矿点等（见附表）。其中大浪滩凹地深层盐类晶间卤水钾盐矿床、大浪滩-黑北凹地深层砂砾孔隙卤水钾盐矿床和南翼山深层构造裂隙孔隙卤水钾盐矿床是3种矿床类型中的典型矿床。

第一节 典型矿床地质背景

大浪滩-南翼山地区深层卤水矿区大地构造位置属昆北逆冲带（IV_1），成矿单元属昆北逆冲带硼、钾镁盐区，分布有大浪滩凹地深层盐类晶间卤水钾盐矿床、大浪滩-黑北凹地深层砂砾孔隙卤水钾盐矿床和南翼山深层构造裂隙孔隙卤水钾盐矿床。该区属晚侏罗世坳陷盆地，广泛发育河流相—湖相碎屑岩建造；白垩纪盆地隆升，只在北缘的祁连山山前沉积一套红色粗碎屑岩建造，从山前向盆地内部沉积厚度逐渐减薄，粒度逐渐变细；新生代盆地中广泛发育巨厚的湖相—河流相碎屑岩、膏盐岩建造。沿柴中断裂以北发育南翼山、尖顶山、红沟子、大风山、小梁山、黄瓜梁、黑梁子、长尾梁、碱山等多个长轴呈NW向的背斜构造，阿尔金山等基岩山区与山前背斜构造间为断陷凹地，各背斜构造间为向斜凹地。背斜构造出露地层主要为古近系和新近系，局部可见第四系（图5-1）。向斜凹地分布（或钻遇）地层为第四系，进一步划分为下更新统阿拉尔组（Qp_1a）、中更新统尕斯库勒组（Qp_2q）、上更新统察尔汗组（Qp_3c）和全新统达布逊组（Qhd）。

上新世末期及中更新世末期两次较强烈的构造运动，使盆地西部第三系和第四系普遍发生了褶皱和断裂。受其影响，区内的断裂构造也较发育。按断裂构造展布方向和性质可分为NW向、NWW向断裂，NE向、NEE向断裂和NNE向断裂3组。NW向、NWW向断裂与区内区域构造走向基本一致，与褶皱轴线平行，在区内最发育，且规模较大；NE向、NEE向断裂的方向基本与区内区域构造线走向直交，是区内较发育的一组断裂；NNE向断裂与区内区域构造线方向既不直交也不平行，属斜交断裂组。以上断裂构造地表多被覆盖。

第二节 大浪滩凹地深层盐类晶间卤水钾盐矿床

大浪滩地区深层盐类晶间卤水钾盐矿床地处柴达木盆地西部大浪滩凹地，北部为阿尔金山，东部为

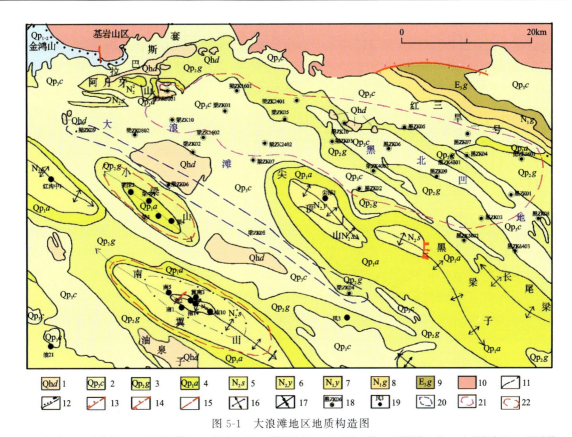

图 5-1 大浪滩地区地质构造图

1.达布逊组;2.察尔汗组;3.孕斯库勒组;4.阿拉尔组;5.狮子沟组;6.上油砂山组;7.下油砂山组;8.上干柴沟组;9.下干柴沟组;10.基岩山区;11.地质界线(虚线表示推测);12.地质不整合界线(虚线表示推测);13.正断层(断线表示推测);14.逆断层(断线表示推测);15.性质不明断层(断线表示推测);16.背斜轴;17.向斜轴;18.深层卤水钻孔;19.石油孔;20.深层盐类晶间卤水;21.深层砂砾孔隙卤水;22.深层构造裂隙孔隙卤水

尖顶山,西部为小梁山,南部为南翼山。行政区划隶属青海省海西蒙古族藏族自治州茫崖市,地理坐标:东经91°15′00″—91°40′00″,北纬38°25′00″—38°30′00″,矿区面积约400km²。从花土沟镇至矿区有公路通行,长100余千米。矿区内海拔2700~2800m,相对高差约100m,地表盐壳分布广泛。气候属典型的内陆沙漠性超干旱型气候,地表水系极不发育,仅在凹地山前冲洪积扇上见有少量季节性洪水冲沟,雨季偶有暂时性洪流。

一、矿区地质

矿区属山前断陷凹地的前缘部分,广泛分布第四纪地层,构造形态不明显。地表出露有全新统达布逊组和上更新统察尔汗组,根据梁ZK04、梁ZK06、梁ZK08和梁ZK09等钻孔揭露,地下有全新统达布逊组、上更新统察尔汗组、中更新统孕斯库勒组、下更新统阿拉尔组和上新统狮子沟组。

1.上新统狮子沟组

上新统狮子沟组顶板埋深475~680m,底板埋深610~1000m,沉积厚度135~600m,梁ZK09孔中沉积厚度最大,梁ZK04孔中沉积厚度最小,沉积中心在梁ZK09孔附近(图5-2)。地层岩性为浅黄色—黄绿色泥岩、砂质泥岩、粉砂质泥岩、泥灰岩夹石盐和石膏,属湖相和盐湖相沉积;该层石盐、石膏层为深层盐类晶间卤水的储层,单层厚度0.1~4m,累计厚度39~100m。该地层湖相、盐湖相沉积物向北东方向延伸至梁ZK10,岩性变为山前冲洪积扇相砾石层、含砾砂层、粗砂、中细砂。

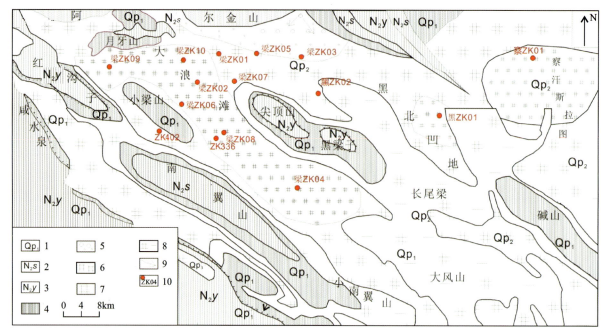

图 5-2 大浪滩凹地深层盐类晶间卤水分布图

1. 下更新统阿拉尔组；2. 上新统狮子沟组；3. 上新统上油砂山组；4. 基岩区；5. 冲洪积物；6. 深层盐类晶间卤水钾盐矿分布区；7. 浅部盐类晶间卤水钾盐矿分布区；8. 干盐湖沉积区；9. 古水流向；10. 钻孔分布位置

2. 下更新统阿拉尔组

下更新统阿拉尔组顶板埋深 190～420m，底板埋深 475～680m，沉积厚度 225～360m。地层岩性为灰绿色、黄绿色薄—厚层状砂质泥岩和泥岩互层，夹盐岩、石膏层，局部夹鲕状灰岩及芒硝层，属湖相和盐湖相沉积；岩盐层单层厚度 0.3～5m，累计厚度 50～209.34m，与下伏上新统狮子沟组呈整合接触。该层石盐、石膏等岩盐层中一般赋存深层盐类晶间卤水。

3. 中更新统尕斯库勒组

中更新统尕斯库勒组顶板埋深 40～190m，底板埋深 190～420m，沉积厚度 150～250m。地层岩性为灰绿色—黄绿色薄—中层状砂质泥岩、淤泥，夹盐岩、石膏层、杂卤石、芒硝层等，属湖相—盐湖相沉积；在岩盐层中的承压晶间卤水中，KCl 含量亦较高；从其含盐比来看，由西向东逐渐减少，说明西部凹地中以盐类沉积为主，而往东逐渐渐变为以碎屑沉积为主。从纵向上看，由下至上盐层逐渐增多，且下段为石膏、石盐层，上段为芒硝、杂卤石、石盐层。该组与下伏阿拉尔组呈整合接触。该组的岩盐层中一般赋存浅层晶间卤水。

4. 上更新统察尔汗组

上更新统察尔汗组出露于地表，底板埋深 40～190m，沉积厚度 40～190m。该岩组在地表呈垄状、坟堆状，下部岩性为含石膏的黏土、含粉砂黏土、含石盐的淤泥与含芒硝的石盐、含石盐的芒硝、芒硝互层，中部岩性为黏土、含粉砂黏土、含石盐的淤泥与含石膏的中粗砂石盐、含砂的石盐、含芒硝的石盐、含石盐的芒硝、含淤泥的芒硝、含白钠镁矾的石盐等层，上部岩性为含粉砂的石盐、含石盐的芒硝等夹黏土粉砂，属盐湖相和湖相沉积；在梁 ZK08 孔中沉积厚度最小，在梁 ZK09 孔中沉积厚度最大。岩盐层单层厚度 0.5～30m 不等，累计沉积厚度 10～120m。该组与下伏尕斯库勒组呈整合接触。该组中一般赋存浅部盐类晶间卤水、石盐矿、芒硝矿、镁盐矿和杂卤石矿等。

5. 全新统达布逊组

该组地层由化学沉积、风积和湖积作用形成,进一步分为化学沉积物、化学沉积物、风积物以及湖沼沉积物。化学沉积物分布于矿区内,岩性为含黏土粉砂的石盐。化学沉积物和风积物零星分布于矿区北部,岩性为黄褐色粉细砂、含粉砂的石盐。湖沼沉积物仅分布于矿区东北部,岩性为灰绿色、黑色砂质黏土、腐殖质层。该组与下伏察尔汗组呈整合接触。该层中一般赋存浅部盐类晶间卤水、石盐矿、芒硝矿、镁盐矿和杂卤石矿等。

二、矿区水文地质特征

矿区内深层盐类晶间卤水分布于上新统狮子沟组和下更新统阿拉尔组盐湖相沉积地层中,上部一般为浅部盐类晶间卤水。含粉砂的黏土、黏土为隔水层,表现为多层承压水。其水文地质特征如下(表5-1):

表5-1 大浪滩凹地深层盐类晶间卤水钾盐矿区钻孔抽卤实验表

孔号		梁ZK02	梁ZK04	梁ZK06	梁ZK08	梁ZK09
孔深/m		1 000.10	601.85	1 001.20	909.29	1 251.00
自/m		543.40	165.60	276.00	469.18	356.00
至/m		994.95	569.50	997.20	901.43	1 250.80
纯厚度/m		89.63	135.88	386.28	85.46	309.34
含水层岩性		含粉砂的石盐,含黏土的石盐、芒硝、白钠镁矾等	石盐,含粉砂的石盐、芒硝、白钠镁矾等	含粉砂的石盐,含粉砂的芒硝、石盐,含黏土的石盐、芒硝等	石盐,含粉砂的石盐、芒硝	石盐,含粉砂、黏土的石盐、芒硝
水位埋深/m		10.60	0.10	9.40	0.33	79.10
单井涌水量/($m^3 \cdot d^{-1}$)		7.78	19.07	39.38	60.96	1.94
单位涌水量/($m^3 \cdot d^{-1} \cdot m^{-1}$)		0.06	0.39	0.63	0.68	0.02
降深/m		129.69	48.90	62.51	89.65	78.00
影响半径/m		500.00	78.21	242.10	86.16	5.98
渗透系数/($m \cdot d^{-1}$)		4.880	0.025	0.150	0.009	5.8×10^{-5}
KCl含量/%	最高	1.10	1.53	1.21	2.00	0.77
	最低	0.85	1.40	1.13	1.91	0.67
	平均	0.99	1.46	1.15	1.96	0.67
NaCl含量/%	最高	21.60	22.19	19.99	23.02	22.75
	最低	16.84	20.92	19.31	22.30	17.83
	平均	19.32	21.51	19.75	22.64	19.93
$MgCl_2$含量/%	最高	5.63	4.23	8.23	3.42	7.81
	最低	1.96	2.76	7.58	3.19	5.20
	平均	4.59	3.56	7.84	3.30	6.83

续表 5-1

孔号		梁ZK02	梁ZK04	梁ZK06	梁ZK08	梁ZK09
B_2O_3含量/ $(mg \cdot L^{-1})$	最高	240.00	153.20	239.95	187.10	303.40
	最低	70.65	74.09	126.59	173.70	119.20
	平均	116.11	84.74	174.76	179.35	289.87
LiCl/ $(mg \cdot L^{-1})$	最高	167.64	55.72	51.20	52.30	61.70
	最低	73.31	50.71	49.12	50.59	32.38
	平均	124.23	52.86	49.51	51.51	58.34
矿化度/$(g \cdot L^{-1})$		338.8	342.1	395.0	335.0	298.7
水化学类型		硫酸镁亚型	硫酸镁亚型	硫酸镁亚型	硫酸镁亚型	硫酸镁亚型

(1) 从储层岩性为含粉砂的石盐、含黏土的石盐、芒硝、白钠镁矾可以看出，深层卤水储层对应的沉积环境一般为化学湖相沉积。

(2) 储卤层埋深多数在 356～543m 之间；具有多层分布，单层厚度 0.1～2m，累计层厚 85.46～386.28m；且大的储卤岩组之间具有隔水层，小的储卤层之间有相对隔水层。水位埋深 10.60～79.10m，含水层表现为多层承压卤水特征。

(3) 储层单位涌水量 0.02～0.68m³/(d·m)，处于地下水富水性较弱的区域，渗透系数 5.8×10^{-5}～4.880m/d，影响半径 5.98～500.00m，径流停滞。

(4) 深层盐类晶间卤水属蒸发型地下水，矿化度 298.7～395.0g/L，KCl 平均含量 0.67～1.96g/L，说明水化学作用表现为盐分的生成或积聚，水化学类型属硫酸镁亚型。在蒸发作用下，HCO_3^- 和 CO_3^{2-} 不再聚集，其含量受钙盐和镁盐的溶解度限制，Ca^{2+} 的聚集则被硫酸镁的溶解度范围所限制。

三、矿体特征

大浪滩深层盐类晶间卤水矿床由梁ZK02、梁ZK04、梁ZK06、梁ZK08、梁ZK09、梁ZK10 等深孔控制，长度大于 50km，宽 8～10km，分布面积达 342.49km²（图 5-3）。储卤地层为上新统狮子沟组和下更新统阿拉尔组，多层分布，单层厚度 0.1～2m，累计层厚 85.46～386.28m，小的储卤层之间有相对隔水层，大的储卤岩组之间具有较稳定的隔水层。储卤层孔隙度为 2.82%～16.51%，平均 11.1%，给水度为 1.39%～9.58%，平均 9.85%。顶板埋深 165.60～543.40m，底板埋深在 569.50～1250.80m 之间。矿层呈薄层状分布，由若干隔水层之间的含卤层组成，含水层纯厚度之和在 85.46～309.34m 之间。

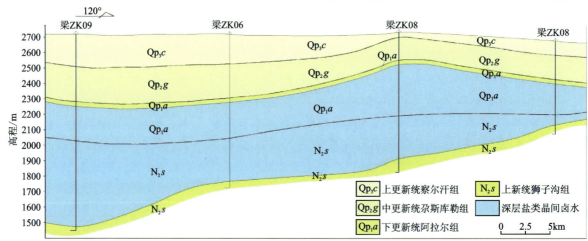

图 5-3 大浪滩凹地纵剖面图

深层盐类晶间卤水颜色呈灰色、亮灰色；水位埋深 0.10～79.10m，含水层具多层的承压卤水特征；单位涌水量在 0.02～0.68m³/(d·m)之间，抽卤降深 78.00～129.69m。卤水矿化度 298.7～395.0g/L，KCl 平均含量 0.67%～1.96%，NaCl 平均含量 19.32%～22.64%，$MgCl_2$ 平均含量 3.30%～7.84%；水化学类型主要为硫酸镁亚型卤水。该层虽然 KCl 品位较高，但由于水量小、易结盐，现阶段不利于开发利用。

四、矿床地球化学特征

(一)离子含量

据具体钻孔统计，大浪滩凹地深层盐类晶间卤水主要成矿元素中 K^+ 含量 5 782.50～12 443.33mg/L，Na^+ 含量 94 090.00～111 900.00mg/L，Ca^{2+} 含量 74.00～305.75mg/L，Mg^{2+} 含量 8 006.33～19 850.00mg/L，Li^+ 含量 5.64～14.32mg/L，Cl^- 含量 161 000.00～190 500.00mg/L，SO_4^{2-} 含量 7 794.00～92 830.00mg/L。各离子含量从西至东，变化较大，且无规律；矿化度(TDS)一般 305.78～388.17g/L，梁 ZK06 孔矿化度最高。卤水密度 1.21～1.28g/cm³，平均 1.23g/cm³，pH 值 7.61～8.94，属弱碱性。根据瓦里亚什科水化学分类，属硫酸镁亚型。

大浪滩凹地深层盐类晶间卤水微量元素中，B 含量 68.15～197.88mg/L，Br^- 含量 1.68～52.29mg/L，I^- 含量 0.60～1.97mg/L，Rb^+ 含量 0.11～0.40mg/L，Cs^+ 含量 0.19～1.08mg/L，Sr^{2+} 含量 0.02～5.62mg/L(表 5-2)。

表 5-2 大浪滩凹地深层晶间卤水钾盐矿离子含量一览表

原送样号	K^+	Na^+	Ca^{2+}	Mg^{2+}	Cl^-	SO_4^{2-}	CO_3^{2-}	HCO_3^-	Li^+
梁 ZK02	5 920.00	104 200.00	133.00	12 400.00	170 100.00	43 380.00	12.26	124.80	14.32
梁 ZK04	9 333.33	111 900.00	74.00	8 675.00	171 300.00	45 563.33	0.41	24.28	5.95
梁 ZK06	7 635.33	106 566.67	107.67	19 850.00	161 000.00	92 830.00	0.00	69.71	8.01
梁 ZK08	12 443.33	108 266.67	297.00	8 006.33	190 500.00	15 413.33	0.00	47.11	8.44
梁 ZK09	5 782.50	94 090.00	305.75	13 240.00	184 075.00	7 794.00	7.11	169.18	5.64
原送样号	B_2O_3	Rb^+	Cs^+	Sr^{2+}	Br^-	I^-	NO_3^-	矿化度	密度
梁 ZK02	70.65	0.40	0.41	0.38	4.64	0.60	64.60	336.30	1.23
梁 ZK04	68.15	0.28	0.45	0.07	1.68	0.69	28.67	346.97	1.22
梁 ZK06	141.47	0.26	0.55	0.02	2.30	1.62	29.69	388.17	1.28
梁 ZK08	179.97	0.35	1.08	0.85	52.29	1.97	55.93	335.27	1.21
梁 ZK09	197.88	0.11	0.19	5.62	21.03	0.68	176.85	305.78	1.20

注：离子含量单位为 mg/L，矿化度单位为 g/L，密度单位为 g/cm³。

从离子含量纵向变化曲线(图 5-4)看，纵向上，晶间卤水矿化度、密度、Na^+ 含量、Cl^- 含量、pH 值变化幅度较小，而 K^+、Ca^{2+}、Mg^{2+}、SO_4^{2-}、HCO_3^- 含量变化幅度比较大，总体表现为由西向东含量变低。

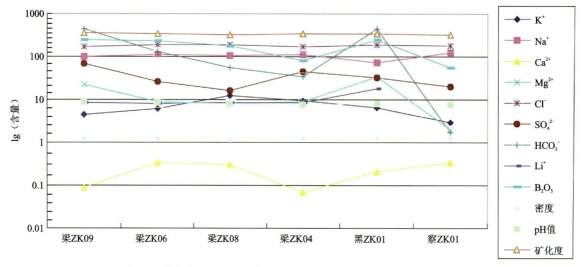

图 5-4 大浪滩凹地深层盐类晶间卤水主要离子含量纵向变化曲线图

从离子含量横向变化曲线图(图 5-5)看,横向上,晶间卤水矿化度、密度、Na^+含量、Cl^-含量、pH值变化幅度较小,而 K^+、Ca^{2+}、Mg^{2+}、Li^+、B_2O_3、SO_4^{2-}、HCO_3^- 含量变化幅度比较大,总体表现为中部高、两端低。

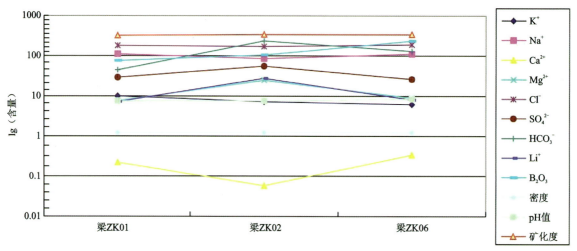

图 5-5 大浪滩凹地深层盐类晶间卤水主要离子含量横向变化曲线图

从卤水特征系数一览表(表 5-3)中可以看出,钾系数 17.60~37.12,钾氯系数 31.49~65.32,镁氯系数 4.20~12.33,氯系数 41.48~60.22,钠氯系数(γ_{Na}/γ_{Cl}值)0.79~1.02,溴氯系数 0.03~0.27,脱硫系数 0.06~0.45。

表 5-3 大浪滩凹地深层盐类晶间卤水特征系数一览表

样品号	$K\times10^3/\Sigma_{盐}$	$K\times10^3/Cl$	$Mg\times10^2/Cl$	$Cl\times10^2/\Sigma_{盐}$	γ_{Na}/γ_{Cl}	$\gamma_{SO_4}/(\gamma_{SO_4}+\gamma_{Cl})$	$Br\times10^3/Cl$
梁 ZK02	17.60	34.80	7.29	50.56	0.94	0.27	0.03
梁 ZK04	26.90	54.49	5.06	49.37	1.01	0.28	0.01
梁 ZK06	19.67	47.43	12.33	41.48	1.02	0.45	0.01
梁 ZK08	37.12	65.32	4.20	56.83	0.88	0.10	0.27
梁 ZK09	18.99	31.49	7.20	60.22	0.79	0.06	0.11

(二) 离子分布均匀性

深层盐类晶间卤水离子成分的变异系数(C_v)、偏差系数(C_s)、和峰态系数(C_e)见表5-4。按C_v值由小到大排列,可得到如下列序。

表5-4 大浪滩凹地深层盐类晶间卤水离子变化特征一览表

	C_v	C_s	C_e	形态特征
K^+	0.31	0.23	−1.80	正态正偏低峰态
Na^+	0.13	−2.13	4.30	正态负偏高峰态
Ca^{2+}	0.50	−0.07	−2.24	正态负偏低峰态
Mg^{2+}	0.66	2.07	4.30	非正态正偏高峰态
Cl^-	0.07	−0.39	−1.37	正态负偏低峰态
SO_4^{2-}	0.83	1.45	2.67	非正态正偏高峰态
HCO_3^-	0.71	1.01	−0.32	非正态正偏低峰态
Li^+	0.39	1.57	2.18	正态正偏高峰态
B_2O_3	0.42	0.11	−0.81	非正态正偏低峰态
Rb^+	1.87	2.56	6.76	非正态正偏高峰态
Cs^+	0.61	0.53	−1.62	正态正偏低峰态
Sr^{2+}	1.42	1.49	0.52	非正态正偏高峰态
Br^-	0.96	0.29	−2.19	非正态正偏低峰态
I^-	0.90	1.11	1.96	非正态正偏高峰态
NO_3^-	0.82	2.35	5.92	非正态正偏高峰态
矿化度	0.08	0.93	3.66	正态正偏高峰态

若以C_v值等于0.5和1为界,可以分出3组组分。Cl^-<矿化度<Na^+<K^+<Li^+<B_2O_3<Ca^{2+};<Cs^+<Mg^{2+}<HCO_3^-<NO_3^-<SO_4^{2-}<I^-<Br^-;<Sr^{2+}<Rb^+。矿化度、Cl^-和Na^+的C_v值非常小,表明它们在卤水中的浓度极稳定,变化幅度很小,分布很均匀。K^+、Li^+、B_2O_3、Ca^{2+}、Cs^+、Mg^{2+}、HCO_3^-、NO_3^-、SO_4^{2-}、I^-、Br^-的C_v值大于前者,但仍在1以下,表明这些元素的离子在卤水中也较稳定,变化幅度不大,分布较均匀。Sr^{2+}、Rb^+的C_v值较大,表明这些离子在卤水中分布不稳定,变化幅度较大,分布不均匀。从总的数值来看,C_v值大于1的组分只有2个,可见调查区孔隙卤水离子元素的分布是比较均匀的。

从表5-4可以看出,晶间卤水中K^+、Na^+、Cs^+、Ca^{2+}、Cl^-、Li^+、矿化度呈正态分布,K^+、Cs^+为正偏低峰态,Li^+、矿化度为正偏高峰态,Na^+为负偏高峰态,Ca^{2+}、Cl^-为负偏低峰态。而Mg^{2+}、Sr^{2+}、Rb^+、SO_4^{2-}、B_2O_3、HCO_3^-、I^-、NO_3^-、Br^-呈非正态分布,Mg^{2+}、Sr^{2+}、Rb^+、SO_4^{2-}、I^-、NO_3^-呈正偏高峰态,HCO_3^-、B_2O_3、Br^-呈正偏低峰态。上述特征说明深层盐类晶间卤水K^+、Na^+、Cs^+、Ca^{2+}、Cl^-、Li^+、矿化度变化幅度大,分布极不均匀,Mg^{2+}、Sr^{2+}、Rb^+、SO_4^{2-}、B_2O_3、HCO_3^-、I^-、NO_3^-、Br^-变化幅度较大,分布较不均匀,其他离子变化幅度小,分布比较均匀。

(三) 相图及析盐规律

由相图上(图5-6)可以看出,晶间卤水水化学类型一致,均为硫酸镁亚型。从相图指数R值来看,除梁ZK08孔、黑ZK01孔卤水为该型外,其他均为钠、镁硫酸盐亚型。相图上卤水多分布于白钠镁矾、软钾镁矾区域,进一步浓缩结晶,将形成白钠镁矾、泻利盐以及软钾镁矾、钾石盐、光卤石,最后析出水氯镁石。梁ZK08孔接近于钾石盐区域,则先析出泻利盐及钾石盐、光卤石(表5-5)。

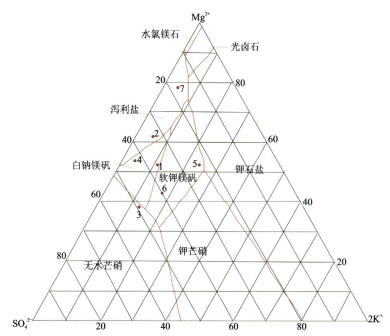

图5-6 大浪滩凹地深层盐类晶间卤水 K^+、Na^+、Mg^{2+}、Cl^-、$SO_4^{2-}-H_2O(25℃)$ 五元体系相图

表5-5 大浪滩凹地深层盐类晶间卤水 K^+、Na^+、Mg^{2+}、Cl^-、$SO_4^{2-}-H_2O(25℃)$ 五元体系指标一览表

图中点号	采样位置	离子含量/(g·L^{-1})			相图指数			R值
		K^+	Mg^{2+}	SO_4^{2-}	$2K^+$	Mg^{2+}	SO_4^{2-}	
1	梁ZK01	9.86	7.69	29.44	16.830	42.238	40.932	0.97
2	梁ZK02	7.07	25.28	55.47	5.292	60.895	33.813	0.56
3	梁ZK04	9.42	8.88	45.17	12.602	38.215	49.183	1.28
4	梁ZK06	6.28	9.06	25.65	11.146	51.777	37.078	0.72
5	梁ZK08	12.30	8.06	15.81	24.081	50.722	25.197	0.50
6	梁ZK09	4.37	21.94	68.70	3.339	53.927	42.734	0.79
7	黑ZK01	6.48	34.39	32.27	4.520	77.157	18.322	0.24

五、矿床成因

前已述及,大浪滩凹地深层盐类晶间卤水 K^+、Na^+、Ca^{2+}、Mg^{2+}、Li^+、Cl^+、SO_4^{2-} 含量值及矿化度值和浅部一样,都比较高,且卤水密度一般 $1.21\sim1.28g/cm^3$,平均 $1.24g/cm^3$,属饱和卤水,水化学类型属硫酸镁亚型,据此可以判断深层盐类晶间卤水与封闭盆地内蒸发作用有关。钾系数 $17.60\sim37.12$,钾氯系数 $31.49\sim65.32$,镁氯系数 $4.20\sim12.33$,氯系数 $41.48\sim60.22$,说明盐类晶间卤水沉积阶段在石盐-钾石盐沉积阶段。溴氯系数 $0.03\sim0.27$,说明当时的地下水中有机体分解物少。钠氯系数(γ_{Na}/γ_{Cl}值) $0.79\sim1.02$,一般大于 0.86,说明卤水中 Ca^{2+} 较少,处于沉积区。脱硫系数 $0.06\sim0.45$,说明当时处于

封闭的还原环境。

综上所述,上新世以来的新构造运动导致柴达木古湖逐渐遭受分割和解体,形成各个次级成盐盆地。上新世至早更新世,在半干燥和干燥古气候条件下,地下水蒸发浓缩,部分发展到预备盐湖阶段、自析盐湖阶段、干盐湖阶段,最后全部干涸,形成盆地内的盐类矿产,部分形成高矿化度卤水。

第三节 大浪滩-黑北凹地深层砂砾孔隙卤水钾盐矿床

大浪滩-黑北凹地深层砂砾孔隙卤水钾盐矿床地处柴达木盆地西部,在大浪滩深层盐类晶间卤水的北东部。矿床西部为小梁山,北部为阿尔金山,东部为牛鼻子梁,南部为南翼山和尖顶山,行政区划隶属青海省海西蒙古族藏族自治州茫崖市,地理坐标:东经 $91°16'—91°45'$,北纬 $38°30'21''—38°45'$,面积 $1000km^2$。从花土沟镇至矿区中心有公路相通,长约 100km。大风山至东坪气田有 30km 的正式公路,从东坪气田至矿区中心有简易公路相通,长约 40km。和深层盐类晶间卤水钾盐矿一样,矿区内海拔 2700~2800m,相对高差约 100m,地表盐壳分布广泛。气候属典型的内陆沙漠性超干旱型气候。地表水系极不发育,仅在凹地山前冲洪积扇上见有少量季节性洪水冲沟,雨季偶有暂时性洪流。

一、矿区地质

矿区属山前断陷凹地的山前部分,广泛分布第四系,构造形态不明显。矿区地表出露有全新统达布逊组湖相、化学湖相沉积物和风积物,根据梁ZK10、梁ZK01、梁ZK03、梁ZK05、梁K1601、黑ZK01、黑ZK02等多个钻孔揭露,深部地层上新统狮子沟组和下更新统阿拉尔组下岩段为冲洪积相沉积物,下更新统阿拉尔组中上岩性段、中更新统尕斯库勒组及上更新统察尔汗组为湖相、盐湖相沉积物,山前为冲洪积相沉积物(图5-7)。

1. 上新统狮子沟组

上新统狮子沟组顶板埋深 675~1175m,底板埋深不详(钻孔未揭穿),沉积厚度大于 400m。地层下部岩性为褐色—灰褐色—黄褐色中粗砂、中细砂、含砾砂等,上部岩性为褐色—褐红色—灰褐色粉砂岩、泥岩,局部含石膏;呈厚层状,单层厚度大于 100m,局部夹 0.5~4m 的黏土层。由东到西,颜色变浅,岩石粒度变化不大;垂向上,由底部向顶部,粒度由粗变细,再由粗变细,呈现多次沉积旋回,属山前冲洪积扇相沉积,沉积环境为冲洪积扇中扇—远端扇、泥坪沉积。该层赋存深层砂砾孔隙卤水。

2. 下更新统阿拉尔组

下更新统阿拉尔组顶板埋深 60~255m,底板埋深 675~1175m,沉积厚度 440~900m。根据岩性特征,将阿拉尔组(Qp_1a)分为下岩性段(Qp_1a^1)、中岩性段(Qp_1a^2)和上岩性段(Qp_1a^3)。

阿拉尔组下岩性段(Qp_1a^1)顶板埋深 275~650m,底板埋深 675~1175m,沉积厚度 225~650m。地层底部岩性为含砾中粗砂、砂砾石、含粉砂角砾、细粉砂层,局部夹黏土层,中部为含砾中细砂、粉细砂夹黏土层,上部为含石膏的黏土层夹粉细砂、局部含砾,表现为从下至上由粗变细的沉积规律,单层厚度 3~100m,累计厚度 120~500m;黏土层呈夹层,单层厚度 0.5~10m,累计厚度 50~150m。在横向上有明显的相变,西部(梁ZK09处)为干盐湖相和泥坪相沉积,是晶间卤水储层,岩性为黏土层夹石盐层、含石膏的黏土层夹石盐层(图5-8)。

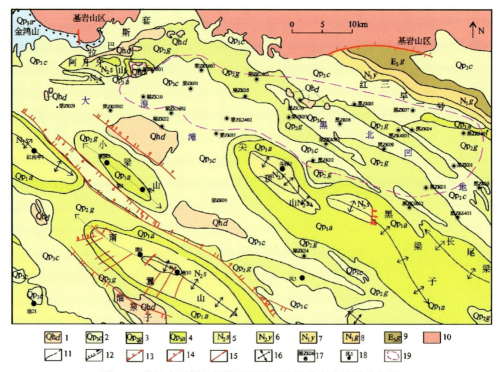

图 5-7 柴达木西部上新统至下更新统孔隙卤水储层分布图

1.达布逊组；2.察尔汗组；3.尕斯库勒组；4.阿拉尔组；5.狮子沟组浅黄色、黄绿色泥岩、砂质泥岩、砂岩互层、夹灰岩、泥灰岩、石盐及石膏薄层；6.上油砂山组浅棕色泥岩、砂质泥岩及砂砾岩互层；7.下油砂山组绿灰色、黄绿色、黑灰色、棕灰色砾状砂岩、砂岩、砂质泥岩互层；8.上干柴沟组黄绿色、灰褐色钙质页岩砂质泥岩、砂岩互层；9.下干柴沟组棕红色砾岩、含砾砂岩、砂岩、泥岩互层；10.基岩山区；11.地质界线（虚线表示推测）；12.地质不整合界线（虚线表示推测）；13.正断层（断线表示推测）；14.逆断层（断线表示推测）；15.性质不明断层（断线表示推测）；16.背斜轴；17.水文地质孔及编号；18.石油孔及编号；19.深层砂砾孔隙卤水分布范围

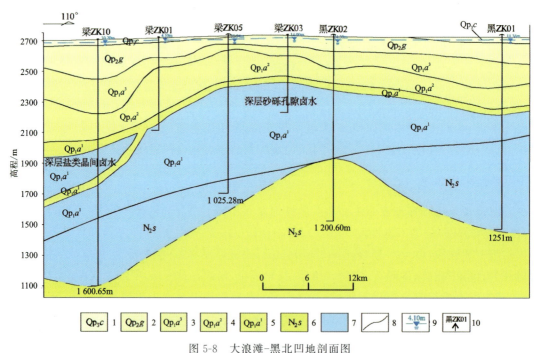

图 5-8 大浪滩-黑北凹地剖面图

1.上更新统察尔汗组；2.中更新统尕斯库勒组；3.下更新统阿拉尔组上段；4.下更新统阿拉尔组中段；5.下更新统阿拉尔组下段；6.上新统狮子沟组；7.深层卤水；8.地质界线；9.承压水水位；10.钻孔及其编号

中岩性段(Qp_1a^2)顶板埋深100~500m,底板埋深275~650m,沉积厚度100~300m。地层岩性为黏土层夹薄层的石盐层,属泥坪相沉积,局部为盐湖相沉积,黏土层单层厚度0.5~20m,累计厚度80~200m,石盐层单层厚度0.3~5m,累计厚度20~100m,赋存盐类晶间卤水。

上岩性段(Qp_1a^3)顶板埋深60~255m,底板埋深100~500m,沉积厚度25~225m。地层岩性为黏土层夹厚层的石盐层,属泥坪相沉积和盐湖相沉积,黏土层单层厚度0.5~15m,累计厚度15~150m,石盐层单层厚度0.3~10m,累计厚度10~75m,赋存盐类晶间卤水。

3. 中更新统尕斯库勒组

中更新统尕斯库勒组出露于地表,局部顶板埋深约35m,底板埋深60~225m,沉积厚度50~225m。地层岩性为灰绿色—黄绿色薄—中层状砂质泥岩、淤泥,夹盐岩、石膏层、杂卤石、芒硝层等,属湖相和化学湖相沉积,黏土、淤泥单层厚度0.5~5m,累计厚度30~150m,石盐层单层厚度0.3~4m,累计厚度20~75m。由西向东含盐率逐渐减少,西部凹地中以盐类沉积为主,向东逐渐向碎屑沉积过渡。纵向上,由下至上盐层逐渐增多,且下段为石膏、石盐层,上段为芒硝、杂卤石、石盐层。该岩组与下伏阿拉尔组整合接触,赋存浅部盐类晶间卤水。

4. 上更新统察尔汗组

该组分布于矿区低凹地带,沉积厚度约5~35m,由化学沉积物组成。化学沉积物下部岩性为含芒硝的石盐、含石盐的芒硝、芒硝,中部岩性为含石膏中粗砂的石盐、含砂的石盐、芒硝石盐、含石盐的芒硝、含淤泥的芒硝、含白钠镁矾的石盐等,上部岩性为含粉砂的石盐、含石盐的芒硝等。该组在地表呈垄状、坟堆状。湖积物岩性主要为含石膏的砂质黏土、含石膏的黏土淤泥等,为盐湖相—湖相沉积。该层与下伏尕斯库勒组呈整合接触。该层中一般赋存浅部盐类晶间卤水、石盐矿、芒硝矿、镁盐矿和杂卤石矿等。

5. 全新统达布逊组

该组地层由化学沉积、风积和湖积作用形成,进一步分为化学沉积物、化学沉积和风积物以及湖沼沉积物。化学沉积物分布于矿区内,岩性为含黏土粉砂的石盐。化学沉积和风积物零星分布于矿区北部,岩性为黄褐色粉细砂、含粉砂的石盐。湖沼沉积物仅分布于矿区东北部,岩性为灰绿色、黑色砂质黏土、腐殖质层。该组与下伏察尔汗组呈整合接触。该组中一般赋存浅部盐类晶间卤水、石盐矿、芒硝矿、镁盐矿和杂卤石矿等。

二、矿区水文地质特征

矿区内深层砂砾孔隙卤水分布于埋深较大的上新统狮子沟组和下更新统阿拉尔组冲洪积扇地层中,上部一般为浅部盐类晶间卤水,局部为浅部砂砾孔隙卤水,顶板埋深300~725m,底板埋深800~1625m(钻孔未揭穿),沉积厚度450~900m(钻孔未揭穿),岩性为细粉砂层、含砾中粗砂、砂砾石、含粉砂角砾,局部夹黏土层、石膏,含粉砂的黏土、黏土层为隔水层,一般表现为多层承压水。基于此,将其划分为上新统狮子沟组深层砂砾孔隙卤水和下更新统阿拉尔组深层砂砾孔隙卤水。矿区内水文地质特征如下(表5-6):

(1)储层下部岩性为含砾中粗砂、砂砾石、含粉砂角砾、细粉砂层,局部夹黏土层,中部为含砾中细砂、粉细砂夹黏土层,上部为含石膏的黏土层夹粉细砂、局部含砾,属山前冲洪积物。物探测井孔隙率高者达32%。

表 5-6 大浪滩-黑北凹地深层砂砾孔隙卤水钾盐矿区钻孔抽卤实验表

孔号		梁 ZK01	梁 ZK03	梁 ZK05	梁 ZK07	梁 ZK10	黑 ZK01	黑 ZK02
孔深/m		601.09	501.5	1 025.28	1 042.40	1 600.65	1 251.00	1 200.06
自/m		273.93	304.20	331.00	465.50	897.65	405.00	381.05
至/m		601.09	501.50	1 025.28	1 029.60	1 600.65	1 251.00	808.46
纯厚度/m		207.36	197.30	692.68	320.56	683.46	846.00	427.41
含水层岩性		卵砾石,中细砂,粉砂等	砂砾石,含砾粗砂等	含卵砾石的粗、细砂,含卵石的砂砾石等	卵砾石,中细砂,粉砂等	粉细砂,粗砂,砾石	含黏土、石膏的粉砂,细砂,粗砂,砾砂	含黏土的粉砂,粉砂,细砂,粗砂,砾石层
水位埋深/m		4.10	14.00	22.94	25.50	10.20	11.36	24.30
单井涌水量/(m³·d⁻¹)		338.86	1 053.98	1 135.94	1 739.18	1 889.00	869.98	2 268.69
单位涌水量/(m³·d⁻¹·m⁻¹)		33.55	68.44	140.24	231.89	28.58	22.98	46.80
降深/m		10.10	15.40	8.10	7.50	66.11	37.92	48.48
影响半径/m		500.00	500.00	221.26	240.73	154.00	65.60	60.23
渗透系数/(m·d⁻¹)		1.336	20.300	7.480	11.660	0.054	0.027	0.121
KCl 含量/%	最高	1.78	0.35	0.54	0.35	0.89	0.40	0.42
	最低	1.13	0.14	0.51	0.13	0.32	0.36	0.41
	平均	1.56	0.31	0.53	0.18	0.36	0.37	0.42
NaCl 含量/%	最高	22.48	20.76	21.94	24.73	23.95	21.68	21.00
	最低	21.87	7.16	21.21	0.24	22.07	20.51	20.18
	平均	22.14	18.79	21.59	24.63	22.51	21.15	20.61
MgCl₂ 含量/%	最高	2.80	1.83	1.86	0.76	1.46	1.90	1.99
	最低	2.27	0.56	1.76	0.50	0.72	1.58	1.88
	平均	2.48	1.53	1.81	0.60	0.79	1.70	1.94
B₂O₃ 含量/(mg·L⁻¹)	最高	84.43	162.00	63.30	77.51	148.40	181.80	153.00
	最低	67.20	58.59	55.85	66.82	91.88	149.50	136.00
	平均	78.98	136.20	58.95	71.36	103.40	164.90	142.57
LiCl/(mg·L⁻¹)	最高	50.77	18.39	9.65	9.10	36.17	20.22	15.46
	最低	32.93	6.78	7.21	4.52	8.92	18.76	14.85
	平均	44.92	17.69	8.94	5.84	9.26	19.18	15.15
矿化度/(g·L⁻¹)		333.63	263.08	303.56	310.87	307.68	299.79	287.05
水化学类型		硫酸镁亚型	氯化物型	氯化物型	氯化物型	氯化物型	氯化物型	氯化物型

(2）储卤层顶板埋深273.93～897.65m,底板埋深501.50～1600.65m,具有多层分布,单层厚度0.1～10m,累计层厚197.30～846.00m;隔水层的发育程度与沉积环境关系密切,靠近山前,隔水层少见,远离山前至冲洪积扇前缘,隔水层发育。水位埋深4.10～25.50m,含水层表现为多层承压卤水特征。

(3）单位涌水量22.98～231.89m³/(d·m),地下水富水性强,渗透系数0.027～20.300m/d,影响半径60.23～500.00m,处于径流区域。受大气降水补给,径流条件好,排泄条件差。

(4）深层砂砾孔隙卤水属溶滤型地下水,矿化度263.08～333.63g/L,K⁺平均含量0.18～1.56g/L,水化学类型属氯化物型,极个别为硫酸镁亚型。在封闭还原环境中的径流条件下,硫酸镁含量低。

三、矿体特征

大浪滩-黑北凹地深层砂砾孔隙卤水钾盐矿床严格受储层的控制,从西向东由梁ZK10、梁ZK01、梁ZK03、梁ZK07、黑ZK01、黑ZK02等深孔控制,长度大于100km,宽8～16km,分布面积大于800km²,储卤层为上新统狮子沟组和下更新统阿拉尔组砂砾层,厚度一般300～800m,顶板埋深273.93（梁ZK01）～897.65m（梁ZK10）,底板埋深501.50（黑ZK03）～1600.65m（梁ZK10）,一般大于1000m,中间由被相对薄的黏土隔开的含卤层组成。深层卤水储层岩性为含砾中粗砂、砂砾石、含粉砂角砾、细粉砂层,局部夹黏土层,中部为含砾中细砂、粉细砂夹黏土层,上部为含石膏的黏土层夹粉细砂、局部含砾,属山前冲洪积物。孔隙度一般大于20%。

卤水颜色呈褐色、褐灰色（梁ZK07、梁ZK10）、灰色、亮灰色（梁ZK03、黑ZK01、黑ZK02）等。含水层水位埋深4.10～5.50m,单位涌水量在22.98（黑ZK01）～231.89m³/(d·m)（梁ZK07）之间。梁ZK10孔降深66.11m,单井涌水量1 889.00m³/d;黑ZK10孔单井涌水量6 073.00m³/d,降深8.47m;黑ZK02孔降深48.48m,单井涌水量2 268.69m³/d。因此,该矿层富水性为较强一强。KCl平均含量在0.18%（梁ZK07）～1.56%（梁ZK01）之间,NaCl平均含量在18.79%～22.51%之间,MgCl₂平均含量在0.60%～2.48%之间。水化学类型主要为氯化物型。

四、矿床地球化学特征

（一）离子含量

主要成矿元素（氧化物）中,K⁺含量1 018.00～10 420.00g/L,Na⁺含量73 133.33～114 550.00mg/L,Ca²⁺含量205.50～5 464.75mg/L,Mg²⁺含量1 702.00～7 995.00mg/L,Cl⁻含量129 836.67～186 750.00mg/L,SO₄²⁻含量1 262.83～29 905.00mg/L,水化学类型一般为氯化钠型。

微量元素（氧化物）中,B₂O₃含量58.64～140.67mg/L,Li⁺含量0.91～7.50mg/L,Br⁻含量1.47～57.09mg/L,I⁻含量0.01～7.76mg/L,Rb⁺含量0.01～0.28mg/L,Cs⁺含量0.10～1.04mg/L,Sr²⁺含量0.49～77.95mg/L（表5-7）。

表5-7 大浪滩-黑北凹地深层砂砾孔隙卤水钾盐矿钻孔离子含量一览表

原送样号	K^+	Na^+	Ca^{2+}	Mg^{2+}	Cl^-	SO_4^{2-}	CO_3^{2-}	HCO_3^-	Li^+
梁ZK01	10 420.00	109 500.00	205.50	7 995.00	176 850.00	29 905.00	0.00	50.75	7.50
梁ZK03	1 686.67	73 133.33	4 034.00	3 930.00	129 836.67	1 582.67	0.00	83.32	2.39

续表 5-7

原送样号	B_2O_3	Rb^+	Cs^+	Sr^{2+}	Br^-	I^-	NO_3^-	密度	矿化度
梁 ZK05	3 315.00	102 525.00	5 464.75	5 541.00	184 625.00	1 505.50	0.00	14.68	1.52
梁 ZK07	1 018.00	114 550.00	3 529.25	1 702.00	186 750.00	2 013.25	0.00	29.12	0.91
梁 ZK10	1 930.00	111 900.00	4 532.00	2 209.00	186 400.00	1 331.00	0.00	54.06	1.54
黑 ZK02	2 583.33	96 295.00	5 519.83	5 826.67	175 200.00	1 262.83	0.00	0.00	2.36
梁 ZK01	80.99	0.28	0.45	0.49	8.02	0.69	29.40	1.22	335.00
梁 ZK03	109.13	0.17	0.90	46.17	1.47	0.12	23.27	1.14	214.40
梁 ZK05	58.64	0.09	0.52	48.30	49.90	<0.01	41.80	1.20	302.93
梁 ZK07	70.16	<0.01	1.04	63.22	54.40	7.76	41.25	1.20	309.75
梁 ZK10	98.95	0.15	<0.10	70.45	51.40	0.19	15.60	1.19	308.30
黑 ZK02	140.67	<0.10	<0.10	77.95	57.09	5.78	15.33	1.18	287.08

注:离子含量单位为 mg/L,矿化度单位为 g/L,密度单位为 g/cm³。

从离子含量纵向变化曲线图(图 5-9)中可以看出,纵向上,从西(梁 ZK10)至东(黑 ZK01),环阿尔金山山前近 50km 范围内,Na^+ 含量、Cl^- 含量、矿化度、pH 值、密度曲线平直,含量变化小;K^+ 含量曲线除梁 ZK01 孔偏高外,其他地段比较平直,含量变化小;Mg^{2+}、HCO_3^-、B_2O_3、SO_4^{2-}、Ca^{2+} 含量曲线变化幅度大。各离子变化趋势表现为:在洪积扇中间向边部变小;SO_4^{2-}、Ca^{2+} 含量变化趋势相反。

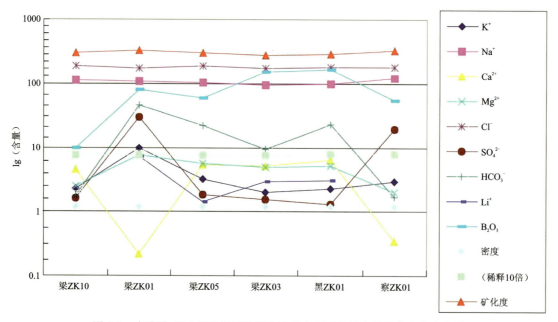

图 5-9 大浪滩-黑北凹地深层砂砾孔隙卤水主要离子含量纵向变化曲线图

从表 5-8 中可以看出,钾系数 3.29~31.10,钾氯系数 5.45~58.92,镁氯系数 0.91~4.52,氯系数 52.79~61.07,钠氯系数(γ_{Na}/γ_{Cl} 值)0.83~0.93,脱硫系数 0.01~0.11,溴氯系数 0.01~0.33。

表 5-8 大浪滩-黑北凹地深层砂砾孔隙卤水特征系数一览表

钻孔号	$K×10^3/\Sigma_{盐}$	$K×10^3/Cl$	$Mg×10^2/Cl$	$Cl×10^2/\Sigma_{盐}$	γ_{Na}/γ_{Cl}	$\gamma_{SO_4}/(\gamma_{SO_4}+\gamma_{Cl})$	$Br×10^3/Cl$
梁 ZK01	31.10	58.92	4.52	52.79	0.93	0.11	0.05
梁 ZK03	7.87	12.99	3.03	60.56	0.85	0.01	0.01
梁 ZK05	10.94	17.96	3.00	60.91	0.84	0.01	0.27
梁 ZK07	3.29	5.45	0.91	60.30	0.92	0.01	0.29
梁 ZK10	6.26	10.35	1.19	60.42	0.90	0.01	0.28
黑 ZK02	9.00	14.75	3.33	61.07	0.83	0.01	0.33

(二)离子分布规律

为了描述承压孔隙卤水分布规律,以研究区 9 个水化学类型为氯化钠型的全分析样品(梁 ZK03SQ01、梁 ZK05SQ01、梁 ZK07SQ04、梁 ZK07SQ02、梁 ZK07SQ03、梁 ZK10SQ01、梁 ZK10SQ02、黑 ZK02ⅡSQ01、黑 ZK02ⅠSQ02)为研究对象进行分析研究。

深层砂砾孔隙卤水离子成分的变异系数(C_v)、偏差系数(C_s)、和峰态系数(C_e)见表 5-9。按 C_v 值由小到大排列,可得到如下列序。

表 5-9 大浪滩-黑北凹地深层砂砾孔隙卤水离子变化特征一览表

	C_v	C_s	C_e	形态特征
K^+	0.39	−0.05	−0.83	正态负偏低峰态
Na^+	0.08	−0.04	−2.21	正态负偏低峰态
Ca^{2+}	0.19	−0.68	−1.43	正态负偏低峰态
Mg^{2+}	0.50	0.03	−2.40	正态正偏低峰态
Cl^-	0.04	−0.60	−1.55	正态负偏低峰态
SO_4^{2-}	0.21	0.39	−1.16	正态正偏低峰态
HCO_3^-	1.11	1.25	1.12	非正态正偏高峰态
Li^+	0.45	0.27	−1.22	正态正偏低峰态
B_2O_3	0.37	0.24	−1.91	正态正偏低峰态
Rb^+	0.54	−0.68	−0.86	正态负偏低峰态
Cs^+	0.24	−1.95	4.19	正态负偏高峰态
Sr^{2+}	0.17	−0.69	0.21	正态负偏高峰态
Br^-	0.36	−2.84	8.45	正态负偏高峰态
I^-	0.74	−0.65	−1.69	非正态负偏低峰态
NO_3^-	0.46	0.31	−2.08	正态正偏低峰态
矿化度	0.04	−0.43	−1.89	正态负偏低峰态

若以 C_v 值等于 0.5 和 1 为界,可以分出 3 组组分,Cl^- =矿化度<Na^+<Sr^+<Ca^{2+}<SO_4^{2-}<Cs^+<Br^-<B_2O_3<K^+<Li^+<NO_3^-<Mg^{2+};<Rb^+<I^-;<HCO_3^-。这表明大浪滩-黑北凹地深层砂砾孔隙卤水的离子变化幅度不同,分布不完全均匀。总体而言,矿化度、Cl^- 和 Na^+ 的 C_v 值非常小,表明它们

在卤水中的浓度值很稳定,变化幅度很小,分布很均匀。Sr^+、Ca^{2+}、SO_4^{2-}、Cs^+、Br^-、B_2O_3、K^+、Li^+、NO_3^-、Mg^{2+}的 C_v 值大于前者,但仍然在0.5以下,表明这些元素的离子在卤水中也较稳定,变化幅度不大,分布较均匀。HCO_3^- 的 C_v 值较大,表明此离子在卤水中分布不稳定,变化幅度较大,分布不均匀。Rb^+、I^- 分布稳定程度介于二者之间。

从总的数值来看,C_v 值大于1的组分只有1个,可见大浪滩-黑北凹地深层砂砾孔隙卤水中离子元素的分布是比较均匀的。

从表5-9中可以看出,孔隙卤水中除 HCO_3^- 和 I^- 外,其他离子都呈正态分布,K^+、Na^+、Ca^{2+}、Rb^+、Cs^+、Sr^{2+}、Cl^-、Br^-、矿化度呈负偏差,K^+、Cl^-、Na^+、Ca^{2+}、Rb^+ 为低峰态,Cs^+、Sr^{2+}、Br^-、矿化度为高峰态;Mg^{2+}、SO_4^{2-}、HCO_3^-、Li^+、B_2O_3、I^-、NO_3^- 为正偏差,低峰态。这说明研究区深层砂砾孔隙卤水中除 HCO_3^- 和 I^- 外,大部分离子含量变化幅度小,分布比较均匀。

(三)相图及析盐规律

深部孔隙卤水化学类型多为氯化物型。相图上集中分布在靠近 NaCl 顶部区域。进一步蒸发浓缩过程中,以析出石盐为主,并且逐渐靠近光卤石相区和水氯镁石相区(图5-10、表5-10)。

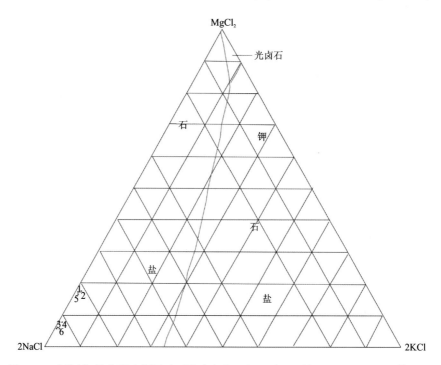

图 5-10 大浪滩-黑北凹地深层砂砾孔隙卤水 K^+、Na^+、Mg^{2+}、Cl^--H_2O 四元体系相图

表 5-10 大浪滩-黑北凹地深层砂砾孔隙卤水 K^+、Na^+、Mg^{2+}、Cl^--H_2O 四元体系相图指数表

相图中编号	钻孔编号	水化学组分/%			相图指数		
		KCl	NaCl	$MgCl_2$	KCl	NaCl	$MgCl_2$
1	梁3	0.328	20.578	2.887	1.055	84.408	14.537
2	梁5	0.520	21.809	3.164	1.561	83.559	14.881
3	梁7	0.189	24.332	1.043	0.575	94.453	4.971
4	梁10	0.362	23.665	1.402	1.106	92.187	6.708

五、矿床成因

前已述及，深层砂砾孔隙卤水 K^+、Na^+、Ca^{2+}、Mg^{2+}、Li^+、Cl^+、SO_4^{2-} 含量及矿化度值和浅部一样，都比较高，且卤水密度一般为 $1.18\sim1.22g/cm^3$，平均 $1.185g/cm^3$，属不饱和卤水，水化学类型为氯化物型，可以判断深层砂砾孔隙卤水与盆地内溶滤作用有关。钾系数为 $3.29\sim31.10$，钾氯系数为 $5.45\sim58.92$，镁氯系数为 $0.91\sim4.52$，溴氯系数为 $0.01\sim0.33$，钠氯系数（γ_{Na}/γ_{Cl} 值）为 $0.83\sim0.93$。深层砂砾孔隙卤水特征系数小于正常海水值，结合表 4-7 可以判断该卤水沉积演化尚未进入沉积阶段。氯系数为 $52.79\sim61.07$，接近于卤水共结点，可能与地下水溶解围岩中大量的氯离子有关。脱硫系数 $0.01\sim0.11$，说明脱硫作用强，处于封闭的还原环境。综上所述，大浪滩-黑北凹地深层砂砾孔隙卤水成因总结如下（图5-11）：

（1）上新世以来，盆地内经历了长期干旱期，蒸发作用强烈，大浪滩-黑北凹地沉积了大量的盐层，后期在构造作用下，将其逆冲推覆至阿尔金山山前，并产生构造裂隙。

（2）自早更新世或更早期，察汗斯拉图凹地盆地在丰水期沉积了巨厚的砂砾孔隙卤水储层——砂砾石层，为砂砾孔隙卤水层创造了富水空间与水源。

（3）大浪滩凹地北部古高山融水灌入裂隙内，溶解地层内含钾盐分后，径流至第四纪地层，演化为现今砂砾孔隙卤水钾盐矿。

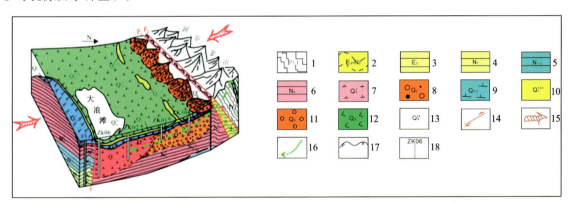

图 5-11　大浪滩-黑北凹地砂砾层含钾卤水成因图解（据郑绵平等，2015）

1.元古宙变质岩系；2.渐新统—中新统砂泥岩；3.渐新统砂泥岩、泥灰岩；4.中新统上干柴沟组泥岩、泥灰岩；5.中新统下油砂山组、上新统上油砂山组泥灰岩、膏质泥岩；6.上新统狮子沟组膏质泥岩、膏盐层；7.下更新统岩盐、含膏软泥层；8.下更新统含钾卤水砂砾层；9.下更新统含石膏、芒硝的黏土层；10.中更新统含盐、芒硝化学沉积；11.上更新统砂砾层；12.上新统含钾化学沉积；13.全新统含钾化学沉积层；14.逆断层；15.板块挤压方向；16.水流方向；17.低山带；18.钻孔位置及其编号

第四节　南翼山深层构造裂隙孔隙卤水钾锂盐矿床

南翼山深层构造裂隙孔隙卤水钾锂盐矿床地处柴达木盆地大浪滩凹地、小梁山背斜构造南部，行政区划隶属青海省海西蒙古族藏族自治州茫崖市，地理坐标：东经 $91°15'—91°45'$，北纬 $38°10'—38°30'$。从花土沟镇至矿区中心有公路相通，长约100km。矿区内海拔 $2700\sim3200m$，相对高差约500m，地表盐壳分布。矿区属典型的内陆沙漠性超干旱型气候，地表水系极不发育，仅见有少量季节性洪水冲沟，雨季偶有暂时性洪流。

一、矿床地质

南翼山背斜构造为一个典型的大而平缓的长轴箱状背斜,轴线近 NWW 向,其长轴轴线呈"S"形,长 50km,短轴 15km,闭合面积 620km²,闭合高度 820m。构造上钻遇地层为渐新统下干柴沟组、中新统上干柴沟组和下油砂山组、上新统上油砂山组和狮子沟组,其上覆盖着更新统(图 5-12)。因剥蚀程度低,地表出露地层仅为狮子沟组。

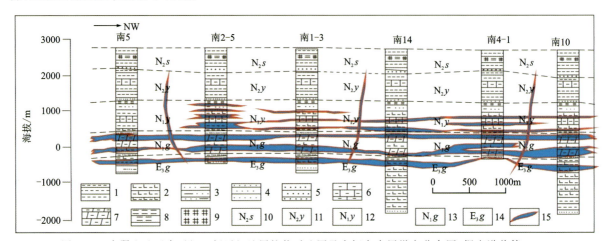

图 5-12 南翼山地区古近纪—新近纪地层柱状对比图及富钾卤水层纵向分布图(据李洪普等,2015)
1.泥岩;2.钙质泥岩;3.砂质泥岩;4.粉砂岩;5.砂岩;6.泥晶灰岩;7.泥灰岩;8.白色石膏;9.石盐岩;10.上新统狮子沟组;11.上新统上油砂山组;12.中新统下油砂山组;13.中新统上干柴沟组;14.渐新统下干柴沟组;15.断层裂隙(富钾卤水层)分布位置

(一)地层

1. 渐新统下干柴沟组

顶界埋深 3100～3500m,底界埋深大于 4000m,厚度大于 500m。地层岩性以深灰色及灰色泥岩、钙质泥岩、砂质泥岩为主,夹少量的灰色、深灰色钙质粉砂岩,呈泥质结构、粉砂泥质结构,粒序层理构造、块状层理构造,亦见砂泥纹层层理构造,反映了深湖沉积环境下的机械沉积或物理沉积。

2. 中新统上干柴沟组

顶界埋深 2500～3000m,底界埋深 3100～3500m,厚度 600～693m。地层岩性以深灰色钙质泥岩为主,与不等厚灰色泥质粉砂岩、泥灰岩互层,呈泥质粉砂状结构,水平—块状层理构造,亦见砂泥纹层层理,反映了浅湖沉积环境下的机械沉积和化学沉积,与下伏下干柴沟组整合接触。

3. 中新统下油砂山组

顶界埋深 1800～2257m,底界埋深 2500～3000m,厚度 700～836m。地层岩性以灰色钙质泥岩、泥岩和泥晶灰岩互层为主,夹泥质粉砂岩,局部出现薄层状石膏,呈隐晶质结构,水平层理构造,反映了浅湖—半深湖沉积环境下的机械沉积、化学沉积、生物沉积和混合沉积,与下伏上干柴沟组整合接触。

4. 上新统上油砂山组

顶界埋深 600～1500m，底界埋深 1800～2257m，厚度 1000～1416m。地层岩性以灰色泥岩夹泥晶灰岩为主，呈隐晶质结构，水平层理构造，反映了较浅湖沉积环境下的机械沉积或物理沉积、生物沉积或混合沉积，与下伏下油砂山组整合接触。

5. 上新统狮子沟组

出露于地表，底界埋深 600～1500m，厚度 500～728m。地层岩性以灰色泥岩为主，上部夹有少量白色石膏和岩盐，下部夹有灰色砂岩和泥质粉砂岩，呈隐晶质结构交错层理构造，反映了潮坪沉积环境下的机械沉积或物理沉积、化学沉积，与下伏上油砂山组整合接触。

（二）构造

背斜构造两翼倾角 20°以上。北翼部位产状略陡，背斜由深部、浅部两个背斜构造叠合而成，两个背斜的构造核部（高点）基本一致。浅部背斜是一个典型的滑脱褶皱形态。两个断层（F1、F2）上盘的逆冲作用使地层重复，导致浅部褶皱的对称隆升，形成浅部的南翼山背斜。断层 F3 上盘（T6 反射层之下、断层 F3 之上的地层）属南翼山深部背斜。控制背斜形成的逆冲断层（F3）发育在下中生界之中，而下更新统阿拉尔组是伴随南翼山背斜的隆升作用的生长地层（图 5-13）。因此认为，南翼山褶皱的形成可能始于上新世、经早更新世（阿拉尔组沉积期），至今仍在隆升。

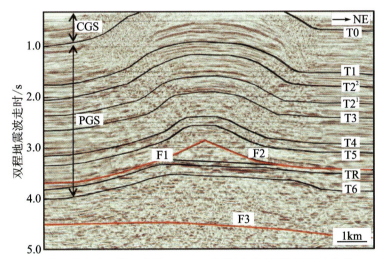

图 5-13 柴达木盆地南翼山背斜 line 670 地震剖面解释图（据刘志宏等，2009）

T6.侏罗系底界；TR.古近系底界；T5.下干柴沟组下段底界；T4.下干柴沟组上段底界；T3.上干柴沟组底界；T2¹.下油砂山组底界；T2².上油砂山组底界；T1.狮子沟组底界；T0.第四系底界；CGS.挤压生长地层；PGS.前生长地层

南翼山背斜地面有多条断层，延伸 1.5～2km，最长 4km，伴生张性节理。背斜构造的顶部、东北端和西段的中深部发育横断层、纵断层、顺层（层间断层），这些断层产生相应的构造裂缝。从南翼山 8 口取芯井中测定出竖直裂缝、层状裂缝和斜交裂缝（倾角为 75°～85°）3 种类型，这些与断层内出现的共轭剪切裂缝（压性缝、扭性缝）、张性横裂缝、张性纵裂缝、层间滑脱裂缝等相对应。在碳酸盐岩地层中发育大量的成岩-构造缝、溶孔、粒间孔、微孔隙、晶间孔等孔隙。这些孔隙在构造作用下产生复杂的裂隙-孔隙系统，组成了油、气、水的有利储层，利用充填于裂隙的方解石裂变径迹测得下干柴沟组地层裂缝形成年龄为 20.8 ± 2.17Ma，时代为中新世。该地层经含烃包裹体均一温度测定及利用地温梯度推算的深度为2800～3300m,该深度为南翼山深部构造裂缝发育并富集油、气、水的地段。

二、矿区水文地质特征

矿区内深层构造裂隙孔隙卤水赋存于渐新统下干柴沟组,中新统上干柴沟组、下油砂山组,上新统上油砂山组、狮子沟组,其水文地质特征如下:

(1)储层岩性为砂岩、(含粉砂质)藻灰岩,粉砂质泥质灰岩、粉砂岩、石盐,储卤空间为上述岩石的孔隙和泥岩、钙质泥岩的裂隙和裂缝等,一般处于深湖、浅湖、滨湖等沉积环境。

(2)从青海石油管理局钻井出水情况、试油数据和测井解释成果来看,储卤层顶板埋深810.0～2012.7m,底板埋深1547.0～4389.0m,具有多层分布的特征,隔水层为无构造发育的泥岩。主要出水层位深度范围为上油砂山组下部至上干柴沟组,深度主要在1200m以下,在1500～3000m段水层较集中(表5-11)。上油砂山组水层在全区都有分布,主要分布在南翼山构造东部断裂带内,储层主要为藻灰岩和断层裂缝。下油砂山组随着深度的加大,渗透性储层并不发育,物性变差,水层的分布主要受裂缝的控制,水层主要分布在构造的中东部裂缝发育地带。

表5-11 南翼山构造部分油井水层综合解释成果表

井号/井深/测井段	渗透层	电测解释结果(m/层)					
		狮子沟组	上油砂山组	下油砂山组	上干柴沟组	下干柴沟组二段	下干柴沟组一段
南14井/4560m/50～4560m	底界深度		1422	2257	2950	4065	4500
	水层			22.4/6	47.5/12	76.1/17	
	油水同层					10.8/1	
	含气水层					6.0/2	49.8/7
南1-2井/3040m/50～3040m	底界深度		1436	2246	2934		
	水层			74.5/15	121.0/29		
南2-4井/3080m/1000～3080m	底界深度		1430	2262	2942		
	水层		27.0/6	38.0/13	102.0/27		
	油水同层					15.0/2	
南10井/4750m/1000～4750m	底界深度		1400	2340	3158	4260	4566
	水层			10.5/4	157.5/38	54.0/15	
	气水同层				46.0/12		
南11斜井/3140m/2230～3140m	底界深度			2312			
	水层			22.0/5	122.5/45		
	气水同层				12.5/1		
南13井/3600m/50～3600m	底界深度		1486	2317	3100		
	水层			57.5/21	91.0/29	11.0/4	
	气水同层		12.5/3	4.0/1		8.5/2	
南101井/1970m/50～1968m	底界深度	664	1716				
	水层	5.8/2	106.7/38	5.0/2			
	含油水层		7.0/3				
	油水同层		57.3/22	25.4/7			

续表 5-11

井号/井深/测井段	渗透层	电测解释结果(m/层)					
		狮子沟组	上油砂山组	下油砂山组	上干柴沟组	下干柴沟组二段	下干柴沟组一段
南103井/1760m/50~1760m	底界深度		1112				
	水层		33.4/18	47.5/19			
	含油水层		1.9/1	2.7/2			
	油水同层		27.8/12	48.2/23			
南105井/2500m/50~2500m	底界深度		1 473.6	2 332.5			
	水层		50.4/21	56.3/20	8.2/3		
	含油水层		9.7/3	7.9/3	10.0/1		
	油水同层		32.2/15	105.1/33	2.2/1		
南浅评2井/1620m/50~1620m	底界深度		1336				
	水层		16.5/7				
南浅1-04/1760m	底界深度		1562				
	水层		93.2/24	12.5/4			
	油水同层		12.0/4	2.0/1			
南浅1-05/1730m	底界深度	1 196.4	1 533.5				
	水层	22.5/10	19.4/8				
	含油水层	7.9/4	2.6/1				
	油水同层	4.9/2	1.7/1				
南浅2-05/1625m	底界深度		1570				
	水层		99.5/35	8.9/3			
	含油水层		4.5/1				
	油水同层		23.4/8				
南浅2-08/1555m	底界深度		1477				
	水层		66.0/23				
	含油水层		8.5/3				
	油水同层		62.6/28	16.0/4			
南浅3-6/1700m	底界深度		1 464.8				
	水层		32.7/12				
	油水同层		12.3/4				
南浅4-09/1565m	底界深度		1444				
	水层		44.9/15				
	油水同层		62.7/19	25.1/6			
南浅5-09/1565m	底界深度		1488				
	水层		73.7/27	4.3/1			
	油水同层		30.2/10	8.2/2			

(3)出水井的位置主要分布在构造的中东部断裂发育区域内,上干柴沟组、下干柴沟组和下油砂山组水量相对较大,上油砂山组水量较小。油井部分层位试水结果显示:出水量0.86~389.76m³/d,出水量最大的部位在下干柴沟组,裂隙发育、连通性好的地区单井涌水量大,较致密完整的地层中单井涌水

量小。深层卤水分布的背斜构造在水文地质区处于地下水滞留区域(表5-12)。

(4)从南3-1井等9个油井中的采样结果看,深层构造裂隙孔隙卤水K^+含量1 060.0~7 744.0mg/L,平均含量4 700.0mg/L;Li^+含量20.0~267.0mg/L,平均含量157.92mg/L;I^-含量23.10~37.50mg/L,平均30.93mg/L;矿化度217.90~319.90g/L,平均266.68g/L;Ca^{2+}含量2991~17 160mg/L,平均11 350mg/L(表5-13)。上述数据说明水化学作用表现为长期封闭环境下盐分的运移与聚集,水化学类型属氯化钙型。在封闭还原环境中的径流条件下,硫酸镁含量低,由各离子变化曲线直观地反映了这一变化规律,具有K^+、Na^+、Mg^{2+}和Cl^-四元体系的卤水特征。

表5-12 南翼山背斜构造区油井试水一览表

井号	井位	出水层位	深度段/m	日出油/m³	日出水/m³	试油日期
南101井	构造西部	下油砂山组	1 783.3~1 788.6	0.28	2.07	2007年8—9月
南102井	构造东部断裂发育部位	下油砂山组	1 543.0~1 547.0		55.27	2007年
			1 624.0~1 631.0		65.87	
			2 012.7~2 019.7		9.34	
南103井	构造中部断裂发育边缘部位	下油砂山组	1 601.5~1 606.1		12.38	2007年7—8月
			1 529.5~1 531.3		4.87	
南104井	构造西部,南101井南部不远	下油砂山组	2 282.0~2 287.0		4.90	2009年6—9月
			810.0~1 814.0		4.90	
			1 776.0~1 881.0		1.60	
南105井	构造东部偏北断裂发育区域内	上干柴沟组	2 342.3~2 346.6		6.00	2009年3—5月
		下油砂山组	2 065.0~2 068.0		54.05	
			1 801.0~1 805.0		6.81	
南106井	构造东部偏南断裂发育区域内	上干柴沟组	2 412.4~2 416.0		3.42	2009年7—9
		下油砂山组	2 175.9~2 578.1		5.10	
			1 693.0~1 697.0		12.30	
南3井	构造东部偏北断裂发育区域内	下干柴沟组	3 096.4~3 111.4		45.00	1986和1989年
			2 936.0~3 308.0		75.80	
南11斜井	构造中部偏北断裂发育区域内	下干柴沟组	2993~3109		132.00	1997年10月
南1-3井	构造中部偏南断裂发育区域内	下干柴沟组	2 972.2~2 978.3		20.20	1996年9—10月
南浅评2井	构造东南部断裂发育区域内	上油砂山组	1 381.1~1 382.2		25.60	2001年5月
			1 483.0~1 508.5		44.80	
南14井	构造东部偏南断裂发育区域内	下油砂山组	1803		0.86	
		下干柴沟组	3851~3853		216.00	
			4386~4389		389.76	

表 5-13 南翼山构造油田卤水水化学特征表

井号	质量浓度/(mg·L⁻¹)									密度/(g·cm⁻³)	矿化度/(g·L⁻¹)
	K^+	Na^+	Ca^{2+}	Mg^{2+}	Li^+	B_2O_3	Cl^-	SO_4^{2-}	I^-		
南 3-1 井	7 744.0	84 969	17 160	893.0	267.0	3 073.0	173 622	152.0	37.50	1.194	289.60
浅 8-1 井	2 500.0	81 000	7727	644.9	90.0	2 232.0	146 900	1 070.0	28.33	1.150	242.20
浅 5-4 井	2 380.0	70 000	10 390	866.4	126.0	2 134.0	147 600	642.1	28.05	1.147	243.00
浅 4-2 井	5 740.0	84 500	13 750	927.1	170.0	3 080.0	167 500	889.1	37.40	1.165	279.20
南 5 井	7 480.0	78 500	14 120	403.1	200.0	2 577.0	161 800	395.1	29.98	1.164	268.40
浅 2-1 井	1 100.0	78 500	2991	403.1	20.0	2 395.0	131 200	395.1	23.10	1.134	217.90
浅 1-1 井	1 360.0	77 000	3697	584.5	30.0	2 438.0	133 300	277.9	25.03	1.132	219.60
浅 2-4 井	1 060.0	82 500	5899	1 149.0	78.0	2 365.0	145 400	872.6	27.23	1.142	240.30
南 2-5 井	6 579.6	81 940	13 745	914.6	174.0	2 573.5	162 400	498.0	34.25	1.134	319.90
南 6 井	7 566.0	86 158	15 900	1112.0	254.0	2 483.2	169 900	182.0	36.69	1.182	283.68
南 2-3 井	7 632.0	83 880	15 812	1 342.0	255.8	2 482.0	169 680	326.0		1.186	283.36
南 13 井	5 231.0	88 916	15 010	1 505.0	230.2	2 523.4	173 600	281.0	32.63	1.188	288.57

资料来源：青海省油田公司，2010 年；青海省柴达木综合地质矿产勘查院，2012。

三、矿体特征

南 2-3、南 6、南 13 及南 5 井等揭露，南翼山构造区深层卤水分布于构造核部偏北，长约 20km，宽 3～12km，分布面积约 120km²。从各孔所揭露出的地层层位、出水深度等，结合其他油井出水情况可以看出，在空间上，深层卤水分布于南翼山背斜断裂构造发育地带及皱褶核部，深度一般在 1200m 以下、2000～3000m 之间。

矿层沿横断层裂隙、纵断层裂隙和顺断层裂隙（缝隙）及地层孔隙分布。横向上，卤水矿层呈马鞍状、刀状；纵向上，卤水矿层呈层状。卤水为浅灰色、灰色、无嗅、味咸、微苦、涩，密度 1.18～1.19g/L。

青海石油管理局老井的射孔、放水试验显示，该区富钾卤水层分布范围一般在 1200m 以下，在 2200～3500m 集中；空间上，厚大的卤水层主要分布于下油砂山组至下干柴沟组地层。不同的油井单井涌（喷）水量各不相同：岩石较破碎、裂隙发育的部位，单井涌（自喷）水量较大，如南 6 井涌（自喷）达 684.24m³/d，南 13 井涌（自喷）达 690.5m³/d；破碎程度低的地层单井涌水量较小，如南 2-3 井涌（自喷）39m³/d；岩石完整，基本无破碎的部位涌水量极小，如南 ZK01 孔涌（自流）水量仅 1.9m³/d。

四、矿床地球化学特征

从南 6 井、南 2-3 井及南 13 井等水化学分析结果看，卤水矿化度 279.9～293.0g/L。主要成矿元素中，K^+ 含量 5 231.0～7 632.0mg/L，Na^+ 含量 83 880～88 916mg/L，Cl^- 含量 169 680～173 600mg/L，

Ca^{2+}含量 15 010～15 900mg/L，SO_4^{2-}含量小于 326.0mg/L，HCO_3^-、CO_3^{2-}含量非常低，B_2O_3含量 2 482.0～2 523.4mg/L，Li^+含量 230.2～255.8mg/L，I^-含量 32.63～36.69mg/L（表 5-13）。根据苏林分类原则，水化学类型为氯化物（钙）型。

从南翼山深层构造裂隙孔隙卤水特征系数表 5-14 中可以看出，钾系数 18.21～27.12，钾氯系数 30.14～44.98，镁氯系数 0.65～0.87，氯系数 59.92～60.42，钠氯系数（γ_{Na}/γ_{Cl}值）0.74～0.77，脱硫系数 0.001（表 5-14）。

表 5-14　南翼山深层构造裂隙孔隙卤水特征系数一览表

井号	$K\times10^3/\Sigma_{盐}$	$K\times10^3/Cl$	$Mg\times10^2/Cl$	$Cl\times10^2/\Sigma_{盐}$	γ_{Na}/γ_{Cl}	$\gamma_{SO_4}/(\gamma_{SO_4}+\gamma_{Cl})$
南 6 井	26.68	44.53	0.65	59.92	0.76	0.001
南 2-3 井	27.12	44.98	0.79	60.30	0.74	0.001
南 13 井	18.21	30.14	0.87	60.42	0.77	0.001

南翼山深层构造裂隙孔隙卤水在 K^+、Na^+、Mg^{2+}、Cl^-－H_2O（20℃）四元体系介稳相图中的位置（图 5-14、表 5-15）。从图中可以看出，卤水均位于氯化钠相区上部，表明卤水在自然蒸发过程中，将会有较长时间的钠盐析出阶段，之后才会进入钾盐饱和析出钾石盐、光卤石。

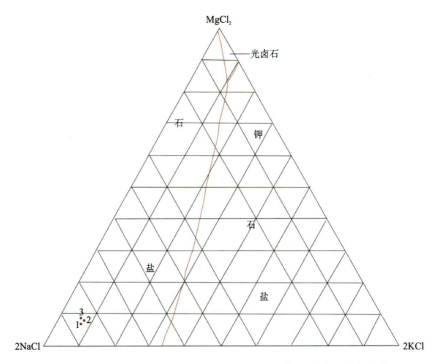

图 5-14　卤水在 K^+、Na^+、Mg^{2+}、Cl^-－H_2O 四元体系介稳相图中的位置

表 5-15　南翼山深层构造裂隙孔隙卤水相图指数表

图中点号	采样位置	水化学组分/%			相图指数		
		KCl	NaCl	$MgCl_2$	2KCl	2NaCl	$MgCl_2$
1	南 6 井	1.22	12.07	0.64	6.55	86.391	7.059
2	南 2-3 井	1.22	11.62	0.77	6.669	86.684	8.647
3	南 13 井	1.11	12.52	0.87	5.666	85.209	9.125

五、矿床成因

将表 5-14 南翼山深层构造裂隙孔隙卤水特征系数和表 4-7 不同阶段沉积特征系数对比可知，南翼山深层构造裂隙孔隙卤水中钾系数、钾氯系数、氯系数和钠氯系数反映的沉积演化阶段处于钾石盐沉积阶段，说明深层构造裂隙孔隙卤水的形成与蒸发作用有关。镁氯系数低于 0.65，说明其储卤层埋深较大，无地表外来物的加入，这与矿区内大部分深层卤埋深在 2000m 以下基本吻合。脱硫系数低至 0.001，说明卤水长期处于脱硫作用强、埋深较大的封闭环境。卤水中 B_2O_3、Li^+ 含量高，说明有深部来源物质的加入。

综上所述，古近纪以来，在干旱的古气候条件下，地表蒸发作用使大量的原始地表水不断浓缩，结晶成盐，部分未结晶的地下水形成高矿化度卤水，赋存于岩盐孔隙中。由于沉积作用不断持续，沉积厚度不断增大，在地层压力下，卤水渗流到周围沉积地层中，在还原环境下与围岩孔隙流体发生反应而改变其成分。地下水将断层裂隙作为运移通道，将溶解的卤水运送至数十千米外，或在断层裂隙中和地层孔隙中保存。同时，深部 Li、Br 等元素沿深大断裂运移至地层中，与岩溶卤水混合最终形成深层构造裂隙孔隙卤水钾锂盐矿。

第六章　柴达木盆地深层卤水钾盐成矿规律及控矿因素

柴达木盆地深层卤水钾盐矿分布于盆地西部。深层盐类晶间卤水钾盐矿和深层砂砾孔隙卤水钾盐矿分布于山前断陷凹地，深层构造裂隙孔隙卤水钾锂盐矿分布于柴达木盆地背斜构造区。大浪滩凹地、黑北凹地、察汗斯拉图凹地、昆特依凹地和马海凹地上部为盐类晶间卤水钾盐矿，下部为深层砂砾孔隙卤水钾盐矿。局部靠近山前，从上至下为砂砾孔隙卤水钾盐矿，上部为浅层砂砾孔隙卤水钾盐矿，下部为深层砂砾孔隙卤水钾盐矿。靠近凹地中心，从上至下为盐类晶间卤水钾盐矿，上部为浅部盐类晶间卤水钾盐矿，下部为深层盐类晶间卤水钾盐矿。按埋藏条件，分为潜卤水和承压卤水。在背斜构造区，从上至下皆为深层构造裂隙孔隙卤水钾盐矿床。

总而言之，深层卤水区矿产分布受盆地内次级构造、成盐作用、水化学类型等诸多因素的制约，在时空分布上有一定的规律性。

第一节　深层卤水钾盐矿床成矿物质来源分析

一、深层卤水钾盐矿初始矿源分析

1. 盆缘隆起区基岩中钾的分布

中国科学院兰州地质研究所对柴达木盆地区域钾的地球化学背景进行了研究，结果表明：柴达木盆地钾的丰度值为 2.39%，其中，盆地四周基岩钾的丰度值为 2.46%，盆地内新生界钾的丰度值为 1.72%，阿尔金山花岗岩中钾含量为 2.88%（表 6-1）。由此可见，柴达木盆地中钾与阿尔金山花岗岩关系密切。

表 6-1　阿尔金山各种岩系中钾的分布特征表（据吴琰龙等，1988）

岩性	花岗岩	闪长岩	橄榄岩	片岩	千枚岩	大理岩	石英岩	黏土岩
钾含量/%	2.88	1.39	0.17	1.66	0.13	0.08	0.53	1.98

2. 高山深盆及盆地内干旱的气候条件有利于钾向盆地内迁移和富集

柴达木盆地内之所以能够形成内陆盐湖矿床，是由其特殊的高山深盆地质地貌环境所决定的。晚上新世以来，在青藏高原整体隆升的构造活动背景下，盆地四周山系急剧上升，盆内相对强烈下降，形成高山深盆的地貌景观。四周为高山环抱，山系海拔多在5000m以上，盆地海拔2675～3350m，相对高差达千余米。盆地南部的昆仑山崛起，又阻断了来自印度洋的潮湿空气，使盆地内的气候变得十分干旱，年平均气温为5℃左右，年降水量在50mm以下，蒸发量为降雨量的115～250倍。高山深盆这一特殊的地貌环境和典型的大陆性沙漠气候，既影响了盆地的气候、植被及水文地质条件，同时又为盆地内盐类物质的聚集提供了有利地形，对成盐作用的发生发展起到了至关重要的作用。柴达木盆地西部汇水面积大于13万km²，这将有利于将阿尔金山大面积富钾花岗岩中的K等元素通过高山深盆这种特殊的地质地貌环境在水动力作用下迁移至盆地内，在长期的地质作用下，形成钾盐矿。

3. 典型凹地中S、Sr同位素值反映了深层卤水与周缘山区关系密切

察汗斯拉图盐类晶间卤水δ^{34}S值为25.5‰～25.7‰；黑北凹地盐类晶间卤水δ^{34}S值为22.7‰～24.1‰，此数据与大气水和中酸性岩δ^{34}S值较接近，说明盐类晶间卤水的来源与大气降水溶滤中酸性花岗岩中的钾有关。大浪滩凹地晶间卤水中分析检测的$^{87}Sr/^{86}Sr$值为0.711307～0.711418，反映壳源供给性特征，从基岩山区是壳源的一部分说明深层盐类晶间卤水中K与地壳中花岗岩有关。

二、深层卤水钾盐矿直接矿源层分析

1. 古近纪—新近纪古盐至凹地内岩盐和卤水中的继承关系

黑北凹地北部古近纪—新近纪盐岩层中K^+含量0.062%～0.073%，Na^+含量5.53%～9.76%，Ca^{2+}含量4.08%～8.82%，Mg^{2+}含量约0.1%，Cl^-含量8.01%～14.17%，SO_4^{2-}含量10.53%～22.3%，Sr^{2+}含量0.012%～0.016%，NO_3^-含量0.18%～0.78%，HCO_3^-含量约0.41%（李洪普等，2016）。将这些值与黑北凹地黑ZK02固体石盐、黑ZK04孔隙卤水、ZK3608晶间卤水样品元素成分进行对比分析，结果表明，这些成分特征与固体岩盐、深层砂砾孔隙卤水和晶间卤水之间钾矿中K^+、Na^+、Mg^{2+}、Cl^-、NO_3^-、HCO_3^-具有相似性，可分析相互之间的成因关系。古近纪和新近纪干柴沟组至油砂山组固体盐岩中易溶性K^+、Na^+、Mg^{2+}、Cl^-含量低于凹地岩盐层、深层砂砾孔隙卤水和晶间卤水中含量，而其余难溶性的Ca^{2+}、SO_4^{2-}等的含量高于凹地岩盐层、深层砂砾孔隙卤水和晶间卤水中含量（图6-1，表6-2）。由此可初步推断黑北凹地内固体岩盐和卤水继承了古近纪—新近纪盐岩层中的部分成分。

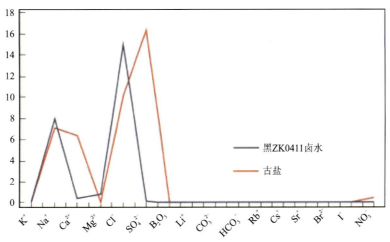

图6-1 新近纪岩盐层和砂砾孔隙卤水钾矿含量对比表

表 6-2　柴达木盆地黑北凹地周缘固体盐和卤水盐类元素对比表　　　单位：%

	样品数	K^+	Na^+	Ca^{2+}	Mg^{2+}	Cl^-	SO_4^{2-}	B_2O_3	Li^+
黑 ZK04 孔隙卤水	9	0.312	7.837	0.456	0.784	15.238	0.147	0.012	4.5×10^{-3}
ZK3608 晶间卤水	4	0.550	7.820	0.070	0.960	9.770	0.770	0.017	6.9×10^{-4}
黑 ZK02 固体石盐	17	0.394	29.632	1.905	0.401	44.487	7.749		
古近纪固体盐	3	0.069	7.130	6.410	0.100	10.250	16.420	0.0114	<0.01

	样品数	CO_3^{2-}	HCO_3^-	Rb^+	Cs^+	Sr^{2+}	Br^-	I^-	NO_3^-
黑 ZK04 孔隙卤水	9	0	9.79×10^{-5}	8.4×10^{-7}	0	1.39×10^{-7}	4.54×10^{-5}	1.68×10^{-6}	1.09×10^{-5}
ZK3608 晶间卤水	4	0	1.99×10^{-4}	2.25×10^{-5}	1.17×10^{-5}	1.87×10^{-5}	2.87×10^{-5}	1.8×10^{-4}	1.17×10^{-5}
古近纪固体盐	3	0	0.041	<0.01	<0.01	0.0137	<0.01	<0.01	0.547

2. 深层卤水特征系数值分析

1) 深层盐类晶间卤水

柴达木盆地深层盐类晶间卤水特征系数列于表 4-8 中，深层盐类晶间卤水 $K\times10^3/\sum_{盐}$ 系数值 8.52～19.34，$K\times10^3/Cl$ 系数值 15.36～34.12，和表 4-7 不同沉积阶段系数特征值比较，钾系数和钾氯系数值小于钾石盐开始结晶时的平均值，大于共结点值，除察 ZK01 孔中小于正常海水的平均值，其余大于石盐开始结晶时的平均值，显示深层盐类晶间卤水形成和蒸发作用有关，而察 ZK01 孔中晶间卤水与溶滤作用有关。$Mg\times10^2/Cl$ 系数值 1.06～18.40，小于共结点和钾石盐沉积值，部分小于正常海水的平均值，部分大于石盐结晶值，显示深层盐类晶间卤水形成与溶滤作用和蒸发作用有关。$Cl\times10^2/\sum_{盐}$ 特征系数值 55.45～60.51，小于共结点平均值，基本大于钾石盐、石盐及正常海水值，显示深层盐类晶间卤水形成与蒸发作用有关。钠氯系数（γ_{Na}/γ_{Cl}）平均值在 0.57～1.03 之间，既有沉积水特征，又有溶滤水特征，显示深层盐类晶间卤水形成与溶滤作用和蒸发作用有关。溴氯系数值 0.11～0.22，显示深层盐类晶间卤水与溶滤作用有关。

深层盐类晶间卤水水化学类型属硫酸镁亚型，为饱和卤水，矿化度一般为 280～310g/L，将这些特征和上述特征系数值、古近纪—新近纪盐湖相沉积环境与湖相沉积环境相结合可以推断，当地下水径流至古近纪—新近纪含盐地层时，因盐层结晶、演化程度和分带性有所差异，导致径流于其内的地下水形成不同浓度的地下卤水，改变钾特征系数、钾氯特征系数等值，若进入岩盐层时，反映与蒸发作用有关的卤水特征系数值；相反，当进入非盐岩地层时，反映与溶滤作用有关的卤水特征系数值。当地下水在盆地内不断聚集，在干旱的气候条件下，蒸发作用加强，形成高矿化度的饱和性盐类晶间卤水，盆地内沉积不断进行，周而复始，最终形成深层盐类晶间卤水。由此可以判断，古近纪、新近纪古盐岩层是深层盐类晶间卤水重要的直接矿源层。

2) 深层砂砾孔隙卤水

柴达木盆地深层盐类晶间卤水特征系数表 4-11 中，$K\times10^3/\sum_{盐}$ 值 5.65～12.75，$K\times10^3/Cl$ 系数值 9.30～20.74，和表 4-7 不同沉积阶段系数特征比较，钾系数和钾氯系数特征值小于钾石盐开始结晶时的平均值，一部分小于普通海水的平均值，另一部分大于石盐开始结晶时的平均值，大于共结点值，结合砂砾孔隙卤水储卤层沉积环境，不同的地域，周缘老地层中盐层的发育程度有所差异，从而导致卤水中 $K\times10^3/\sum_{盐}$ 值和 $K\times10^3/Cl$ 系数值的不同。岩盐层发育地区，对原始卤水的改造作用加强，特征系数 $K\times10^3/\sum_{盐}$ 值高，反之亦然。显示深层砂砾孔隙卤水形成与溶滤作用和蒸发作用有关。$Mg\times10^2/Cl$ 系数值 1.20～6.12，低于普通海水平均值，显示深层砂砾孔隙卤水形成与溶滤卤水有关。$Cl\times10^2/\sum_{盐}$ 特征系数值 60.40～61.62，高于钾石盐、石盐及普通海水平均值，低于共结点值，显示深层砂砾孔隙卤水形成与蒸发作用有关。钠氯系数值 0.79～0.92，显示深层砂砾孔隙卤水形成与溶滤作用和蒸发作用有关。Br×10³/Cl系数值0.003~0.270,显示深层砂砾孔隙卤水形成与溶滤卤水有关。

深层砂砾孔隙卤水水化学类型属氯化物型,为非饱和卤水,矿化度一般为270~290g/L,将这些特征和其盐类特征系数值、储层的山前冲洪积相沉积环境相结合可以推断,当地下水径流至古近纪、新近纪地层时,如果为岩盐地层,导致径流于其内的地下水中K×10³/$\sum_{盐}$值变高,岩盐层结晶中心,特征系数K×10³/$\sum_{盐}$值和K×10³/Cl值变大,显示特征系数值与蒸发作用卤水一致,如果为非岩盐层,显示特征系数值与溶滤作用卤水一致。当溶解古近纪、新近纪古盐岩层的地下水在砂砾层中不断聚集,盐分不断增加,承压性不断增大,日积月累,形成高矿化度非饱和性的深层砂砾孔隙卤水。由此可以推测,古近纪、新近纪古盐岩层是深层砂砾孔隙卤水重要的直接矿源层。

3. 同位素分析

柴达木盆地中淡水硫同位素值为7.2‰(樊启顺,2009),与北方大气降水硫同位素平均值7.44‰接近。察汗斯拉图测定的晶间卤水δ^{34}S值为25.5‰~25.7‰,黑北凹地晶间卤水硫同位素δ^{34}S值为22.7‰~25.7‰(表4-9),此数据和大气水及中酸性岩δ^{34}S值较接近。大浪滩凹地晶间卤水中分析检测的$^{87}Sr/^{86}Sr$值同位素变化范围为0.711 307~0.711 418,反映壳源供给特征。柴达木盆地砂砾孔隙卤水硫同位素值14.62‰~26.80‰(表4-12),和大气水及中酸性岩δ^{34}S值较接近,说明卤水的形成与大气降水和中酸性花岗岩有关,可以推断周缘地层是盆地的钾、钠等的物质来源。柴达木盆地深层砂砾孔隙卤水$\delta D_{V\text{-}SMOW}$值从-57.7‰~-20.7‰不等,$\delta^{18}O_{V\text{-}SMOW}$值从-8.20‰~3.00‰不等(表4-13),和大气降水 H、O 同位素值一致,说明其形成与大气降水关系密切。柴达木盆地深层砂砾孔隙卤水同位素$^{87}Sr/^{86}Sr$值为0.711 307~0.711 979,$^{85}Rb/^{86}Sr$值为1.69×10^{-4}~7.18×10^{-3}(表4-14),反映壳源供给性特征。由此可以推断,基岩山区花岗岩是深层盐类晶间卤水和深层砂砾孔隙卤水的物源区。

三、锂、铍成矿物质来源分析

柴达木盆地西部地区中新统下油砂山组中发育了球状、枝状、柱状和多边形4种类型的湖相叠层石,每一种叠层石的宏观形态、内部成分和构造都具有独特的特征(图6-2),且形成于不同的沉积环境中(温志峰等,2005)。根据Aitken(1967)叠层石划分观点,地球化学元素、孢粉和生物化石等分析可以确定柴达木盆地西部地区的球状、柱状叠层石代表极浅水滨岸环境,枝状叠层石代表泥河湾盆地,多边形叠层石代表滨岸及冲刷河道环境,这些叠层石形成温度一般为20~30℃。

中新世以来,柴达木盆地南缘可可西里一带的五道梁组中发育大量的叠层石(张雪飞等,2015),可可西里西部中新世有大量火山岩分布(孙延贵,1992;邓万明等,1996),由此推断,五道梁组可能为受火山活动影响的热水沉积。

将柴达木盆地西部中新世叠层石和可可西里中新世五道梁组叠层石形态、大小、构造、形成温度等进行比较(表6-3),发现二者形成条件相似。青藏高原与柴达木盆地之间具有密切的关系,高原隆升等构造运动会直接传递到柴达木盆地,并在柴达木盆地的沉积中留下明显的纪录(李吉均等,1998;朱筱敏等,2003)。中新世以来的喜马拉雅运动,在青藏高原南部靠近喜马拉雅地区主要表现为火山喷发,在可可西里一带至柴达木盆地表现为沿断裂构造产生岩浆气液、热水湖沉积岩。而柴达木盆地西部在中新世属稳定的陆块,无火山活动,叠层石的产生可能与青藏高原隆升、柴达木盆地深部断裂构造活化、岩浆气液沿构造裂隙活动、在盆地内形成热水沉积作用等有关。由于B_2O_3、Li^+、Br^-一般来源于地壳深部(郑绵平,1989),因此可以推测,喜马拉雅运动致使深部B_2O_3、Li^+、Br^-随岩浆气液沿深大断裂及其引起的次级断裂运移到地层中,最终在卤水中富集。可见,深部的B_2O_3、Li^+、Br^-等可能是深层构造裂隙孔隙卤水的重要矿源层。

柴达木西部球状叠层石

球状叠层石薄片特征（标尺=500μm）

柴达木西部柱状叠层石柱体（直径5～8cm）

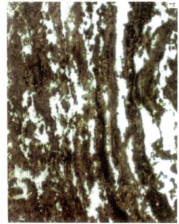
柱状叠层石的薄片特征（标尺500μm）

柴达木西部枝状叠层石（直径1cm）

枝状叠层石薄片特征（标尺=500μm）

柴达木西部多边形叠层石

柴达木西部多边形叠层石

图 6-2　柴达木盆地西部叠层石野外及室内照片（据温志锋等，2005）

表 6-3　五道梁盆地和柴达木盆地西部叠层石特征对比表

项目	五道梁（张雪飞等，2015）	柴西地区（温志峰等，2005）
时代	中新世五道梁组	中新世下油砂山组
形态	球粒状、柱状、穹隆状，部分为长条状	球状、柱状、枝状、多边形

续表 6-3

项目	五道梁(张雪飞等,2015)	柴西地区(温志峰等,2005)
规模	单体 2~8cm,含叠层石地层规模大,厚度几十米,分布面积较大	单体 5~8cm,含叠层石地层规模大,厚度 10.3m,分布面积较大
构造	纹层明显,暗纹层由泥晶碳酸盐排列较明纹层致密引起	纹层明显,暗纹层中泥晶碳酸盐排列较明纹层致密
解释	铁白云石 XRD 值为 2.897~2.904d_{104}/nm(标准为 2.906)。物质成分:铁白云石(热水湖沉积),碎屑钠长石(与热水活动有关),Ni/Co 比值>1(火山热泉成因)	Sr/Ba 小于 1,为淡水,大于 1,为咸水,Sr/Ba 值越高,咸度越大。柴西地区叠层石的 Sr/Ba 值,球状为 11.9,柱状为 5.3,指状为 2.1~3.6,多边形为 1.2~1.8,均远高于 1。形成于青藏高原隆升前
温度	20~30℃	20~30℃

第二节 深层卤水钾盐矿床成因分析

一、柴达木盆地沉积环境对深层卤水的控制

在柴达木盆地西部山前凹地,上新世至早更新世沉积了一套巨厚的冲洪积相砂砾石层沉积物,中间夹薄层黏土、粉砂黏土层。冲洪积相砂砾石层沉积物是柴达木盆地干旱环境中相对丰水期强水动力条件下的沉积物,赋存着大量的深层砂砾孔隙卤水,沉积厚度越大,沉积物分布范围越广,相应的深层砂砾孔隙卤水规模越大。黏土、粉砂黏土层是间歇的水动力弱条件下的沉积物,是深层砂砾孔隙卤水的隔水层,其分布层位越多,分布范围越大,深层砂砾孔隙卤水的规模越小。

在柴达木盆地西部大浪滩凹地(山前凹地前缘),上新世至早更新世,湖相和盐湖相沉积地层控制着深层盐类晶间卤水的分布。湖相黏土、淤泥、含粉砂的黏土等沉积物中一般不含卤水,构成了深层盐类晶间卤水的隔水层,该层沉积厚度越大,隔水层越厚。盐湖相石盐、石膏、芒硝、钾石盐等化学沉积物是深层盐类晶间卤水的赋存空间,沉积厚度越大,深层盐类晶间卤水的分布厚度越大,盐岩的孔隙度越大,深层卤水的富水性越强。在湿润气候条件下,湖相沉积物增加,深层盐类晶间卤水减少。在干旱气候条件下,盐湖相沉积物增加,深层盐类晶间卤水分布范围扩大。

岩性组合影响着构造裂隙孔隙卤水的储水空间的形成。以南翼山深层卤水钾矿区为例,渐新世至上新世,不同沉积环境下沉积地层中原始地下水的性质和水质不同。渐新世深湖相—浅湖相泥质岩、碳酸盐岩、粉砂岩、砂岩类与盐岩(石膏与石盐)等不同岩性中碳酸盐岩内主要有晶间孔、溶蚀孔、溶洞等,易存在大量的重力水、少量的毛细水等。粉砂岩、砂岩粒间孔主要受沉积和成岩作用控制而发育微弱,存在吸附水、薄膜水、毛细水及少量的重力水,只要有构造影响,产生次生孔隙作为储水空间才产生大量的重力水。盐类(石膏和石盐)中主要有晶间孔洞、孔隙,存在着含钾晶间卤水。泥岩除因构造作用产生构造裂隙而存在重力水外,一般作为隔水层,限制了背斜构造区卤水的运动与交换空间。另外,地层内的含盐(钾)程度控制着卤水的含钾浓度。因柴达木盆地不同时代沉积环境从深湖相—浅湖相—滨湖相—三角洲相—泛平原相—山前冲洪积相变化,不同沉积环境控制着不同岩性,不同岩性决定着不同的储水系统。

岩相影响着构造裂隙孔隙卤水的储水空间的形成。南翼山背斜构造区上新世地层出水量 70.4m³/d(南浅评 2 井),中新世地层出水量 132.55m³/d(南 10 井),渐新世地层出水量 605.76m³/d(南 14 井)。从上油砂山组以下至上干柴沟组,越往深部,各种裂缝、裂隙越发育。

从沉积地层中裂缝发育程度看,碳酸盐岩中裂缝(含溶孔)最发育,砂岩中较少,粉砂岩中更少,泥质岩中最少。这是因为不同沉积环境下的岩相不同,产生明显的岩性差异,这种岩性差异在同一褶皱构造运动的变形条件下表现为不同的能干性,可发生不同的变形,能干性强的岩石易发育断层构造及相关裂隙。研究表明,长石砂岩、细粒灰岩、粉砂岩、泥灰岩、页岩(泥岩)、石盐、硬石膏,能干性依次由强变弱。因此可以推断,上新世晚期潮坪沉积环境下的沉积地层以灰色泥岩为主,上部夹有少量白色石膏和岩盐,下部夹有灰色砂岩和泥质粉砂岩,能干性相对较弱,不利于构造裂缝发育。中新世较浅湖沉积环境下的沉积地层为以灰色泥岩夹泥晶灰岩为主,较前者有利于构造裂缝的发育。渐新世较深湖沉积环境下的沉积地层为深灰色钙质泥岩与不等厚色泥质粉砂岩、泥灰岩互层,较利于构造裂缝发育。

沉积物组分或气候的季节性变化,岩石沉积微相和岩性改变,产生微细水平层理、平行层理,后期构造运动中有利于产生层间断层、层间断层裂缝等(魏莉等,2011;甘贵元等,2002),有利于储卤空间的形成。

二、柴达木盆地地质构造对深层卤水钾盐矿的控制

柴达木盆地古近纪至新近纪沉积凹地在后期新构造运动的作用下,遭受挤压产生断裂和差异性升降活动,地层变形褶皱隆起,引起盆地地形地貌的差异。沿山前断陷凹地形成深层盐类晶间卤水钾盐矿和深层砂砾孔隙卤水钾盐矿,如大浪滩凹地、大浪滩-黑北凹地、察汗斯拉图凹地、昆特依凹地和马海凹地深层卤水钾盐矿床;在向斜凹地形成较浅的盐类晶间卤水钾盐矿。在背斜构造区形成深层构造裂隙孔隙卤水钾锂盐矿,如南翼山深层卤水钾锂盐矿床、鄂博梁深层卤水钾锂盐矿床等。

1. NW向断裂构造是深部Li、B、Br等元素迁移到近地表富集成矿的重要通道

从柴达木盆地地震T6反射层断裂系统图(图2-4)可以看出,柴达木盆地西部NW向断裂构造系统较发育,在喜马拉雅运动下这些断裂系统再次活化,致使深部B_2O_3、Li^+、Br^-等组分随岩浆气液沿深大断裂及其引起的次级断裂运移到地层中,最终在深部有断裂的背斜构造等地区富集。柴达木盆地西部狮子沟、南翼山背斜构造是新生代最早的沉积中心,K^+、B_2O_3、Li^+、Br^-含量和卤水矿化度较高,而东部K^+含量和卤水矿化度较低,但B_2O_3、Li^+、Br^-含量却仍然较高,这说明B_2O_3、Li^+、Br^-与NW向断裂构造关系密切。

2. 断层构造、构造裂缝对深层富钾卤水控制作用

中新世—上新世早期,不同地层因受喜马拉雅期多次构造的影响,越早的岩石经历的构造活动越多,断层构造及相应的裂缝(隙)越发育(图6-3、图6-4)。如南翼山背斜中,反映下部泥岩、粉砂质泥岩地层(下干柴沟组)的南ZK10、南ZK14、南ZK6、南ZK13等钻孔,岩芯中储卤层发育横断层、纵断层、顺层(层间)断层,构造裂缝发育,而反映上部泥岩、粉砂质泥岩地层(狮子沟组)的南ZK02孔,岩芯完整,构造裂缝不发育。构造裂隙、次级裂隙和裂缝越发育,富水性越强,反之亦然。

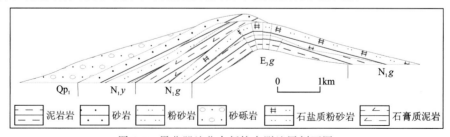

图6-3 黑北凹地北中新统实测地层剖面图

图 6-4 渐新世上干柴沟组含石盐的泥质粉砂岩

从以上深层卤水的分布范围可以看出,断层构造对深层构造裂隙孔隙卤水的控制作用比较明显,对储集起主导作用,具体表现在两个方面:一方面,断裂构造为深层卤水的通道和减压带,使深层卤水上升或侧向运移,并在这些部位富集,成为深层卤水的重新分布带。另一方面,下干柴沟组至上油砂山组在断层作用下产生断层裂隙和次生(张)节理裂隙,直接构成了庞大的深层卤水的储存系统;上干柴沟组和下油砂山组因以灰质泥岩和泥灰岩为主,碳酸盐岩发育,溶洞更发育,在断层和有机酸溶蚀的联合作用下,各类溶洞扩大,使其与微裂隙和各种孔隙联在一起形成复杂的网络储水系统(吴兴录,2003)。

三、盆地的发展阶段对钾盐矿成分的控制作用

柴达木盆地深层卤水储层形成地质时代不同,其物质成分差异较大。背斜构造区卤水储层形成地质时代一般为古近纪古新世至新近纪上新世,形成的相应深层卤水钾锂盐矿矿化度高,有益组分 K、B、Li、Br、I 等达到可开发利用程度,水化学类型为氯化物型。而沿阿尔金山、赛什腾山山前凹地,卤水储层形成地质时代一般为新近纪上新世至第四纪,形成的相应深层卤水钾盐矿床矿化度较高,有益组分钾达到可开发利用程度,其他成分相对较低,水化学类型为氯化钠型,少数过渡为硫酸镁亚型,其浅部晚更新世至全新世形成晶间卤水钾盐矿床。

四、古气候环境对深层卤水钾盐矿矿床类型的控制作用

进入新生代以来,柴达木盆地古气候从强潮湿演化为强干旱,从路乐河中期至狮子沟晚期,气候介于弱潮湿和弱干旱;狮子沟晚期末至全新世,从较弱的干旱期演化为强干旱气候环境,相应的气候环境下,沉积了大量岩盐地层。

古新世从早期至中期,古气候从强潮湿期过渡为较强的干旱期,在河流泛滥平原沉积环境下底部沉积了灰色、深灰色的一套砾岩,上部为夹粉砂的泥岩建造;从古新世中期至末期,古气候处于较强的干旱期,沉积了一套紫红色、褐色泥岩建造。始新世古气候从较弱的干旱期至较弱的湿润期,再到较弱的干旱期,在三角洲前缘和扇三角洲沉积环境下,下部沉积了以棕褐色泥岩为主、夹细砂岩的沉积建造,上部沉积了以浅灰色、灰色及深灰色泥岩、钙质泥岩为主,夹泥质粉砂岩的建造。渐新世中期至晚期,古气候由较强的潮湿期演化为较强的干旱期,出现下干柴沟组湖相、化学湖相沉积,石膏、石盐沉积(剖面12~16层);中新世早期,古气候从较强的干旱期变为较弱的潮湿期,再从较弱的潮湿期变为弱潮湿期(或干旱期),沉积了上干柴沟组浅湖相、湖相沉积地层,局部含盐层;从中新世晚期至第四纪,古气候从弱潮湿

期(或弱干旱期)向较强至强干旱环境演化(贾艳艳等,2015),沉积了下油砂山组、狮子沟组、更新世—全新世岩盐层(图 6-5)。背斜构造区,从晚古新世下干柴沟期至上新世狮子沟期干旱的气候条件下沉积形成的岩盐地层不仅是深层构造裂隙孔隙卤水钾、钠、镁盐的重要矿源层,也是深层砂砾孔隙卤水和深层晶间卤水的重要矿源层以及深层晶间卤水中岩盐的重要矿源层。

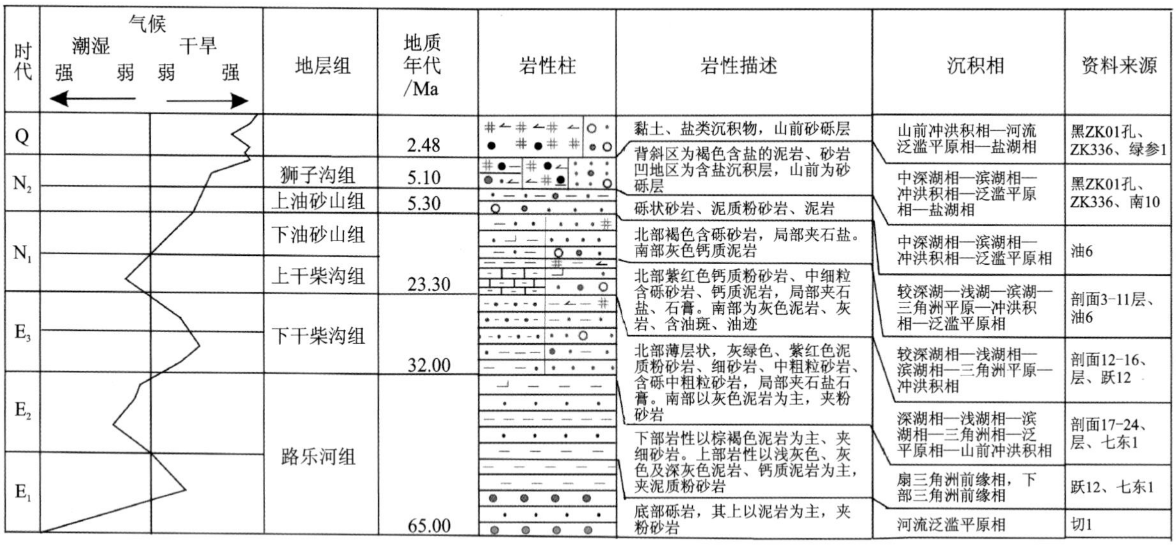

时代	气候 潮湿 干旱 强 弱 弱 强	地层组	地质年代/Ma	岩性柱	岩性描述	沉积相	资料来源
Q			2.48		黏土、盐类沉积物,山前砂砾层	山前冲洪积相—河流泛滥平原相—盐湖相	黑ZK01孔、ZK336、绿参1
N₂		狮子沟组	5.10		背斜区为褐色含盐的泥岩、砂岩凹地区为含盐沉积层,山前为砂砾层	中深湖相—滨湖相—冲洪积相—泛滥平原相—盐湖相	黑ZK01孔、ZK336、南10
		上油砂山组	5.30		砾状砂岩、泥质砂岩、泥岩		
N₁		下油砂山组			北部褐色含砾砂岩,局部夹石盐。南部灰色钙质泥岩	中深湖相—滨湖相—冲洪积相—泛滥平原相	油6
		上干柴沟组	23.30		北部紫红色钙质粉砂岩、中细粒含砾砂岩、钙质泥岩,局部夹石盐、石膏。南部为灰色泥岩、灰岩、含泥斑、油迹	较深湖相—浅湖相—滨湖相—三角洲平原相—冲洪积相—泛滥平原相	剖面3-11层、油6
E₃		下干柴沟组	32.00		北部薄层状、灰绿色、紫红色泥质粉砂岩、细砂岩、中粗粒砂岩、含砾中粗粒砂岩,局部夹石盐与石膏。南部以灰色泥岩为主,夹粉砂岩	较深湖相—浅湖相—滨湖相—三角洲平原相—冲洪积相	剖面12-16层、跃12
E₂		路乐河组			下部岩性以棕褐色泥岩为主,夹灰色细砂岩。上部岩性以浅灰色、灰色及深灰色泥岩、钙质泥岩为主,夹泥质粉砂岩	深湖相—浅湖相—滨湖相—三角洲平原—山前冲洪积相	剖面17-24层、七东1
E₁						崩三角洲前缘相,下部三角洲前缘相	跃12、七东1
			65.00		底部砾岩,其上以泥岩为主,夹粉砂岩	河流泛滥平原相	切1

图 6-5 柴达木盆地新生代气候变化略图

另外,古新世至上新世,在柴达木盆地干旱的气候环境下,湖水蒸发浓缩,矿化度不断升高,沉积盆地沉积岩盐层,在后期构造运动作用下,地层褶皱隆起,在构造裂隙和碎屑岩孔隙中形成高矿化度卤水钾锂盐矿床,矿床类型为构造裂隙孔隙卤水型钾锂盐矿床。靠近山前,由于雨水较为充足,一度沉积了规模巨大的冲洪积扇体,有利于形成砂砾孔隙型深层卤水钾盐矿床。在向斜凹地受长期干旱的古气候条件影响,一般形成固体钾盐矿床和深层晶间卤水钾盐矿床。

五、水文地质、水化学条件对深层卤水钾盐矿的控制作用

(1)从表5-16计算结果可以看出,柴达木盆地3种不同深层卤水特征系数反映了钾、钠、镁等的物源。脱硫作用主要发生在还原环境下,这种环境对保存油气很有利,故脱硫作用作为一种环境指标,封闭性越好,其值越小(甘桂元等,2002),因此推断南翼山深层卤水由于硫酸盐的还原,导致其内 SO_4^{2-} 含量较低。深层盐类晶间卤水脱硫系数值为 0.01~0.11,深层砂砾孔隙卤水脱硫系数值为 0.01,深层构造裂隙孔隙卤水脱硫系数为 0.07,说明深部成因的卤水封闭性较好,变质程度较高,不受地表水体或风化作用的影响,属于沉积变质卤水。

(2)柴达木盆地西部低山丘陵区一般发育古近系和新近系碎屑岩、灰岩,赋存裂隙孔隙水,埋藏深度大于800m,属高承压自流水,补给和向外界的排泄量小。地下水一部分来源于大气降水,另一部分来源于北部基岩裂隙水的地下潜流补给,地下水大都具有承压性,径流条件差,排泄微弱,这种条件下一般形成构造裂隙孔隙型深层卤水钾盐矿床。阿尔金山、赛什腾山山前第四系、上新统砂砾层埋藏深度大于300m,受大气降水和基岩裂隙水补给,径流条件差,排泄微弱,这种条件下一般形成砂砾孔隙型深层卤水钾锂盐矿床。柴达木盆地各凹地内第四纪、上新世岩盐层埋藏深度大于300m,曾受大气降水和基岩裂隙水补给,径流条件差,排泄微弱,这种条件下一般形成深层晶间卤水型钾盐矿床。

第三节 深层卤水成矿模式与成矿过程

一、深层卤水成矿模式

柴达木盆地不同的深层卤水成矿模式不同。深层盐类晶间卤水成矿模式为基岩区淋滤—盆地边缘古近纪、新近纪地层内淋滤—盆地内蒸发—埋藏—富集成矿，深层砂砾孔隙卤水成矿模式为基岩区淋滤—新近纪地层内淋滤—盆地内水质交换—富集成矿，深层构造裂隙孔隙卤水成矿模式为基岩区溶滤—盆地内蒸发—埋藏—沿构造裂隙、孔隙运移—富集成矿。

(一)深层盐类晶间卤水钾盐矿成矿模式

(1)渐新世以来，高山深盆的地貌条件下钾质向湖盆继续迁移。渐新世晚期至上新世早期沉积的盐岩层为深层盐类晶间卤水钾盐矿提供了矿源层。

(2)蒸发浓缩，深层盐类晶间卤水钾盐矿形成。上新世至中更新世，盆地内干旱的气候条件下，经蒸发浓缩、部分结晶成盐、部分形成卤水钾盐矿，或岩盐层中因地下水渗入，形成深层卤水钾盐矿床。在丰水期，湖相沉积作用下，沉积了一套黏土、含粉砂黏土，形成了深层盐类晶间卤水的隔水层。

(二)深层砂砾孔隙卤水钾盐矿成矿模式

(1)上新世晚期至早更新世，高山深盆的地貌条件下钾质向湖盆继续迁移。干旱、半干旱的条件下，盐分在风化壳中积累，出现 Cl、Na、S(Ca、Mg、K)等元素和碱金属及碱土金属的氯化物、硫酸盐，K 被淤泥、黏土和土壤吸附后，在多旋回冲洪积作用下被迁移到湖盆之中。

(2)渐新世晚期至上新世，岩盐层沉积，深层砂砾孔隙卤水钾盐矿的直接矿源层形成。在渐新世晚期至上新世晚期，盆地内经历了长期干旱，蒸发浓缩作用强烈，沉积了大量的盐层，为砂砾孔隙卤水钾盐矿的直接矿源层。后期在喜马拉雅期构造作用下，将其逆冲推覆至阿尔金山山前，并产生构造裂隙，便于地下水在岩盐层中发生溶滤作用。

(3)冲洪积相砂砾层为深层卤水钾盐矿创造了物质交换场所和储层空间。

上新世晚期至早更新世，盆地在丰水期沉积了巨厚的砂砾孔隙卤水储层——砂砾石层。在基岩山区的古高山(冰雪)融水径流至古近纪—新近纪盐岩裂隙内，溶解地层内含钾成分，然后径流至第四纪冲洪积相砂砾地层，与孔隙内封存的固有地下水发生混合和物质交换，演化为现今的砂砾孔隙卤水钾盐矿(郑绵平等，2015；图 6-6)。

(三)深层构造裂隙孔隙型卤水钾锂盐矿成矿模式

(1)深层含钾卤水演化的第一阶段：渐新世至上新世早期，冲洪积扇沉积体系中钾质向湖盆迁移，初步富集。原生钾矿物比钠矿物破坏得慢也更坚固，且钾在风化壳中更易形成难溶化合物，这是风化壳中 K 比 Na 少的主要原因。戈德施密特及其同事在研究各种岩石和海水中碱金属的分布情况后得出结论，K、Rb 和 Sc，像 Li 一样，由于吸附作用的缘故大多数避开海水，使 K 在更大程度上使稀有碱金属保留在黏土沉积物中。因此，K 被淤泥、黏土和土壤吸附后，在多旋回冲洪积作用下迁移到湖盆之中，易与

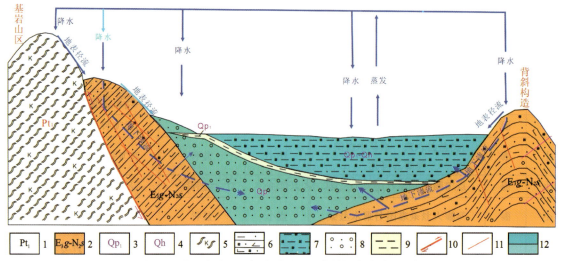

图 6-6 柴达木盆地西部砂砾层和盐类晶间卤水成因图解

1.古元古界;2.渐新统下干柴沟组—上新统狮子沟;3.下更新统;4.全新统;5.钾长片麻岩;6.砂岩、钙质砂岩、粉砂岩、泥质粉砂岩等,具有石膏和石盐层;7.砂砾孔隙卤水储层(冲洪积相砂砾石层);8.盐类晶间卤水储层(湖相、盐湖相沉积层);9.隔水层(黏土层或泥岩);10.逆冲断层;11.性质不明断层;12.盐类晶间卤水(上)和砂砾型卤水(下)

Mg 等一起聚集在残余卤水中。

(2)深层含钾卤水演化的第二阶段:渐新世至上新世,相对闭塞的湖盆内蒸发浓缩,深层卤水钾盐矿雏形产生。深层卤水区相对闭塞的湖盆使陆内携钾水体得以汇集,为后期蒸发浓缩成盐提供必要的赋存空间。气候干旱,湖水进一步浓缩,在南翼山、狮子沟地区首先出现含石膏、芒硝、岩盐的沉积(图 6-7),初步形成蒸发岩,部分地下水蒸发浓缩形成高矿化度卤水,或部分蒸发岩在雨季发生再溶解形成高矿化度卤水,当这些高矿化度卤水封闭于岩盐地层中,就形成了深层构造裂隙孔隙卤水的雏形。

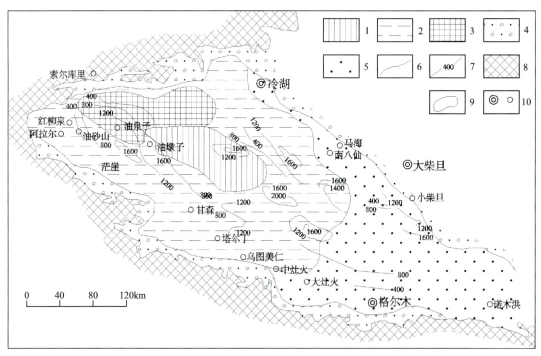

图 6-7 柴达木盆地渐新世以来岩盐层分布示意图(据沈振枢等,1993)

1.中深湖相;2.滨浅湖相;3.盐湖相;4.冲洪积相;5.泛滥平原相;6.岩相界线;7.等厚线(m);8.现代基岩区;9.隆起区;10.城镇、地名

(3)深层含钾卤水演化的第三阶段:喜马拉雅期,深部 Li、B 等沿断层裂隙向盆地迁移。印度板块向

北俯冲,柴达木盆地南部五道—沱沱河一带火山活动强烈,柴达木盆地受火山活动影响,富含 B、Li 等元素的火山气液从深部沿断裂运移至岩盐地层,与原有的高矿化度卤水混合发生混合改造,使卤水的成分发生改变,变得富集 B、Li 等元素(图 6-8)。

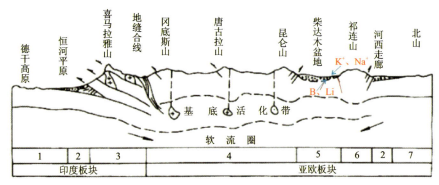

图 6-8　青藏高原隆起的理想模式和成钾图(据李吉均,1983)

1.印度地盾;2.准地槽;3.板块前缘叠瓦式造山带;4.青藏高原基底活化大面积隆起带;5.古老地块
相对沉降带;6.边缘活化回春隆起山地;7.蒙新地块

(4)深层含钾卤水演化的第四阶段:深层构造裂隙孔隙卤水的形成。

上新世末至早更新世初(青藏运动 A 至 B 幕)和 1.60～1.10Ma(青藏运动 C 幕)新构造强烈抬升,阿尔金山周缘及柴达木盆地内部南翼山等褶皱隆起形成背斜,同时伴生横向、纵向断层及次级断层裂隙,这些断层裂隙建立了背斜构造区与原始地下水储存和运移空间。构造裂隙孔隙水化学组分中最重要的一个特征就是在封闭性比较好的构造裂隙内,由于碳氢化合物及脱硫细菌的作用而引起的如下反应:

$CH_4 + CaSO_4 = CaS + CO_2 \uparrow + 2H_2O$

$CaS + CO_2 + H_2O = CaSO_4 + H_2S \uparrow$　　(碳氢化合物与硫酸盐反应产生 H_2S 气体)

$RSO_4 + C + 2H_2O = RS + CO_2 \uparrow + H_2O$

$RS + CO_2 + H_2O = RCO_3 + H_2S \uparrow$　　(脱硫细菌与硫酸盐反应也产生 H_2S 气体)

反应结果造成卤水中硫酸盐大量减少,并产生 H_2S 气体。所以,构造裂隙孔隙卤水化学组分中 SO_4^{2-} 普遍较低,且多数油气钻井中有 H_2S 气味。通过以上作用形成构造裂隙孔隙卤水钾盐矿。

二、深层卤水成矿过程

柴达木盆地深层构造裂隙钾锂盐矿、深层盐类晶间卤水钾盐矿和深层砂砾孔隙卤水钾盐矿形成是一个系统的地质演化过程。其成矿时空演化与柴达木盆地古气候、地层、构造演化密切相关。现将区内成矿时空演化分为 4 个阶段。

1. 成矿物质初步富集阶段

该阶段为前古近纪期,在俯冲造山作用下,原始矿源层形成。前第三纪,随着古陆块形成和古陆克拉通化,随后的不稳定克拉通地台出现强烈的拉张、俯冲造山等作用,花岗岩等含钾高的岩层环阿尔金山初步形成,为柴达木盆地西部以钾为主的盐类原始矿源层的形成奠定了基础。

2. 初始矿源层的形成阶段

古新世—上新世时期,西北部一里沟是柴达木盆地内持续下降的沉积中心地带。此时逐渐沉积"第二盖层"(新生代地层),此时在古近系—新近系中盐类初步沉积,尤其在上新统中,沉积盐岩地层,形成了盐类晶间卤水和砂砾孔隙卤水钾盐矿的初始矿源层。

3. 深层卤水钾盐矿初步富集

上新世末,柴达木盆地经历了一次强烈的地壳运动。在逆冲推覆作用下,一方面,盆地内基底差异性升降运动也逐渐加剧,盆地西北部相对于东南部有较大幅度的隆起,并同时被挤压形成褶皱和断层裂隙。此时,南翼山及北部的鄂博梁Ⅱ号和冷湖六号、七号等褶皱形成背斜构造和断层裂隙,露出水面遭受剥蚀,此阶段伴随深层构造裂隙孔隙卤水的形成。另一方面,盆地周缘抬升,将部分上新统盐岩层推覆至阿尔金山山前。然后,在后期重力作用下,在阿尔金山等山前产生同沉积作用,山前沉积大量的砂砾石层,为砂砾孔隙卤水的形成创造了空间。与此同时,在柴达木盆地随着背斜构造的产生,相应形成向斜凹地,山前形成断陷凹地,为盐类晶间卤水的形成创造了空间。

4. 深层卤水矿床形成

上新世末,在背斜构造区,地下水在盐岩层中的高压和高封闭空间内,不断还原形成构造裂隙孔隙卤水。第四纪,高山融水作用,将山前上新世以来形成的古盐岩层中的盐类物质溶解后,通过径流作用,迁移至凹地内,在蒸发作用下,产生(深层)盐类晶间卤水,在砂砾层中产生(深层)砂砾孔隙卤水。

第四节 深层卤水找矿模型与找矿方向

一、深层卤水找矿模型

(一)找矿标志

柴达木盆地3种类型深层卤水虽然成矿地质特征和成因不同,但大的构造背景基本相似。在找矿标志方面既有普遍性,又有特殊性。

1. 地质标志

1)地层标志

古新世—上新世湖相地层是深层构造裂隙孔隙卤水的找矿标志。柴达木盆地古近系至新近系下干柴沟组、上干柴沟组、下油砂山组、上油砂山组和狮子沟组地层岩性为深湖相、浅湖相、滨湖相、三角洲相、泛平原相泥质粉砂岩、细砂岩、中粗粒砂岩、含砾中粗粒砂岩,局部夹石盐、石膏。其内赋存高矿化度构造裂隙孔隙卤水,地层越老,深层卤水层越发育,在1200~3000m深度比较集中。因此,古近纪—新近纪湖相地层是深层构造裂隙孔隙卤水钾盐矿的重要找矿标志。

上新世—更新世冲洪积相、湖相、盐湖相沉积地层是深层盐类晶间卤水的找矿标志。柴达木盆地新近系上新统狮子沟组和下更新统山前冲洪积相地层岩性为含砾砂、砾砂、含砾中粗砂层,沉积厚度大,部分地段上覆盐岩层,其内赋存高矿化度卤水,富含K^+、Na^+、Mg^{2+}、Cl^-等,是深层砂砾孔隙卤水的储存空间。新近系上新统狮子沟组和下更新统湖相—盐湖相沉积地层岩性为黏土、含粉砂的黏土、石盐、粉砂石盐、石膏、芒硝等,其内赋存深层盐类晶间卤水,富含K^+、Na^+、Mg^{2+}、Cl^-、SO_4^{2-}等。因此,新近系上新统狮子沟组和下更新统山前冲洪积相砂砾层是深层砂砾孔隙卤水的找矿标志,盐湖相石盐、粉砂石盐、石膏、芒硝等是深层盐类晶间卤水钾盐矿的找矿标志。

2)构造标志

构造标志是深层砂砾孔隙卤水钾盐矿和深层盐类晶间卤水钾盐矿的重要找矿标志。喜马拉雅期以来,柴达木盆地与周缘山区之间产生了断陷凹地,是深层砂砾孔隙卤水和深层盐类晶间卤水的有利成矿区。在 NW-SE 向展布的阿尔金山前断陷凹地发现了大浪滩-黑北凹地、察汗斯拉图凹地和昆特依凹地深层砂砾孔隙卤水钾盐矿床,凹地前缘发现了大浪滩深层盐类晶间卤水钾盐矿床;NNW-SSE 向展布的赛什腾山山前发现了马海凹地深层砂砾孔卤水钾盐矿。由此可见,山前断陷凹地是深层砂砾孔隙卤水钾盐矿和深层盐类晶间卤水钾盐矿的重要找矿标志。

近 NW-SE 向背斜构造是深层构造裂隙孔隙卤水钾锂盐矿床的重要找矿标志。柴达木盆地为大型盆地,其内发育第四纪断陷凹地,其间为古近纪以来的背斜构造区(地貌上属低山丘陵)。背斜构造区断裂裂隙和孔隙中分布高矿化度卤水,矿化度高,富含 K、Li、B、Br、I 等元素,发现深层构造裂隙孔隙卤水钾锂盐矿床多处,如南翼山深层构造孔隙卤水钾盐矿床、开特米里克深层卤水钾锂盐矿床等。由此可见,柴达木盆背斜构造区是深层构造裂隙孔隙卤水钾锂盐矿床的重要找矿标志。

2. 遥感影像特征

从前文图 2-8 可以看出,柴达木盆地山前断陷凹地存在色调以紫红色为主、影纹较细腻、表面光滑的冲洪积扇影像特征,其内化学湖相沉积地层表现为灰白色、浅蓝色、浅褐色、蓝绿色等,背斜构造表现为长轴状的凸起。从这些特征基本能反映断陷凹地和背斜构造分布情况。由此可见,遥感影像是深层卤水的找矿标志之一。

3. 地球物理标志

1)地震响应

通过地震波传播和运动方式的改变、强度和稳定性的改变,可以判断地下和地面各种地质条件及其影响因素。深层盐类晶间卤水储层为湖相的石盐、石膏、芒硝等,在地震剖面上反映的是一套同相轴反射强度较强、较连续的地震响应特征,同时反射能量呈条带状分布(图 6-9)。深层砂砾孔隙卤水的储层粉砂、细砂、中粗砂及含砾砂岩在地震剖面上反映的是一套同相轴反射强度较强、连续性相对较差的地震响应特征,同时反射能量也呈块状分布(图 6-10)。深层构造裂隙孔隙卤水的储层为断层构造裂隙和地层孔隙,在地震剖面上地层错位、不连续部位一般解释为断层,地震剖面上反映的是一套同相轴反射强度较强、连续性相对较差的地震响应特征,横向连续性相对较差,反射能量呈块状分布。

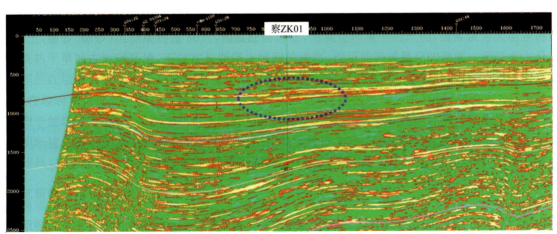

图 6-9 察 ZK01 孔地震剖面图

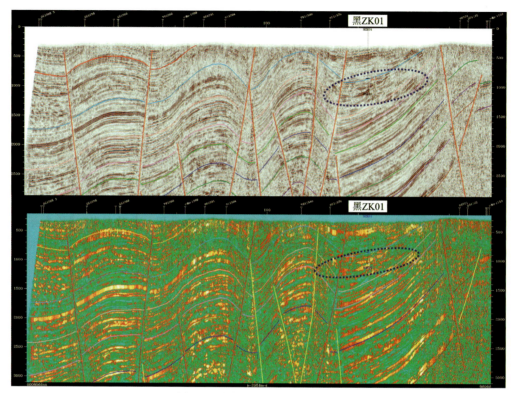

图 6-10 黑 ZK01 孔地震反演图

2)高精度电磁频谱测深、大地电磁测深、测井

对地震解译圈定的成矿有利地段运用高精度电磁频谱测深(HMES)和大地电测深(MT)等电法勘探方法进行测量,可以初步确定卤水的分布深度和空间位置,并在大浪滩和马海等矿区进行验证。高精度电磁频谱测深:电磁波经过波阻抗界面时会产生反射,在地面接收并研究不同波阻抗界面反射的电磁波,可以得到地层电阻率随深度变化的信息。结合地质及其他物探资料,可以对地层的岩性、物理性质进行多元解释,确定卤水的分布范围及空间位置。在古近纪、新近纪地层中,深层卤水层表现为高磁场强度及高电阻率背景下的低电阻率,是高精度电磁测深识别每个点可能分布深层卤水的标志。大地电磁测深:依据不同频率的电磁波在导体中具有不同趋肤深度的原理,在地表测量由高频至低频的电磁响应序列,经过相关的数据处理和分析来获得大地由浅至深的电性结构,其结果可用于判断深层卤水含水层和隔水层。深层卤水分布区视电阻率小,不含卤水的层段视电阻率高。

测井中卤水的电性特征。含卤水的岩层电性特征表现为:自然电位为偏负;自然伽马值为 8~60API,较纯的石盐层在 10API 左右;井径值大于钻头直径;补偿声波值在 450μs/m 左右;双感应-八侧向值为 0~1Ω·m 范围内的低电阻值。

4. 地球化学标志

从地球化学元素分布相关性看,背斜构造区深层卤水中,Na^+、Cl^-、矿化度之间具有很强的相关性,K^+、Ca^{2+}、Li^+、Sr^{2+}、B^{3+} 具有较强的相关性,Rb^+、Cs^+、Br^- 具有较强的相关性,Mg^{2+}、SO_4^{2-}、HCO_3^- 具有较强的相关性,Rb^+、I^- 具有较强的相关性。向斜凹地孔隙卤水中 Na^+、Cl^-、矿化度之间具有很强的相关性,SO_4^{2-}、NO_3^-、Rb^+、Cs^+、HCO_3^- 之间具有很强的相关性。B_2O_3、Br^-、I^-、Li^+ 之间具有很强的相关性,K^+、Ca^{2+}、Mg^{2+} 之间具有很强的相关性。这种相关性是比较好的找矿标志。

(二)找矿模型

1)矿床成因

从水文地质分析,深层盐类晶间卤水钾盐矿一般在地下水的排泄区,在地貌上属于向斜凹地、断陷凹地,卤水的矿化度高;砂砾孔隙卤水钾盐矿一般在地下水的径流区和滞留区,地貌上属山前断陷凹地,卤水矿化度高;构造裂隙孔隙卤水一般存在于地下水的径流区和排泄区,地貌上属于低山丘陵区,卤水矿化度高。由此可见,划分矿床类型,根据类型确定深层卤水找矿思路,是确定找矿方法的前提。

2)深层卤水储层地球物理特性

(1)地震响应特征:解译资料品质好的波形反映的是粉砂、细砂、中粗砂及含砾砂岩,或者是石盐层等。品质差的波形反映的是构造高部位、黏土岩等。固体石盐和晶间卤水分布区以石盐层夹黏土层段在地震剖面上反映的是一套同相轴反射强度较强、连续性相对较好的地震响应特征。砂砾孔隙卤水分布区粉砂、细砂、中粗砂及含砾砂岩在地震剖面上反映的是一套同相轴反射强度较强、断续、呈块状分布的地震响应特征。

(2)电磁特征:高精度电磁频谱电磁波在经过波阻抗界面时会产生反射,在地面接收并研究不同波阻抗界面反射的电磁波,可以得到地层电阻率随深度变化的信息,在卤水区一般电阻率低。结合地质及其他物探资料,可以对地层的岩性、物理性质进行多元解释。大地电磁测深是依据不同频率的电磁波在导体中具有不同趋肤深度的原理,在地表测量由高频至低频的地球电磁响应序列,经过相关的数据处理和分析来获得大地由浅至深的电性结构,根据卤水特殊的低电阻率特征,从而判断含卤层。

(3)测井解译:含卤水的岩电特征表现为自然电位为偏负、自然伽马值较高、井径大于一般值、补偿声波值较大、电阻率值低。

3)钻探工程验证

通过钻探工程验证,确定深层卤水的储卤层位及岩性,深层盐类晶间卤水的储卤层位是盐岩层,深层砂砾孔隙卤水的储卤层位是冲洪积扇相砂砾、含砾中粗砂、粉细砂等,深层构造裂隙孔隙卤水的储卤层位是构造裂隙、粗颗粒孔隙。经抽卤实验,可以判断深层卤水的富水性。经实验室测试、分析卤水组分,可以初步确定深层卤水矿体。

4)找矿方法组合

深层卤水找矿模型见图 6-11。

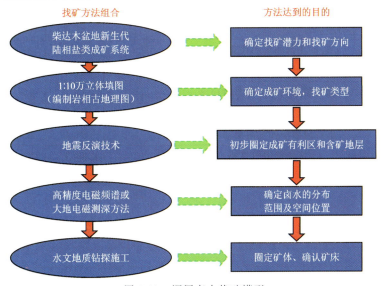

图 6-11 深层卤水找矿模型

(1) 柴达木盆地深层卤水钾锂盐矿的存在与固体钾盐矿、晶间卤水钾盐矿和砂砾孔隙卤水钾盐矿及背斜构造裂隙孔隙卤水之间均有关系。因此,以柴达木盆地陆相盐类成矿系统为思路,系统分析矿床成矿规律,确定找矿思路,是找矿方法组合的前提。凹地部位砂砾层分布区以深层冲洪积扇相砂砾石层为找矿对象。凹地部位岩盐层中以深部化学湖相盐岩层为找矿对象。背斜构造区以深部构造裂隙孔隙卤水为找矿对象。

(2) 以锁定盆地深层卤水钾盐矿成矿类型为目的,对新生代陆相盐类成矿系统开展1:10万立体填图(采用遥感解译、地震解译、以往施工的钻孔资料分析,利用手持GPS导航定位、地表剖面测制、路线追索等方法,编制工作区立体地质构造图或岩相古地理图,划分储卤地层属性),确定成矿环境和找矿类型。

(3) 以探索深层卤水钾盐矿储卤层地质特征为目的,对上述过程确定的成矿类型进行地震解译,初步圈定成矿有利区。根据不同储卤层地震响应特征,对地震资料进行反演,初步判断深层地层特征、沉积环境,判断断层位置、产状与规模,确定卤水储层分布空间。

(4) 对地震解译圈定的成矿有利地段利用高精度电磁频谱、大地电磁测深等电法勘探方法进行测量,确定卤水的分布范围及空间位置。高精度电磁频谱(HMES)、大地电磁测深(MT)确定含卤层分布范围,初步确定矿体空间位置及深度。

(5) 利用水文地质钻探对通过高精度电磁频谱、大地电磁测深方法定位的深层卤水的空间位置进行验证。水文地质钻探确定矿体分布位置,包括岩芯钻探、成井、抽卤实验和测井4个方面。

(6) 确定矿体或矿床。

二、深层卤水找矿方向

一个盐类矿床的形成和分布往往受各种地质因素的影响,如地层、构造、岩浆活动、岩相、古地理、岩性、古水文及风化因素等,但是针对某一类矿床,控矿因素对成矿的贡献有主次之分,即对不同成因和不同矿种的矿床应选择主要控矿因素来分析找矿,从而把握矿床成矿机制和时空上的产出及分布特征,在此基础上总结成矿规律,建立找矿模型,进而指导找矿预测工作。

1. 深层盐类晶间卤水钾盐矿找矿方向

一是重视成盐凹地演化程度,二是注重成盐凹地的规模,三是注意上新世承袭盐岩沿山前分布的情况。在柴达木盆地南缘,尽管缺乏古近纪、新近纪含盐地层,但如果古气候分析发现此处曾存在长期干旱,且凹地规模较大,如尕斯库勒湖凹地,则表明依然具有深层盐类晶间卤水找矿前景。柴达木盆地北缘,在凹地的北部存在古近纪、新近纪含盐地层,凹地经历了长期干旱,且凹地规模非常大,如大浪滩-黑北凹地、察汗斯拉图凹地、昆特依凹地和马海凹地,因此这些凹地具有深层晶间卤水找矿前景。

2. 深层砂砾孔隙卤水钾盐矿找矿方向

一是重视山前断陷凹地,二是注重上新世承袭盐岩沿山前发育的程度。在柴达木盆地南缘,因缺乏古近纪、新近纪含盐地层,砂砾孔隙卤水的找矿前景小。由于构造运动,上新统及以前盐岩被推覆至阿尔金山山前,成为砂砾孔隙卤水钾盐矿的矿源层。如大浪滩凹地、黑北凹地、察汗斯拉图凹地、昆特依凹地及马海凹地的边缘分布古近纪、新近纪含盐地层,同时分布巨厚的砂砾层,砂砾孔隙卤水的钾盐矿成矿条件好,有少数钻探已证实,应重点进行勘查工作(图6-12)。另外,根据大浪滩-黑北凹地地震反演解译成果,在目前施工的1500m深部以下至4000m处也可能存在着砂砾孔隙卤水钾盐矿(图6-13蓝色部分),是找钾盐矿的有利层段。

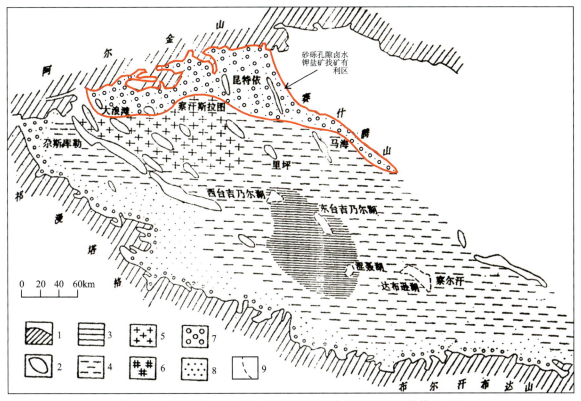

图 6-12　砂砾孔隙卤水钾盐矿找矿有利区分布图（据李洪普等，2015）

1.盆地边界；2.隆起区；3.中深湖；4.滨浅湖；5.盐湖滨浅湖；6.干盐湖；7.冲洪积扇；8.冲洪积平原；9.卤水湖界限

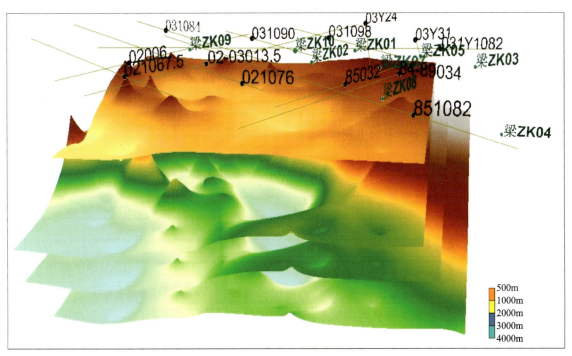

图 6-13　柴达木盆地大浪滩-黑北凹地地震反演解释（据李洪普等，2015）

3. 深层构造裂隙孔隙卤水钾盐矿找矿方向

一是重视古近纪、新近纪以来含盐地层的发育程度，二是注重构造区构造裂隙发育部位，钻孔尽量布置在构造发育部位。渐新世只在狮子沟—南翼山一带有盐类沉积,中新世早期在南翼山一带有盐类沉积,中新世晚期在南翼山有盐类沉积,上新世早期,盐类沉积范围加大,靠近阿尔金山前有盐类沉积。在南翼山—开特米里克等地区有大规模的盐类沉积。因此,南翼山、狮子沟、开特米里克等背斜构造区发育古近纪、新近纪含盐地层,背斜构造因变形复杂,有利于成钾成盐(图6-14)。

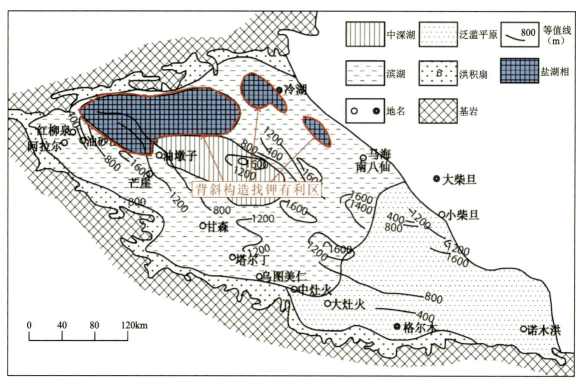

图 6-14 构造裂隙孔隙卤水钾盐矿找矿有利区分布图(据李洪普等,2015)

第七章　深层含钾卤水利用研究

第一节　国内外含钾卤水开发利用现状

一、国内外深层卤水开发利用研究现状

深层卤水的开发利用首先是从深层构造裂隙孔隙卤（油田）水资源的开发利用开始的。深层构造裂隙孔隙卤水由于含有丰富的钾盐、钠盐和硼、锂、溴、碘、铷、铯、锶等元素，具有良好的开发利用前景，和油气同层或伴生，在油气的开发过程中也一同被开采利用。20 世纪 90 年代以来，日本、美国、俄罗斯对油田水的开发利用日益重视，但利用的有益组分多以碘、溴为主，只有非洲的突尼斯、利比亚，南美洲的智利、墨西哥、秘鲁等国曾利用地下卤水生产钾盐。

由于溴没有独立的矿物，只能从卤水中提取，世界上从卤水中提取的溴产量在 1990 年便已达 42 万 t（金锋等，1995）。像德国的巴斯夫公司，以石油、天然气、岩盐、矿石为原料，能生产 8000 多种化工产品，在伴生资源综合利用和后续加工方面处于世界领先地位。日本资源短缺，但通过从气田水中提取碘而一跃成为世界产碘大国，苏联 70% 的溴是从油田卤水中提取的，美国生产的溴都来自油田卤水，其产量占世界溴产量的一半以上。

我国利用深层卤水资源历史悠久，世界上第一口超过 1000m 的盐卤深井位于四川省自贡市，它是 1833 年开凿的天然气盐井，井深 1 001.42m，利用井中的天然气熬制盐卤。四川盆地油田卤水资源丰富，20 世纪 80 年代就开始利用油田卤水生产食盐、氯化钾、硼酸、溴素、碘素、碳酸锂等卤化工产品，但规模较小。近年来，中国石油天然气集团有限公司和地方政府也开始重视四川盆地油田卤水资源的开发利用，中国石油天然气集团有限公司启动了平落坝气田富钾卤水综合利用工程，已成功产出了氯化钾和硼酸产品；四川宣汉县启动了宣汉气田富钾卤水综合利用项目，开发宣汉油田卤水资源。20 世纪 90 年代建立的江汉油田盐化工总厂利用油田卤水资源生产精制盐、离子膜烧碱和漂粉精，2010 年已经开展了黄河三角洲深层卤水资源综合利用项目。国内对深层卤水开发主要针对深层构造裂隙孔隙卤水，在四川利用深层构造裂隙孔隙卤水进行了小规模的石盐、氯化钾、硼酸、溴素、碘素、碳酸锂等卤化工产品生产。

二、柴达木盆地深层卤水开发利用研究现状

柴达木盆地仅对深层构造裂隙孔隙卤水和深层砂砾孔隙卤水可利用性进行了研究工作，迄今对深层卤水资源尚未进行开发利用。

2000—2004 年，青海省地质调查院完成了构造裂隙孔隙卤水的加工工艺试验。样品采自南翼山采油自喷井，通过自然蒸发，其结晶析出的盐类矿物和顺序为：石盐—石盐＋钾石盐—石盐＋钾石盐＋硼

酸盐—石盐＋硼酸盐＋光卤石—石盐＋硼酸盐＋光卤石＋四水氯化钙。采用热溶-冷结晶工艺生产氯化钾；提钾后的母液加入芒硝除钙，母液继续蒸发，析出的硼钾混盐采用浮选—热溶—冷结晶工艺生产硼酸；提硼后的母液调 pH 后加入氯气氧化，采用离子交换树脂吸附工艺，用 Na_2SO_4 溶液作还原剂，再用 NaCl 解脱，得到高浓度的富集液，析出的粗碘经洗涤后用浓硫酸在 130℃ 温度下熔融，冷却便可得到精碘产品。

2010—2015 年，由中国地质科学院矿产资源所承担，中国科学院盐湖研究所和青海省第三地质矿产勘查院协作，在南翼山修建 10 500m^2 盐田，南 13 井累计抽水 6000 余立方米进行深部油田水蒸发制卤和制取钾混盐试验。获得了氯化钾品位 7%～20% 的钾混盐约 285t，通过精加工实验，分别得到了工业级氯化钾和硼酸产品，实现了钾硼资源的综合利用，完成了构造裂隙孔隙卤水提钾和综合利用试验研究。

2014 年，中国地质科学院矿产资源研究所在黑北凹地修建 5000m^2 盐田，对黑 ZK02 孔深层砂砾孔隙卤水进行了蒸发制卤和制取钾混盐试验，获得了氯化钾品位达 15% 的钾混盐约 4.5t，完成了砂砾孔隙卤水提钾和综合利用实验研究。

第二节　柴达木盆地深层含钾卤水开采技术条件

一、采卤技术条件

从前文表 5-1 可以看出，柴达木盆地大浪滩凹地深层盐类晶间卤水顶板埋深 165.60～543.40m，底板埋深 569.5～1 250.80m，具有多层分布特征，单层厚度 0.1～2m，累计层厚 85.46～386.28m；水位埋深 0.10～79.10m，在进行采卤时，储层单位涌水量 0.02～0.68m^3/(d·m)，地下水富水性弱；矿化度 298.7～395.0g/L，KCl 平均含量 0.67%～1.96%，卤水密度 1.21～1.28g/cm^3，属饱和性卤水。由此可见，深层盐类晶间卤水由于水量小，在开采中易结盐，在目前技术条件下开采难度大，可直接放卤或利用潜水泵抽卤，开采至 500m 以下，可利用盐水驱动，一般采用扬程较大的潜水泵抽卤。

从前文表 5-6 可以看出，以柴达木盆地大浪滩-黑北凹地深层砂砾孔隙卤水为例，储卤层顶板埋深 273.93～897.65m，底板埋深 501.50～1 600.65m，具有多层分布特征，单层厚度 0.1～10m，累计层厚 197.30～846.00m；水位埋深 4.10～25.50m，含水层表现为多层承压卤水特征；地层单位涌水量 22.98～231.89m^3/(d·m)，地下水富水性强，渗透系数 0.027～20.300m/d，影响半径 60.23～500.00m；矿化度 263.08～333.63g/L，KCl 平均含量 0.18～1.56g/L，卤水密度 1.18～1.22g/cm^3，为不饱和型卤水。由此可见，深层砂砾孔隙卤水富水性强，单井量大，在开采中不结盐，在目前技术条件下可直接利用潜水泵进行抽卤。如果水位下降至 500m 及以下，可利用扬程大于 500m 潜水泵进行抽卤。

从前文表 5-11 可以看出，柴达木盆地南翼山地区深层构造裂隙孔隙卤水储层顶板埋深 810.0～2 012.7m，底板埋深 1 547.0～4 389.0m，在 1500～3000m 段水层较集中；南 6 井和南 13 井等试水结果显示，卤水地层压力 6.5MPa，水位埋深 400～700m，出水量 0.86～389.76m^3/d；K^+ 含量 1 060.0～7 744.0mg/L，平均含量 4 700.0mg/L；Li^+ 含量 20.0～267.0mg/L，平均含量 157.92mg/L；I^- 含量 23.10～37.50mg/L，平均 30.93mg/L；矿化度 217.90～319.90mg/L，平均 266.68mg/L，Ca^{2+} 含量 2991～17 160mg/L，平均 11 350mg/L；卤水密度 1.21g/L；为饱和型卤水。卤水温度 70～80℃。由此可见，深层构造裂隙孔隙卤水地层压力大，富水性弱至中等，由于温度高，在采卤中不结盐，在目前技术条件下，针对这种高承压卤水可直接利用放喷方法开采卤水，对水位埋深大的卤水利用抽油设备采卤水。

二、蒸发成盐可利用性研究

柴达木盆地属高原大陆性气候,以年降水量少为主要特点。降水量自东南部的200mm递减到西北部的15mm,蒸发强烈,年蒸发量2000~3000mm,年均相对湿度为30%~40%,最小可低于5%。盆地年均温度在5℃以下,气温变化剧烈,绝对年温差可达60℃以上,日温差也常在30℃左右,夏季夜间可降至0℃以下。风力强盛,年8级以上大风日数可达25~75d。柴达木盆地独特的干旱气候造就了优越的深层卤水盐田形成条件。

三、生产开发外部技术条件

(一)供水水文地质条件

柴达木盆地西部针对大浪滩深层盐类晶间卤水、深层砂砾孔隙卤水和深层构造裂隙孔隙卤水为例,有4个水源可供选择。

(1)五十二公里水站:位于矿区西部花土沟至南昇山公路的52km处,是区域内距矿区最近、水质较好、有充足补给量的水源地,供水距离约90km。日供水量大于500m³。该水站的源头系阿尔金山山前一断裂带上的一个上升泉群,距公路约30km,据调查资料显示其流量较稳定,矿化度1.21g/L(表7-1)。

表7-1 五十二公里水站水质分析结果表

原水样编号	实验室编号	取样日期	水的物理性质				pH值
			颜色	气味	口味	透明度	
GS04	25SQ598	2005年7月23日	无	无	无	透明	8.30
阳离子/(mg·L^{-1})				阴离子/(mg·L^{-1})			矿化度/(g·L^{-1})
K$^+$	Na$^+$	Ca^{2+}	Mg^{2+}	Cl$^-$	SO$_4^{2-}$	HCO$_3^-$	CO$_3^{2-}$	
7.60	65.0	55.0	188.6	83.42	668.4	288.1	0.0	1.21

水站为私人用PE管将泉水引至路边建成,原来主要是供应青海石油管理局的生产用水。由于近两年石油开采已进入采油期,用水量日减,导致该水站已基本废弃,但输水管道尚在。未来矿床开发可从该水站引水,水量可以得到保障。

(2)矿区西部阿拉尔河,日供水量可达2000m³,矿化度较高,可用作生产用水。

(3)矿区西部月牙山构造西麓以北,根据以往钻孔勘查,单孔涌水量大于200m³/d,但矿化度较高,仅适合于用作生产用水。

(4)老茫崖水源地:位于矿区南部祁漫塔格山北麓的山前地段,茫崖湖南之冲洪积扇戈壁砾石带前缘,距矿区约150 km。该水源地已建成东、西两个井组,据《青海省花土沟镇老茫崖供水水源地探采结合工程勘察报告》,西井组含水层厚113.82m,矿化度0.66g/L,为Cl·SO$_4$-Na·Ca型水,计算涌水量1 680.94~5 862.77m³/d;东井组含水层厚73m,矿化度0.30g/L,为Cl·HCO$_3$·SO$_4$-Na·Ca型水,计算涌水量839.77~3 225.76m³/d。水质符合饮用水标准(表7-2)。

该水源地的天然补给量为2.9万 m³/d,在保证草地生态环境的条件下,计算允许开采量为1.3万 m³/d。

表7-2 老茫崖水源地水质分析结果

原水样编号	水的物理性质				pH 值
	颜色	气味	口味	透明度	
西井组 G1	无	无	无	透明	7.03

阳离子/(mg·L^{-1})				阴离子/(mg·L^{-1})				矿化度/(g·L^{-1})
K$^+$	Na$^+$	Ca^{2+}	Mg^{2+}	Cl$^-$	SO$_4^{2-}$	HCO$_3^-$	CO$_3^{2-}$	
8.2	127.0	80.16	23.15	222.5	153.90	105.00	0.00	0.66

原水样编号	水的物理性质				pH 值
	颜色	气味	口味	透明度	
东井组 G7	无	无	无	透明	7.88

阳离子/(mg·L^{-1})				阴离子/(mg·L^{-1})				矿化度/(g·L^{-1})
K$^+$	Na$^+$	Ca^{2+}	Mg^{2+}	Cl$^-$	SO$_4^{2-}$	HCO$_3^-$	CO$_3^{2-}$	
5.3	53.6	39.98	7.27	75.1	65.03	93.53	0.00	0.30

(二)工程地质条件

柴达木盆地深层卤水钾盐矿区赋存于浅部钾盐矿区的下部,地面多凹凸不平,地形起伏相对较大(相对高差25.0m左右,坡度10‰左右),只能选择在局部地段修建盐田。

以大浪滩地区深层卤水钾盐矿区为例,根据部分盐田区地表工程地质钻孔揭露的地质情况,结合地质-水文地质孔的地层特点,可以看出矿区内的工程地质岩组均为松散岩组,岩性以粉土、粉质黏土、细粉砂以及盐类化学沉积的松散盐岩为主,均属盐渍土。根据易溶盐分析结果,矿区盐渍土按含盐化学成分分类属硫酸盐渍土,按含盐量分类属强盐渍土、超盐渍土。

矿区盐田隔水底板埋藏较浅,一般为0.4~2.60m,隔水底板岩性主要为粉土和粉质黏土,隔水性能基本满足盐田建设的需要。存在的主要问题是盐渍土对盐田的影响,主要表现在盐胀方面,由于盐田坝基不宜设在芒硝含量超过1‰的盐渍土之上,而部分地段的Na$_2$SO$_4$含量超过了1‰,最高达82.47%,具有较强的盐胀性,对盐田建设较为不利。另外盐田内的表层芒硝可能对晒矿产生不利影响,盐田建设之前应予以剥除。

矿区内的盐渍土对建筑基础具有中等—强的腐蚀性,盐壳分布的区域,水位埋藏较深,毛细水难以上升影响建筑基础,且不用考虑未来水溶开采时建筑地基的稳定性问题,离建议的盐田地段也很近,为理想的建筑地段。

(三)环境地质条件

1. 地震及区域稳定性

区域内构造应力活动频繁,表现为新构造运动较为强烈,并在老构造运动基础上继承,产生大幅度震荡式断块升降。

受此影响,矿区内及其附近仅1949—1979年就发生有记录地震7次,一般地震强度为3~4级,其中最大震级达5.3级,属弱震和次强震(表7-3)。因此,未来项目开发应充分注意地区地震的多发性,建筑工程应采取一定的防震措施。由于区内仅为近几年开发的矿区,无地震监测站,区内无地震监测资料。通过《中国地震动参数区划图》(GB 18306—2001)可知,拟建场地抗震设防烈度为7度,设计基本地震加速度值为0.15g,设计地震分组为第三组,水平地震影响系数最大值$a_{max}=0.12$,相应设防标准为50年,超越概率为10%。据《建筑抗震设防分类标准》(GB 50223—2008),拟建(构)筑物的抗震设防分类属丙类。

表7-3 区域地震资料统计表(1949—1979年)

次序	发震时间	震中位置		震级(烈度)	地名
		纬度	经度		
1	1949年2月7日	38°30′	91°30′	5.3	油泉子附近
2	1961年10月9日	38°24′	91°30′	4.6	油泉子一带
3	1967年12月15日	38°12′	91°24′	4.9	油泉子附近
4	1973年10月4日	38°24′	92°12′	3.8	大风山
5	1977年12月31日	38°40′	90°38′	5.3	红沟子西北
6	1978年5月6日	38°42′	92°25′	3.3	牛鼻子梁东
7	1979年9月28日	38°27′	91°10′	4.8	茫崖花土沟北

注:资料来源海西州地震局。

盆地内巨厚的松散堆积物增大了岩土体的特征周期,从而使震害加重;区内第四系基岩隐伏断裂的土层覆盖层厚度均大于100m;建筑场地类别为Ⅲ类,场地属抗震一般地段。根据《建筑抗震设计规范》(GB 50011—2010)的相关规定,综合分析判定,就区域上而言,深层卤水分布地区相对稳定。

2. 地质环境及地质灾害评价

柴达木盆地西部深层卤水具典型大陆荒漠干旱气候,多风少雨,自然环境恶劣。未来开发活动必然会对自然环境产生一定影响,带来一系列环境地质问题。由于矿区及其外围均为荒漠与盐湖化学沉积,对生态环境的破坏、影响较小,但可能引发其他不良环境地质问题。

1)卤水

区内地下卤水主要成分为锂、硼、钾、镁、钠,如果不是长时间浸泡于卤水中,其本身对人体不产生危害,也不含其他有害气体及放射性。

2)沙害

柴达木盆地每年春季及秋末冬初多沙暴天气,使矿区地表低洼地带沉积了风积砂,严重时可导致道路掩没,冲沟填平,危及正常生产生活。因此对盐田、渠道及其他工程设施会产生一定影响。为了保证产品质量,化工车间也应采取防沙尘暴的必要措施。

3)盐沼及盐壳地

矿区内及外围地带盐沼、盐壳地遍布,其特点是盐分遇水溶解,易产生塌陷。因此规划在其上的工程应进行基础处理。

4)老卤排放

老卤排放工程是液体钾矿开采利用中至关重要亦是不可缺少的辅助工作。盐田老卤如果大量回渗(灌)矿区,必将影响钾资源的利用和开发价值。矿区内老卤自然排放位置较难选择,建议集中统一建盐田将老卤自然蒸发,以减少其危害。

5)卤水结盐问题

矿区内部分地区卤水抽水试验过程中有较轻微结盐现象。据本地区有关结盐问题研究,卤水结盐与卤水化学成分和温度变化有直接关系,其次抽卤时水流快速运动,上、下层卤水发生兑卤也易产生结盐。对于硫酸盐型卤水,抽卤结盐与否,与Ca^{2+}含量无关,与SO_4^{2-}含量也无关,仅与Na^+、Mg^{2+}含量有关,即Na^+/Mg^{2+}值越高越容易结盐。对于卤水结盐问题现无具体的解决方法,只有在今后的开发过程中摸索解决。

3.矿区环境地质评价

矿区属于地震多发区、采卤对地质环境的影响小,地下水对地质环境影响小;地层中有害元素含量较低,对地表水和地下水没有造成污染;矿山在开采过程中,除废矿堆放场、卤渠对地形、地貌产生景观改变外,对地质环境的影响较小。区内无重大的污染源,无热害作用;生产生活排水对附近水体污染后引起的后果不严重,区内无其他环境地质隐患。因此,该矿床环境地质质量良好。区内因自然环境恶劣,没有植被,没有工农业,人迹罕至,矿区地质环境质量良好,确定矿区环境类型为第一类。

第三节 大浪滩凹地深层盐类晶间卤水钾盐矿蒸发试验

一、概况

2013年8月至2014年4月,青海省柴达木综合地质矿产勘查院测试中心对大浪滩凹地西黑北凹地采集的与大浪滩凹地深层盐类晶间卤水成分、化学性质相似的晶间卤水样分别进行了夏季和冬季自然蒸发小型试验,编写了《青海省柴达木盆地黑北凹地液体钾矿卤水自然蒸发试验报告》,获得了卤水夏季自然蒸发试验和冬季自然蒸发试验的各项数据结果,了解了卤水在夏季和冬季的蒸发结晶顺序、析盐特征,为该矿区卤水的选矿工艺路线提出了合理的建议。

二、样品采集

本次卤水蒸发样取样点选择在黑北凹地黑ZK3208孔,采样方法采用潜水泵抽卤装罐送化验室。

三、试验方法

1.试验样品的化学性质

将卤水样品分为2组,夏季自然蒸发试验样品编号为13SY4304-1′,质量54.90kg;冬季自然蒸发试验样品编号为13SY4304-1,质量54.85kg,化学组成见表7-4,根据库尔纳科夫特征系数的计算,R值分别为0.2229和0.2246,样品水化学性质属于硫酸盐型卤水中的硫酸镁亚型卤水,其在Na^+、K^+、Mg^{2+}/Cl^-、SO_4^{2-}-$H_2O(25℃)$五元水盐体系相图上的位置如图7-1所示。

表7-4 原始卤水样品化学组成及相图指数

收样日期	样品编号	质量/kg	密度/(g·mL^{-1})	组分含量/%								相图指数/mol%			卤水类型
				Na^+	K^+	Ca^{2+}	Mg^{2+}	SO_4^{2-}	Cl^-	B_2O_3	Li^+	$2K^+$	Mg^{2+}	SO_4^{2-}	
2013年8月1日	13SY4304-1′	54.9	1.203	8.08	0.575	0.071	0.907	0.799	15.23	0.014	0.0007	13.88	70.43	15.70	硫酸盐
2013年10月8日	13SY4304-1	54.9	1.208	8.26	0.571	0.063	0.919	0.816	15.33	0.014	0.0007	13.63	70.53	15.84	硫酸盐

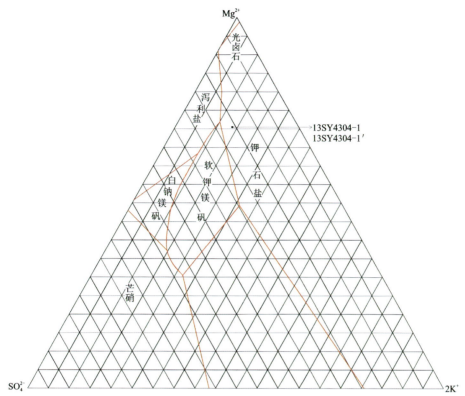

图 7-1 硫酸盐型卤水(13SY4304-1 和 13SY4304-1′)在 Na^+、K^+、Mg^{2+}/Cl^-、$SO_4^{2-}-H_2O(25℃)$介稳相图中的位置及夏季自然蒸发过程的结晶路线

2. 试验样品化学分析方法

所有样品分析方法按青海省技术监督局及国家认可批准的分析方法。样品的制备：液体以洗耳球吸取部分样品缓缓滴入小烧杯中称取一定质量(一般 20.0g)倒入 250ml 容量瓶中定容；固体混匀后直接称取一定质量(一般 20.0g)倒入 250ml 容量瓶中定容。现将各组分的化学分析方法列于表 7-5。

表 7-5 组分含量的化学分析方法

分析项目	分析方法	所用仪器	所用药品	分析手续
K^+	原子发射光谱法	Z-2000 型日立原子吸收分光光度计	基准 NaCl、KCl	定量取样稀释后上仪器测定
Na^+				
Mg^{2+}	EDTA 容量法	滴定管等	EDTA、K-B 指示剂、MgO 基准、NH_4Cl、$NH_3 \cdot H_2O$	定量取样于 250ml 三角瓶中加入氨性缓冲液和 K-B 指示剂，以 EDTA 滴至蓝色
Ca^{2+}	等离子体发射光谱法	715-ES 型电感耦合等离子体发射光谱仪	基准 $CaCO_3$、Na_2SO_4	定量取样稀释后上仪器测定
SO_4^{2-}				
Cl^-	$AgNO_3$ 容量法	滴定管等	$AgNO_3$、K_2CrO_4、NaCl 基准	定量取样于 250ml 三角瓶中加入 K_2CrO_4 指示剂，以 $AgNO_3$ 滴至砖红色

样品测试结果的质量监控依据标准《地质矿产实验室测试质量管理规范》(DZ/T 0130—2006)，以样品自身的阴阳离子平衡和试验中的物料平衡为主。

3. 卤水样品的夏季自然蒸发试验

卤水样品(13SY4304-1′)属于硫酸盐型卤水，采用 Na^+、K^+、Mg^{2+}/Cl^-、$SO_4^{2-}-H_2O(25℃)$五元水

盐体系介稳相图理论结合观察新相产生判断分离点,进行分离取样分析固、液化学组成。有些区间适当增加(分离)取样点。

1)夏季自然蒸发条件和方法

将卤水样品倒入两个 $\varphi=50\mathrm{cm}$ 的塑料盆中进行自然蒸发,同时用一个同样大小的盆装入同样体积的淡水进行比蒸发系数试验。样品地点不挡风、不遮光、不避雨,属于室外露天自然蒸发。

2)样品夏季自然蒸发试验过程

按上述方法和条件于 2013 年 8 月 1 日起对样品 13SY4304-1′进行夏季自然蒸发试验。2013 年 9 月 2 日样品进入老卤阶段,对样品停止蒸发。期间对样品进行了 7 次固、液分离,并取了液体进行监控分析,各液体的组分含量及其相图指数列于表 7-6,蒸发结晶路线见图 7-2。

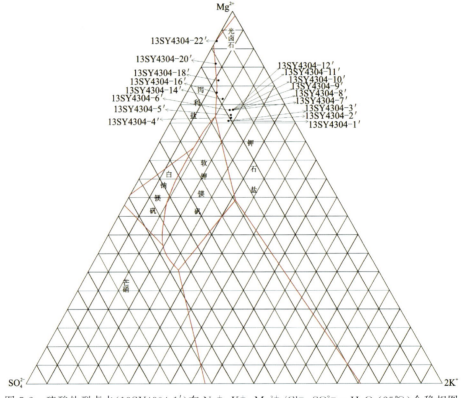

图 7-2 硫酸盐型卤水(13SY4304-1′)在 Na^+、K^+、Mg^{3+}/Cl^-、$SO_4^{2-}-H_2O$(25℃)介稳相图中的位置及夏季自然蒸发过程的结晶路线

3)样品夏季自然蒸发试验结果

样品前两段分离出的固体(13SY4304-6′和 13SY4304-13′)都是以石盐(NaCl)为主,钾、镁、硫酸根没有结晶析出,母液密度愈大固体夹带的母液愈多,石盐阶段共产出石盐 13.80kg,产率为 25.14%,钠的析出率为 94.82%,产出钾饱和液(13SY4304-12′)9.080kg,产率为 16.54%,共失水 32.02kg,石盐阶段比蒸发系数为 0.680 9。样品在 2013 年 8 月 18 日至 8 月 26 日分离出的固体(13SY4304-15′、13SY4304-17′)以钾石盐为主,共计 1.040kg,产率为 1.89%,此阶段产出钾饱和液(13SY4304-16′)5.960kg,产率为 10.86%,共失水 2.080kg,比蒸发系数为 0.509 5。样品在 2013 年 8 月 28 日分离出的固体(13SY4304-19′)以泻利盐、钾石盐为主,含少量氯化钠,共计 0.345kg,产率为 0.63%,此阶段产出钾饱和液(13SY4304-18′)5.460kg,产率为 9.95%,共失水 0.155kg,比蒸发系数为 0.442 6。样品在 2013 年 8 月 31 日和 9 月 2 日分离出的固体(13SY4304-21′、13SY4304-23′)以泻利盐、光卤石为主,共计 1.565kg,产率为 2.85%,此阶段产出老卤(13SY4304-22′)2.605kg,产率为 4.74%,共失水 1.290kg,比蒸发系数为 0.390 2。各阶段组分含量,组分中 K^+、Mg^{2+}、SO_4^{2-} 的分布率,组分产率,比蒸发系数等见表 7-7。

表 7-6 硫酸盐型卤水（13SY4304-1'）夏季自然蒸发试验各阶段组分含量及液相的相图指数

样品编号	母液密度/(g·mL^{-1})	反温度/℃	质量/kg	取样日期	组分含量/×10^{-2}						相图指数/mol%		
					K$^+$	Na$^+$	Ca^{2+}	Mg^{2+}	Cl$^-$	SO$_4^{2-}$	2K$^+$	Mg^{2+}	SO$_4^{2-}$
13SY4304-1'	1.203/23		54.90	2013年8月1日	0.575	8.080	0.071	0.907	15.23	0.799	13.88	70.43	15.70
13SY4304-2'	1.216/19			2013年8月3日	0.619	8.240	0.079	1.000	15.19	0.878	13.60	70.70	15.70
13SY4304-3'	1.215/21			2013年8月5日	0.773	7.820	0.073	1.260	16.00	1.060	13.58	71.25	15.17
13SY4304-4'	1.220/18			2013年8月7日	0.944	7.330	0.051	1.530	15.89	1.230	13.74	71.68	14.58
13SY4304-5'	1.223/22		22.00	2013年8月9日	1.300	6.360	0.039	2.160	15.99	1.660	13.54	72.39	14.08
13SY4304-6'			10.00		0.348	31.900	0.264	0.453	51.33	0.979			
13SY4304-7'	1.239/20			2013年8月12日	1.570	5.010	0.035	2.920	16.24	2.170	12.33	73.79	13.88
13SY4304-8'	1.248/22			2013年8月13日	2.070	4.010	0.032	3.610	16.50	2.590	13.11	73.54	13.35
13SY4304-9'	1.252/21		9.080	2013年8月14日	2.270	3.540	0.031	3.920	16.66	2.920	13.15	73.08	13.77
13SY4304-10'	1.256/21			2013年8月15日	2.370	3.410	0.025	4.040	16.83	2.870	13.39	73.42	13.20
13SY4304-11'	1.263/33			2013年8月16日	2.620	3.180	0.024	4.370	17.40	3.030	13.68	73.43	12.88
13SY4304-12'	1.274/22			2013年8月18日	2.860	2.580	0.015	4.660	17.51	3.510	13.81	72.39	13.80
13SY4304-13'			3.800		0.800	30.250	0.166	1.030	50.01	1.150			
13SY4304-14'	1.297/27		6.750	2013年8月22日	2.430	1.410	0.016	6.120	18.46	4.530	9.42	76.30	14.29
13SY4304-15'			0.760		12.880	18.630	0.067	1.880	44.00	1.590			
13SY4304-16'	1.310/23		5.960	2013年8月26日	1.920	1.040	0.010	6.640	18.63	5.060	7.01	77.96	15.03
13SY4304-17'			0.280		17.300	11.880	0.133	2.730	39.43	2.630			
13SY4304-18'	1.305/22		5.460	2013年8月28日	1.640	0.890	0.012	6.830	19.43	4.160	6.07	81.38	12.54
13SY4304-19'			0.345		6.860	3.930	0.040	7.100	16.50	21.750			
13SY4304-20'	1.310/23		3.955	2013年8月31日	0.846	0.617	0.008	7.440	20.21	3.790	3.04	85.89	11.07
13SY4304-21'			0.970		5.850	2.600	0.012	8.130	27.80	7.000			
13SY4304-22'	1.341/29		2.605	2013年9月2日	0.103	0.173	0.008	9.220	24.36	3.060	0.32	91.96	7.72
13SY4304-23'			0.595		4.850	3.140	0.026	8.710	26.49	11.440			

表 7-7 硫酸盐型卤水（13SY4304-1'）夏季自然蒸发试验结果

样品编号	母液密度/(g·mL^{-1})及温度/℃	试验日期	料别	产品名称	质量/kg	各阶段比蒸发系数	产率/%	_	_	_	组分含量/%	_	_	_	分布率/%	_	_	_
								K$^+$	Na$^+$	Ca^{2+}	Mg^{2+}	Cl$^-$	SO$_4^{2-}$	K$^+$	Mg^{2+}	SO$_4^{2-}$	Na$^+$
13SY4304-1'	1.203/23	2013年8月1日	入	原卤	54.90			0.575	8.080	0.071	0.907	15.23	0.799	100.00	100.00	100.00	100.00
13SY4304-5'	1.233/22	2013年8月9日	出（入）	卤水	22.00			1.300	6.360	0.039	2.160	15.99	1.660	90.60	95.43	83.26	31.54
13SY4304-6'			出	石盐Ⅰ	10.00		18.21	0.348	31.900	0.264	0.453	51.33	0.979	11.02	9.10	22.32	71.91
				损失与失水	22.90	0.6865											
13SY4304-12'	1.274/22	2013年8月18日	出（入）	卤水	9.080			2.860	2.580	0.015	4.660	17.51	3.510	82.26	84.98	72.66	5.28
13SY4304-13'			出	石盐Ⅱ	3.800		6.92	0.800	30.250	0.166	1.030	50.01	1.150	9.61	7.86	9.96	25.91
				损失与失水	9.120	0.6667											
13SY4304-14'	1.297/27	2013年8月22日	出（入）	卤水	6.750			2.430	1.410	0.016	6.120	18.46	4.530	51.96	82.96	69.71	2.15
13SY4304-15'			出	钾石盐Ⅰ	0.760		1.38	12.880	18.630	0.067	1.880	44.00	1.590	31.01	2.87	2.75	3.19
				损失与失水	1.570	0.5227											
13SY4304-16'	1.310/23	2013年8月26日	出（入）	卤水	5.960			1.920	1.040	0.010	6.640	18.63	5.060	36.25	79.48	68.75	1.40
13SY4304-17'			出	钾混盐Ⅱ	0.280		0.51	17.300	11.880	0.133	2.730	39.43	2.630	15.34	1.54	1.68	0.75
				损失与失水	0.510	0.4688											
13SY4304-18'	1.305/22	2013年8月28日	出（入）	卤水	5.460			1.640	0.890	0.012	6.830	19.43	4.160	28.37	74.89	51.78	1.10
13SY4304-19'			出	钾混盐Ⅰ	0.345		0.63	6.860	3.930	0.040	7.100	16.50	21.750	7.50	4.92	17.11	0.31
				损失与失水	0.155	0.4426											
13SY4304-20'	1.310/23	2013年8月31日	出（入）	卤水	3.955			0.846	0.617	0.008	7.440	20.21	3.790	10.60	59.09	34.17	0.55
13SY4304-21'			出	钾混盐Ⅱ	0.970		1.77	5.850	2.600	0.012	8.130	27.80	7.000	17.98	15.84	15.48	0.57
				损失与失水	0.535	0.4756											
13SY4304-22'	1.341/29	2013年9月02日	出（入）	老卤	2.605		4.74	0.103	0.173	0.008	9.220	24.36	3.060	0.85	48.23	18.17	0.10
13SY4304-23'			出	钾混盐Ⅲ	0.595		1.08	4.850	3.140	0.026	8.710	26.49	11.440	9.14	10.41	15.52	0.42
				损失与失水	0.755	0.3297							合计	102.45	100.77	102.99	103.16

4)样品夏季自然蒸发工艺试验流程(图7-3)。

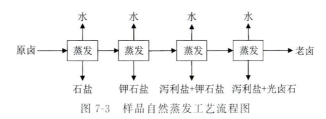

图7-3 样品自然蒸发工艺流程图

4. 卤水样品的冬季自然蒸发试验

卤水样品(13SY4304-1)属于硫酸盐型卤水,采用Na^+、K^+、Mg^{2+}/Cl^-、$SO_4^{2-}-H_2O$体系在0℃和15℃两个温度下的相图,并以新相产生为判断依据确定分离点,进行分离取样分析固、液化学组成。有些区间适当增加(分离)取样点。

1)冬季自然蒸发条件和方法

将卤水样品倒入两个$\varphi=50cm$的塑料盆中进行自然蒸发,两盆样品全部自然蒸发。样品地点不挡风、不遮光、不避雨,属于室外露天自然蒸发。

2)样品冬季自然蒸发试验过程

按上述方法和条件于2013年10月8日起对样品13SY4304-1进行冬季自然蒸发试验。2014年3月26日样品进入老卤阶段,对样品停止蒸发。期间对样品进行了6次固、液分离,并取了液体进行监控分析,各液体的组分含量及其相图指数列于表7-8,蒸发结晶路线见图7-4和图7-5。

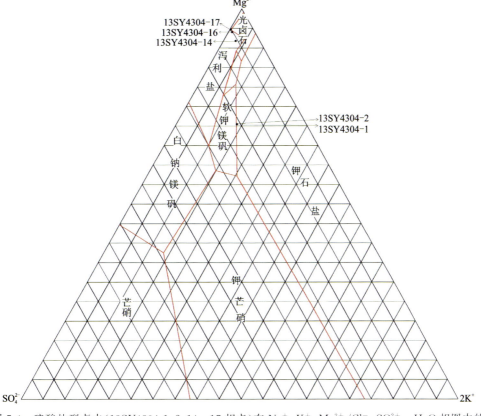

图7-4 硫酸盐型卤水(13SY4304-1、2、14～17相点)在Na^+、K^+、Mg^{2+}/Cl^-、$SO_4^{2-}-H_2O$相图中的位置及冬季自然蒸发过程的结晶路线

表 7-8 硫酸盐型卤水(13SY4304-1)冬季自然蒸发试验各阶段组分含量及液相的相图指数

样品编号	母液密度/(g·mL^{-1})及温度/℃	质量/kg	取样日期	组分含量/×10^{-2}						相图指数/mol%		
				K$^+$	Na$^+$	Ca^{2+}	Mg^{2+}	Cl$^-$	SO$_4^{2-}$	2K$^+$	Mg^{2+}	SO$_4^{2-}$
13SY4304-1	1.208/10	54.850	2013年10月8日	0.571	8.260	0.063	0.919	15.33	0.816	13.63	70.53	15.84
13SY4304-2	1.214/7		2013年10月11日	0.600	8.520	0.064	0.950	16.04	0.842	13.81	70.41	15.78
13SY4304-3	1.225/-4		2013年10月21日	0.670	8.410	0.063	1.070	16.04	0.991	13.64	69.95	16.41
13SY4304-4	1.221/-7		2013年11月9日	0.784	7.920	0.057	1.300	16.04	1.080	13.43	71.54	15.03
13SY4304-5	1.226/-11	16.350	2013年11月29日	1.230	6.140	0.060	2.020	15.80	1.050	14.28	75.74	9.98
13SY4304-6	1.241/-7	15.250	2013年12月6日	1.560	5.140	0.035	2.750	16.10	1.720	12.93	75.51	11.56
13SY4304-7				0.344	24.560	0.178	0.429	39.30	1.080			
13SY4304-8	1.244/-11	10.960	2014年1月13日	1.710	3.320	0.030	3.950	16.50	1.940	10.69	79.45	9.86
13SY4304-9		2.550		2.620	18.380	0.106	0.766	31.13	2.640			
13SY4304-10	1.264/-7	7.410	2014年2月26日	1.520	1.790	0.017	5.440	17.98	2.750	7.15	82.33	10.52
13SY4304-11		0.985		8.560	22.800	0.213	1.480	45.75	2.170			
13SY4304-12	1.272/-6	5.855	2014年3月6日	1.140	1.020	0.013	6.280	19.21	1.760	4.98	88.74	6.28
13SY4304-13		0.660		6.890	11.030	0.077	5.040	32.69	14.160			
13SY4304-14	1.282/11	4.560	2014年3月17日	0.650	0.654	0.012	7.080	20.63	1.690	2.62	91.83	5.55
13SY4304-15		0.590		6.350	5.000	0.042	7.420	32.43	3.710			
13SY4304-16	1.304/0		2014年3月24日	0.231	0.391	0.006	7.660	21.49	1.560	0.88	94.25	4.86
13SY4304-17	1.309/13	3.465	2014年3月26日	0.170	0.305	0.005	8.120	22.30	1.680	0.61	94.45	4.93
13SY4304-18		0.475		5.140	3.610	0.053	7.930	30.25	4.320			

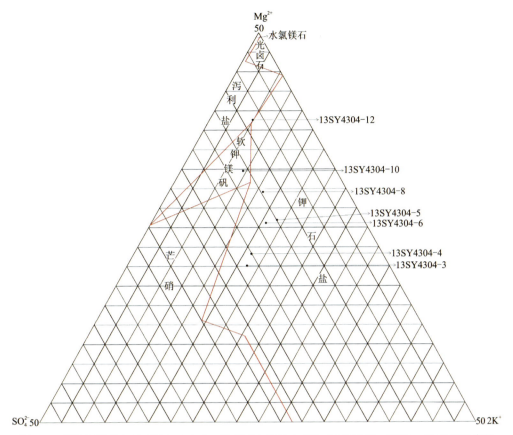

图 7-5 硫酸盐型卤水(13SY4304-1,3～12 相点)在 Na^+、K^+、Mg^{2+}/Cl^-、$SO_4^{2+}-H_2O$ 相图中的位置及冬季自然蒸发过程的结晶路线

3)样品冬季自然蒸发试验结果

样品的第一段分离出的固体(13SY4304-7)是以水石盐($NaCl \cdot 2H_2O$)为主,钾、镁没有结晶析出,但硫酸根有少量冻出,母液密度愈大固体夹带的母液愈多,石盐阶段共产出水石盐 15.25km,产率为 27.80%,产出钾饱和液(13SY4304-6)16.35km,产率为 29.81%,共失水 23.25km。样品在 2013 年 12 月 6 日至 2014 年 2 月 6 日分离出的固体(13SY4304-9、13SY4304-11)以钾石盐为主,共计 3.535kg,产率为 6.44%,此阶段产出钾饱和液(13SY4304-10)7.410kg,产率为 13.51%,共失水 5.415kg。样品在 2014 年 3 月 6 日至 2014 年 3 月 26 日分离出的固体(13SY4304-13、13SY4304-15、13SY4304-17)以泻利盐、光卤石为主,共计 1.725kg,产率为 3.14%,此阶段产出老卤(13SY4304-18)3.465kg,产率为 6.32%,共失水 2.105kg。各阶段组分含量,组分中钾、镁、硫酸根的分布率,组分产率等见表 7-9。

4)样品冬季自然蒸发工艺试验流程(图 7-6)。

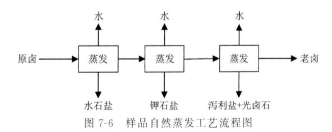

图 7-6 样品自然蒸发工艺流程图

表 7-9 硫酸盐型卤水(13SY4304-1)冬季自然蒸发试验结果

样品编号	母液密度/(g·mL⁻¹)反温度/℃	试验日期	料别	产品名称	质量/kg	产率/%	组分含量/%						分布率/%				
							K^+	Na^+	Ca^{2+}	Mg^{2+}	Cl^-	SO_4^{2-}	K^+	Mg^{2+}	SO_4^{2-}	Na^+
13SY4304-1	1.208/10	2013年10月8日	入	原卤	54.850		0.571	8.260	0.063	0.919	15.33	0.816	100.00	100.00	100.00	100.00
13SY4304-6	1.241/−7	2013年12月6日	出(入)	卤水	16.350		1.560	5.140	0.035	2.750	16.10	1.720	81.44	89.20	62.83	18.55
13SY4304-7			出	水石盐	15.250	27.80	0.344	24.580	0.178	0.429	39.30	1.080	16.75	12.98	36.80	82.74
				损失与失水	23.250											
13SY4304-8	1.244/−11	2014年1月13日	出(入)	卤水	10.960		1.710	3.320	0.030	3.950	16.50	1.940	59.84	85.88	47.51	8.03
13SY4304-9			出	钾石盐Ⅰ	2.550	4.65	2.620	18.380	0.106	0.766	31.13	2.640	21.33	3.88	15.04	10.34
				损失与失水	2.850											
13SY4304-10	1.264/−7	2014年2月26日	出(入)	卤水	7.410		1.520	1.790	0.017	5.440	17.98	2.750	35.96	79.97	45.53	2.93
13SY4304-11			出	钾石盐Ⅱ	0.985	1.80	8.560	22.800	0.213	1.48	45.75	2.170	26.92	2.89	4.78	4.96
				损失与失水	2.565											
13SY4304-12	1.272/−6	2014年3月6日	出(入)	卤水	5.855		1.140	1.020	0.013	6.280	19.21	1.760	21.31	72.94	23.02	1.32
13SY4304-13			出	钾混盐Ⅰ	0.660	1.20	6.890	11.030	0.077	5.040	32.69	14.160	14.52	6.60	20.88	1.61
				损失与失水	0.895											
13SY4304-14	1.282/11	2014年3月17日	出(入)	卤水	4.560		0.650	0.654	0.012	7.080	20.63	1.690	9.46	64.05	17.22	0.66
13SY4304-15			出	钾混盐Ⅱ	0.590	1.08	5.000	6.350	0.042	7.420	32.43	3.710	11.96	8.68	4.89	0.65
				损失与失水	0.705											
13SY4304-17	1.309/13	2014年3月26日	出(入)	老卤	3.465	6.32	0.170	0.305	0.005	8.120	22.30	1.680	1.88	55.82	13.01	0.23
13SY4304-18			出	钾混盐Ⅲ	0.475	0.87	5.140	3.610	0.053	7.930	30.25	4.320	7.80	7.47	4.58	0.38
				损失与失水	0.620							合计	101.16	98.32	99.98	100.91

四、结 论

1. 样品夏季自然蒸发试验结果

(1) 大浪滩黑北凹地深层液体钾盐矿床的晶间卤水为硫酸盐型卤水,夏季自然蒸发试验时其相图点在 Na^+、K^+、Mg^{2+}/Cl^-、$SO_4^{2-}-H_2O(25℃)$ 介稳相图中的钾石盐区内,钾(KCl)含量 1.10%,钠(NaCl)含量 20.54%,所以石盐阶段较长,为减少母液夹带量考虑两次分离 NaCl。固、液分离样品时固体采用堆空的方法,故固体母液夹带稍高。

(2) 由图 7-2 样品的蒸发结晶路线可以看出,试验样品的整个结晶路线与 Na^+、K^+、Mg^{2+}/Cl^-、$SO_4^{2-}-H_2O(25℃)$ 介稳相图基本符合。

(3) 由表 7-7 可知,氯化钠的析出区间主要集中在 13SY4304-1′ 至 13SY4304-12′。在此区间内钠的析出率为 94.82%,而钾、镁、硫酸根基本不析出,此时钾、镁、硫酸根的损失为母液夹带损失。如果再继续蒸发将有大量钾盐析出,故 13SY4304-12′ 为钠的分离点。此时钾的含量为 2.86%。

(4) 钾的析出区间为 13SY4304-12′ 至 13SY4304-22′,钾的析出率占卤水总钾的 79.03%,此区间产出的钾盐共 2.950kg,产率 5.37%,平均品位 KCl 为 16.52%,NaCl 为 20.02%,$MgSO_4$ 为 9.79%,作为提取硫酸钾的原料其品位稍低,但该析出区间的前半段 13SY4304-12′ 至 13SY4304-16′ 获得的钾石盐共 1.040kg,产率 1.89%,平均品位 KCl 为 26.83%,NaCl 为 42.74%,$MgCl_2$ 为 6.42%,$MgSO_4$ 为 2.34%,可作为提取 KCl 的原料,它的钾析出率占卤水中总钾的 45.24%;区间后半段 13SY4304-16′ 至 13SY4304-22′ 获得的钾混盐共 1.910kg,产率 3.48%,平均品位 KCl 为 10.91%,NaCl 为 7.65%,$MgSO_4$ 为 15.44%,$MgCl_2$ 为 19.59%,可作为提取 K_2SO_4 的原料,它的钾析出率占卤水中总钾的 33.79%。老卤中 B_2O_3 的含量为 0.220%,有一定的利用价值。

(5) 通过进行卤水样品夏季自然蒸发试验,了解了深层卤水在夏季蒸发过程中的化学组成变化,水分的蒸失量,盐类矿物的析出顺序、种类和数量及物理化学性质的特殊变化,获得了盐类矿物的分离控制条件,取得了试验所需的各项数据结果,达到了深层盐类晶间卤水在夏季开发利用试验的目的。

2. 样品冬季自然蒸发试验结果

(1) 大浪滩黑北凹地深层液体钾矿床的晶间卤水为硫酸盐型卤水,冬季自然蒸发试验时其相图点一开始在 Na^+、K^+、Mg^{2+}/Cl^-、$SO_4^{2-}-H_2O(15℃)$ 相图中的钾石盐区内,钾(KCl)含量 1.09%,钠(NaCl)含量 21.00%,所以石盐阶段较长。固、液分离样品时固体采用堆空的方法,故固体母液夹带稍高。

(2) 由于冬季自然蒸发试验过程时间较长,温度差别较大(低时 -15℃ 以下,高时 10℃ 以上,具体见表 7-8 样品各阶段卤水温度),故采用 Na^+、K^+、Mg^{2+}/Cl^-、$SO_4^{2-}-H_2O$ 两个温度(0℃ 和 15℃)的相图。由 Na^+、K^+、Mg^{2+}/Cl^-、$SO_4^{2-}-H_2O(15℃)$ 相图(图 7-4)和 Na^+、K^+、Mg^{2+}/Cl^-、$SO_4^{2-}-H_2O(0℃)$ 相图(图 7-5)中样品的蒸发结晶路线可以看出,试验样品的整个结晶路线与相图基本符合。

(3) 由表 7-8 可知,氯化钠的析出区间主要集中在 13SY4304-1 至 13SY4304-6。在此区间内钠的析出率为 82.74%,而钾、镁基本不析出,此时钾、镁的损失为母液夹带损失,而硫酸根有部分冻出,硫酸根的冻出率为 36.80%。如果再继续蒸发将有大量钾盐析出,故 13SY4304-6 为钠的分离点。此时钾的含量为 1.56%,钠的析出率不高,主要是冬季温度低,钾在体系中饱和时含量低所致。

(4) 钾的析出区间为 13SY4304-6 至 13SY4304-17,钾的析出率占卤水总钾的 82.53%,此区间产出的钾盐共 5.260kg,产率 9.59%。该析出区间的前半段 13SY4304-6 至 13SY4304-10 获得的钾石盐共 3.535kg,产率 6.44%,平均品位 KCl 为 8.15%,NaCl 为 49.85%,$MgSO_4$ 为 3.15%,作为提取 KCl 的原料其品位稍低,它的钾析出率占卤水中总钾的 48.25%;区间后半段 13SY4304-10 至 13SY4304-17 获得的钾混盐共 1.725kg,产率 3.14%,平均品位 KCl 为 11.87%,NaCl 为 17.60%,$MgSO_4$ 为 9.87%,$MgCl_2$ 为 18.25%,作为提取 K_2SO_4 的原料质量一般,它的钾析出率占卤水中总钾的 34.28%。

(5)通过进行卤水样品冬季自然蒸发试验,了解了在冬季蒸发过程中卤水的化学组成变化,水分的蒸失量,盐类矿物的析出顺序、种类和数量及物理化学性质的特征变化,获得了盐类矿物的分离控制条件,取得了试验所需的各项数据结果,达到了深层盐类晶间卤水在冬季开发利用试验的目的。

综上所述,大浪滩黑北凹地深层盐类晶间卤水夏季自然蒸发试验得到的钾石盐和钾混盐质量都要比冬季自然蒸发试验得到的钾石盐和钾混盐质量要高,故建议该卤水的选矿工艺路线要以夏季自然蒸发为主,冬季自然蒸发到钠分离点为止,再采用夏季自然蒸发得到钾石盐和钾混盐。比蒸发系数采用夏季自然蒸发试验的数据。钾混盐矿可采用浮选的方法加工生产软钾镁矾;钾石盐矿可以利用兑卤生产光卤石,再浮选生产氯化钾。在钠的析出区间,钠的析出率夏季为 94.82%,冬季为 82.74%;在钾的析出区间,钾的析出率夏季为 79.03%,冬季为 82.53%,自然蒸发析盐路线和析盐种类稳定,重现性好,钠、钾的析出很集中,好分离,钾的析出率较高,能满足开采工艺的要求。

第四节 大浪滩-黑北凹地深层砂砾孔隙卤水钾盐矿蒸发试验

一、概况

对大浪滩-黑北凹地深层砂砾孔隙卤水钾盐矿床的蒸发实验源于 2018 年实施的"青海省芒崖行委大浪滩黑北钾盐矿详查"项目。2018 年 12 月—2019 年 7 月对大浪滩-黑北凹地深层砂砾孔隙卤水样分别进行了夏季和冬季自然蒸发中型试验。

二、样品采集

2018 年 12 月 24 日将采集于黑 ZK6402 孔的卤水样品分为两组,一组进行冬季自然蒸发中型试验(简称"中试"),样品编号为 18HDL001,质量 1 335.4kg;另一组进行冬季自然蒸发小型试验(简称"小试"),样品编号为 18HDXL001,质量 103.77kg。将 2019 年 4 月 3 日同样采集于黑 ZK6402 孔的卤水样品也分为两组,一组进行夏季自然蒸发中试,样品编号为 18HXL001,质量 1 375.9kg;另一组进行夏季自然蒸发小试,样品编号为 18HXXL001,质量 143.37kg。小试卤水样品的组分含量与中试卤水样品的组分含量是一样的。根据库尔纳科夫特征系数的计算,18HDL001 和 18HXL001 的 R 值分别为 0.053 和 0.048,样品都属于氯化物型卤水,18HDL001 和 18HXL001 在 Na^+、K^+、$Mg^{2+}/Cl^- - H_2O(25℃)$ 等温相图上的位置标示如图 7-7 所示。黑 ZK6402 孔的单位涌水量最大,是其他孔的几倍甚至几十倍,富水性强,更具代表性。黑 ZK6402 孔的卤水组分含量及其相图指数见表 7-10。

表 7-10　黑 ZK6402 孔卤水的组分含量

钻孔编号	矿化度/(g·L^{-1})	密度/(g·mL^{-1})	组分含量/(g·L^{-1})					组分含量/(mg·L^{-1})				相图指数(质量)/%		
			Na$^+$	K$^+$	Ca^{2+}	Mg^{2+}	SO$_4^{2-}$	Cl$^-$	B$_2$O$_3$	Li$^+$	Br$^-$	I$^-$	KCl	NaCl	MgCl$_2$
黑 ZK6402	289.20	1.189	95.76	2.36	7.15	5.44	1.00	176.3	154.4	4.484	43.70	2.759	1.67	90.41	7.91

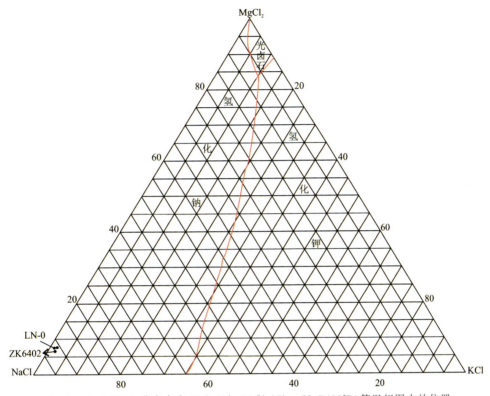

图 7-7　黑 ZK6402 孔卤水在 Na$^+$、K$^+$、Mg^{2+}/Cl$^-$-H$_2$O(25℃)等温相图中的位置

三、实验方法

(一)大浪滩-黑北凹地深层砂砾孔隙卤水冬季自然蒸发实验

1. 卤水样品的冬季自然蒸发小试

冬季自然蒸发试验中试时要跟随做冬季自然蒸发试验小试,小试自然条件与中试自然条件基本相同,同时进行。黑北深层卤水样品(18HDXL001)属于氯化物型卤水,根据青海省柴达木综合地质矿产勘查院等单位多年来对柴达木盆地卤水矿利用研究的结果和该卤水样在相图上所处的位置,该卤水样品可采用 Na$^+$、K$^+$、Mg^{2+}/Cl$^-$-H$_2$O 相图进行相图理论控制并以新相产生为依据判断分离点,进行固、液分离并取样分析固体、液体化学组成。因卤水样品是在室外进行冬季自然蒸发小型试验,昼夜温差较大(夜间温度一般在零下十几摄氏度,白天日照好时可以到十几摄氏度),故采用 Na$^+$、K$^+$、Mg^{2+}/Cl$^-$-H$_2$O 体系在-10℃和25℃两种温度下的相图进行相图理论控制。有些区间适当增加(分离)取样点,从而了解该卤水样品在冬季自然蒸发过程中各类盐类矿物的析出种类、顺序,各组分的富集区间、富集规律和固、液分离点的合理选择。为了更好地进行试验,每天定时观测。观测内容包括蒸失水量,固、液密度、

新矿物的析出情况等，并根据试验需要及时取样品进行化学分析。

1）冬季自然蒸发小试的条件和方法

将卤水样品倒入 4 个 $\varphi=50\text{cm}$ 的塑料盆中进行自然蒸发，冬季自然蒸发试验不进行比蒸发系数试验（冬季淡水结冰，比蒸发系数以夏季自然蒸发试验的数据为准）。4 盆样品全部进行自然蒸发。样品地点不挡风、不遮光、不避雨，属于室外露天自然蒸发。

2）样品冬季自然蒸发小试过程

按上述方法和条件于 2018 年 12 月 24 日起对样品 18HDXL001（共计 103.77kg）进行冬季自然蒸发小试。2019 年 4 月 15 日样品进入老卤阶段，对样品停止蒸发。期间对样品进行 5 次固、液分离，石盐阶段前期在钾离子富集一倍时进行固、液分离，石盐阶段后期在出现新矿物时立即进行固、液分离。各次分离出的卤水组分含量及其相图指数见表 7-11，蒸发结晶路线见图 7-8、图 7-9。

表 7-11 氯化物型卤水（18HDXL001）冬季自然蒸发小试各阶段液相的组分含量及相图指数

样品编号	母液密度/ $(g \cdot mL^{-1})$ 及温度/℃	取样日期	组分含量/ $\times 10^{-2}$						相图指数（质量）/%		
			K^+	Na^+	Ca^{2+}	Mg^{2+}	Cl^-	SO_4^{2-}	KCl	NaCl	$MgCl_2$
18HDXL001	1.193/−1	2018 年 12 月 24 日	0.193	8.195	0.598	0.452	14.87	0.095	1.60	90.69	7.71
18HDXL002	1.219/−8	2019 年 2 月 26 日	0.478	6.580	1.400	1.120	16.32	0.057	4.14	75.94	19.92
18HDXL003	1.241/0	2019 年 3 月 21 日	0.989	3.370	2.860	2.330	18.09	0.019	9.63	43.75	46.62
18HDXL004	1.282/19	2019 年 4 月 3 日	1.456	1.148	4.340	3.574	20.86	0.010	14.10	14.82	71.09
18HDXL005	1.316/20	2019 年 4 月 5 日	1.240	0.540	5.390	4.129	23.18	0.013	11.87	6.89	81.23
18HDXL005-1	1.334/29	2019 年 4 月 8 日	0.581	0.385	6.646	4.128	24.59	0.006	6.07	5.36	88.57
18HDXL006	1.391/23	2019 年 4 月 15 日	0.098	0.152	7.894	4.773	27.40	0.008	0.97	2.01	97.03

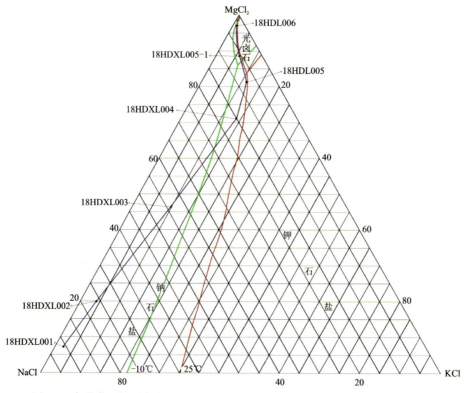

图 7-8 氯化物型深层卤水（18HDXL001）在 Na^+、K^+、$Mg^{2+}/Cl^- - H_2O$（−10℃）相图中的位置及冬季自然蒸发结晶路线

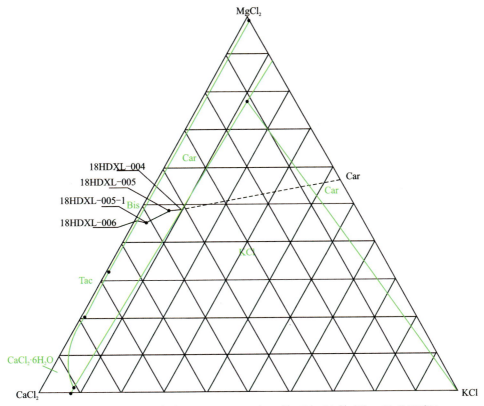

图 7-9 氯化物型深层卤水(18HDXL001)在 Ca^{2+}、K^+、$Mg^{2+}/Cl^- - H_2O(25℃)$
相图中的位置及冬季自然蒸发结晶路线

3)样品冬季自然蒸发小试结果

样品的前 3 段分离出的固体(18HDXS002、18HDXS003 和 18HDXS004)都是以石盐(NaCl)为主,钾、镁、钙没有结晶析出,母液密度越大固体夹带的母液越多,石盐阶段共产出石盐 25.95kg,产率为 25.01%,钠的析出率为 97.92%,产出钾饱和液(18HDXL004)11.85kg,产率为 11.42%,共失水 65.97kg。样品在 2019 年 4 月 3 日至 4 月 15 日分离出的固体(18HDXS005、18HDXS006)以光卤石为主,共计 2.130kg,产率为 2.05%,钾在光卤石阶段的析出率为 79.82%,此阶段产出老卤(18HDXL006)5.910kg,产率为 5.70%,共失水 3.81kg。各阶段组分含量、组分中钾钠镁的分布率、组分产率等见表 7-12。物料平衡由计算相图指数的钾、钠、镁的分布率来计算,钾、钠、镁出料的总分布率分别为 98.33%、99.48%、100.44%,入料都为 100.00%,说明冬季自然蒸发小试入料、出料是平衡的。

4)样品冬季自然蒸发工艺小试流程(图 7-10)

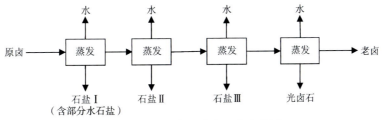

图 7-10 样品自然蒸发工艺流程图

表7-12 氯化物型卤水(18HDXL001)冬季自然蒸发小试试验结果

样品编号	母液密度/(g·mL^{-1})及温度/℃	试验日期	料别	产品名称	质量/kg	固体对母液的夹带率/%	产率/%	组分含量/% K$^+$	Na$^+$	Ca^{2+}	Mg^{2+}	Cl$^-$	SO$_4^{2-}$	分布率/% K$^+$	Na$^+$	Mg^{2+}
18HDXL001	1.193/−1	2018年12月24日	入	原卤	103.77			0.193	8.195	0.598	0.452	14.87	0.095	100.00	100.00	100.00
18HDXL002	1.219/−8	2019年2月26日	出(入)	卤水	39.30			0.478	6.580	1.400	1.120	16.32	0.057	93.79	30.41	93.84
			出	石盐Ⅰ	18.40	10.54、10.07		0.066	31.620	0.304	0.118	49.23	0.390	6.06	68.42	4.63
				损失与失水	46.07											
18HDXL003	1.241/0	2019年3月21日	出(入)	卤水	18.25			0.989	3.370	2.860	2.330	18.09	0.019	90.12	7.23	90.66
			出	石盐Ⅱ	5.90	13.91、14.31		0.184	34.380	0.503	0.324	54.10	0.225	5.42	23.85	4.08
				损失与失水	15.15											
18HDXL004	1.282/0	2019年4月3日	出(入)	卤水	11.85			1.456	1.148	4.340	3.574	20.86	0.010	86.15	1.60	90.29
18HDXS004			出	石盐Ⅲ	1.65	27.34、27.88		0.503	29.100	1.344	0.977	50.14	0.322	4.14	5.65	3.44
				损失与失水	4.75											
			合计	石盐	25.95		25.01	0.121	32.090	0.415	0.219	50.40	0.348	15.62	97.92	12.15
18HDXL005	1.316/20	2019年4月5日	出(入)	卤水	9.25			1.240	0.540	5.390	4.129	23.18	0.013	57.27	0.59	81.43
18HDXS005			出	光卤石Ⅰ	0.785	36.23		5.560	10.290	1.975	4.855	38.39	0.053	21.79	0.95	8.13
				损失与失水	1.815											
18HDXL006	1.391/23	2019年4月15日	出(入)	老卤	5.910		5.70	0.098	0.152	7.894	4.773	27.40	0.008	2.89	0.11	60.14
18HDXS006			出	光卤石Ⅱ	1.345	27.17		8.641	3.139	2.166	6.983	37.04	0.050	58.03	0.50	20.02
				损失与失水	1.995											
			合计	光卤石	2.130		2.05	7.506	5.774	2.096	6.199	37.54	0.051	79.82	1.45	28.15
				合计										98.33	99.48	100.44

注：固体对母液的夹带率用元素在固体中的含量除以该元素在液体中的含量再换算成百分数来计算；在石盐阶段以固体中的镁来计算，钙（减去硫酸钙的部分）来验证；光卤石阶段以钙（减去硫酸钙的部分）来计算。

5)样品冬季自然蒸发小试数据处理与分析

(1)样品在整个冬季时的相图点位于 Na^+、K^+、$Mg^{2+}/Cl^- - H_2O$(-10℃)等温相图的钠石盐区内,柴达木盆地11月至第二年2月温度最低,蒸发量小,主要靠风吹,样品冬季时自然蒸发析出 NaCl,蒸发掉水;-10℃以下冻出 $NaCl \cdot 2H_2O$(18HDXS002含有部分 $NaCl \cdot 2H_2O$),相当于自然蒸发,只要样品的相图点位于 Na^+、K^+、$Mg^{2+}/Cl^- - H_2O$(10℃)等温相图 NaCl 与 KCl 的共饱和线左侧(即钠石盐区内),零下十几摄氏度的低温就不会对样品的蒸发结晶路线产生影响。样品在蒸发阶段的后半段已进入3月下旬,夜间温度偶尔在0℃以下,白天卤水温度在20℃以上(卤水吸热很快),故此时样品采用 Na^+、K^+、$Mg^{2+}/Cl^- - H_2O$(25℃)等温相图控制指导比较合适。由图7-8样品的蒸发结晶路线可以看出,试验样品的整个结晶路线与 Na^+、K^+、$Mg^{2+}/Cl^- - H_2O$(25℃)等温相图基本符合。所以试验样品冬季自然蒸发采用 Na^+、K^+、$Mg^{2+}/Cl^- - H_2O$ 体系在-10℃和25℃两种温度下的相图进行相图理论控制是合适的。

(2)大浪滩-黑北凹地深层孔隙卤水为氯化物型卤水,冬季自然蒸发试验时其相图点在 Na^+、K^+、$Mg^{2+}/Cl^- - H_2O$ 相图中的钠石盐区内。试验样品(18HDXL001)KCl 含量 0.368%,NaCl 含量 20.83%,所以石盐阶段较长,为减少母液夹带量3次分离石盐(NaCl)。固、液分离样品时固体采用堆空的方法,故固体对母液的夹带率稍高,各阶段夹带率见表7-12。从数据可以看出,母液的密度越大固体对母液的夹带率越高。本次小试石盐3个阶段的夹带率相差特别明显,石盐Ⅰ(18HDXS002)夹带率 10.54%,石盐Ⅱ(18HDXS003)夹带率 13.91%,石盐Ⅲ(18HDXS004)夹带率 27.34%,石盐阶段平均夹带率 12.37%。光卤石Ⅰ(18HDXS005)夹带率(36.23%)大于光卤石Ⅱ(18HDXS006)夹带率(27.17%),是由光卤石Ⅰ堆空时间过短造成的,中试时要注意控制堆空时间,光卤石阶段平均夹带率 30.51%。

(3)由表7-12可知,氯化钠的析出区间主要集中在18HDXL001至18HDXL004。在此区间内钠的析出率为 97.92%,而钾、镁、钙基本不析出,在钠的析出区间钾的损失率为 15.62%,此时钾、镁、钙的损失为母液夹带损失。如果再继续蒸发将有大量钾盐析出,故18HDXL004为钠的分离点。此时钾的含量为 1.456%。

(4)钾的析出区间为18HDXL004至18HDXL006,钾的析出率占卤水总钾的 79.82%,此区间产出的光卤石共 2.130kg,产率 2.05%,平均品位 KCl 为 14.31%,NaCl 为 14.68%,$MgCl_2$ 为 24.28%,光卤石质量较好,是提取 KCl 的好原料。

(5)理论上卤水样品冬季自然蒸发小试石盐3个阶段钾盐和镁盐是不会析出的,石盐中的钾和镁是石盐对母液的夹带所致。通过与卤水样品冬季自然蒸发小试石盐3个阶段的钾和镁的分布率(表7-12)对照可以看出,同一阶段钾的分布率都要比镁的分布率大,依次分别大 1.43%、1.34%、0.70%,合计大 3.47%,说明钾有一小部分析出。将3个阶段析出的石盐用饱和 NaCl 溶液洗涤(目的是洗去石盐表面夹带的母液)后进行分析,分析结果见表7-13,洗涤后的石盐中钾的含量比镁的含量都要大,说明 KCl 进入了 NaCl 晶体中,在石盐结晶过程中产生了不完全类质同象现象;越到阶段后期含量大得越多,说明了卤水中 Na^+ 含量不断降低、K^+ 含量不断上升时 NaCl 结晶产生了不完全类质同象,即越到阶段后期越多的 KCl 进入石盐晶体中。据此我们认为冬季自然蒸发小试在石盐结晶过程中产生了不完全类质同象,导致了钾的损失比镁的损失要大,越到阶段后期石盐结晶产生不完全类质同象越严重。

表 7-13 氯化物型卤水(18HDXL001)冬季自然蒸发小试石盐洗涤试验结果

样品编号	产品名称	组分含量/%					
		K^+	Na^+	Ca^{2+}	Mg^{2+}	Cl^-	SO_4^{2-}
18HDXS002	石盐Ⅰ	0.066	31.62	0.304	0.118	49.23	0.390
	石盐Ⅰ-洗	0.021	38.83	0.059	0.010	59.72	0.103
18HDXS003	石盐Ⅱ	0.184	34.38	0.503	0.324	54.10	0.225
	石盐Ⅱ-洗	0.043	38.69	0.044	0.022	59.63	0.026
18HDXS004	石盐Ⅲ	0.503	29.10	1.344	0.977	50.14	0.322
	石盐Ⅲ-洗	0.115	38.48	0.102	0.057	59.54	0.049

(6)通过对大浪滩-黑北凹地深层孔隙卤水样品进行冬季自然蒸发小试,了解了冬季自然蒸发过程中卤水的化学组成变化,水分的蒸失量,盐类矿物的析出顺序、种类和数量及物理化学性质的特征变化,获得了盐类矿物的分离控制条件,取得了冬季小试所需的各项数据结果,达到了冬季小试的目的。

6)样品冬季自然蒸发小试验存在的问题

(1)冬季自然蒸发小试原先计划4次分离石盐(NaCl),但由于2019年4月3日对样品进行固、液分离(第3次分离石盐),第二天石盐只析出少量,当天夜间降温(-5℃左右)导致了新的矿物的析出,故没有进行第4次分离石盐,使少量氯化钠进入了下一阶段的矿物即第一阶段析出的光卤石中,从而导致了第一阶段析出的光卤石中NaCl含量偏高(26.16%),KCl含量偏低(10.61%),光卤石质量不好。NaCl的分离控制点有待改善。

(2)由图7-11、图7-12可以看出,冬季自然蒸发小试样品的整个蒸发结晶路线与Na^+、K^+、Mg^{2+}/Cl^--H_2O(25℃)等温相图基本符合,说明采用Na^+、K^+、Mg^{2+}/Cl^--H_2O相图进行相图理论控制样品蒸发结晶路线是可行的,但是存在一些问题:Na^+、K^+、Mg^{2+}/Cl^--H_2O相图进行相图理论控制时从相图点18HDXL004至18HDXL005析出区间析出的固体(18HDXS005)为光卤石,与相图理论中的钾石盐不相符;在整个蒸发过程中只观察到了氯化钠、光卤石、水氯镁石的析出,没有观察到钾石盐的析出,这种情况的出现可能是由于卤水中有大量Ca^{2+}存在引起的,在Ca^{2+}、K^+、Mg^{2+}/Cl^--H_2O相图上(图7-11)可以看出,相图点18HDXL004落在了光卤石区,从18HDXL004至18HDXL005-1均在光卤石析出区间,这与实际析盐是相符合,在实际生产过程中可以用Na^+、K^+、Mg^{2+}/Cl^--H_2O和Ca^{2+}、K^+、Mg^{2+}/Cl^--H_2O相图相结合指导蒸发过程。

7)样品冬季自然蒸发中试注意事项

(1)冬季自然蒸发中试要在冬季自然蒸发小试的基础上进行。

(2)冬季自然蒸发中试氯化钠的分离点的判断要以新相产生为依据。

(3)从Ca^{2+}、K^+、Mg^{2+}/Cl^--H_2O相图可以看出,钾石盐阶段特别短,冬季自然蒸发中试要继续观察样品在蒸发过程中有没有钾石盐的产生,这点很重要,它关系到样品自然蒸发过程中是否需要兑卤。

(4)冬季自然蒸发中试结束后要分析样品蒸发过程中没有钾石盐阶段和蒸发结晶路线与Na^+、K^+、Mg^{2+}/Cl^--H_2O(25℃)等温相图的相图理论部分不相符的原因。

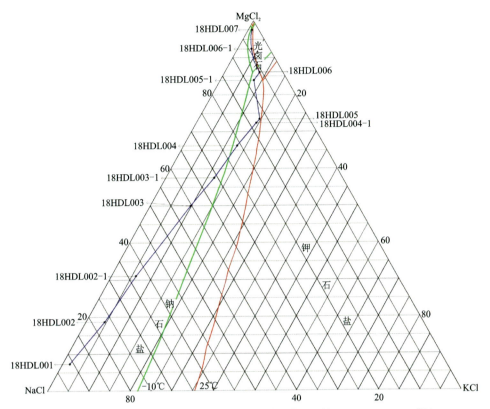

图 7-11　氯化物型卤水(18HDL001)在 Na^+、K^+、$Mg^{2+}/Cl^- - H_2O(-10℃)$
相图中的位置及冬季自然蒸发结晶路线

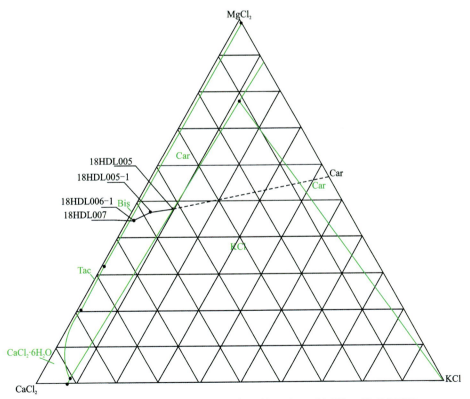

图 7-12　氯化物型卤水(18HDL001)在 Ca^{2+}、K^+、$Mg^{2+}/Cl^- - H_2O(25℃)$
相图中的位置及冬季自然蒸发结晶路线

2. 卤水样品的冬季自然蒸发中试

以大浪滩-黑北凹地深层砂砾孔隙卤水冬季自然蒸发小试为冬季自然蒸发中试的指导实验,采用 Na^+、K^+、$Mg^{2+}/Cl^- - H_2O$ 相图进行相图理论控制并以新相产生为依据判断分离点,进行固、液分离,并取样分析固体、液体化学组成。因卤水样品是在室外进行冬季自然蒸发中型试验,昼夜温差较大(夜间温度一般在零下十几摄氏度,白天日照好时可以到十几摄氏度),故采用 Na^+、K^+、$Mg^{2+}/Cl^- - H_2O$ 体系在 $-10℃$ 和 $25℃$ 两种温度下的相图进行相图理论控制。有些区间适当增加(分离)取样点,从而了解该卤水样品在冬季自然蒸发过程中各类盐类矿物的析出种类、顺序,各组分的富集区间、富集规律和固、液分离点的合理选择。为了更好地进行试验工作,每天定时观测。观测内容包括蒸失水量,固、液密度,新矿物的析出情况等,并根据试验需要及时取样品进行化学分析。

1)冬季自然蒸发中试的条件和方法

将卤水样品倒入两个长、宽各 2m,高 0.3m 的铁皮池(已做防腐)中进行自然蒸发。样品地点不挡风、不遮光、不避雨,属于露天室外自然蒸发。

2)样品冬季自然蒸发中试过程

按上述方法和条件于 2018 年 12 月 24 日起对样品 18HDL001(共计 1 390.7kg)进行冬季自然蒸发试验。2019 年 5 月 2 日样品进入老卤阶段,对样品停止蒸发。期间对样品进行了 6 次固、液分离,以冬季自然蒸发小试的分离点为参考进行固、液分离控制,为了观察是否有钾石盐于石盐中析出,后期多进行一次固、液分离。各次分离出的卤水组分含量及其相图指数列于表 7-14,蒸发结晶路线见图 7-11、图 7-12。

表 7-14 氯化物型卤水(18HDL001)冬季自然蒸发中试各阶段液相的组分含量及相图指数

样品编号	母液密度/$(g \cdot mL^{-1})$及温度/℃	取样日期	组分含量/$\times 10^{-2}$						相图指数(质量)/%		
			K^+	Na^+	Ca^{2+}	Mg^{2+}	Cl^-	SO_4^{2-}	KCl	NaCl	$MgCl_2$
18HDL001	1.193/—1	2018 年 12 月 24 日	0.193	8.195	0.598	0.452	14.87	0.095	1.60	90.69	7.71
18HDL002	1.215/3	2019 年 3 月 25 日	0.479	6.810	1.356	1.101	16.66	0.041	4.05	76.81	19.14
18HDL002-1	1.225/—1	2019 年 4 月 3 日	0.674	5.170	2.055	1.654	16.82	0.032	6.15	62.86	30.99
18HDL003	1.238/17	2019 年 4 月 10 日	1.020	3.088	3.054	2.498	18.11	0.029	9.93	40.09	49.98
18HDL003-1	1.258/22	2019 年 4 月 12 日	1.226	2.420	3.630	2.943	19.50	0.028	11.68	30.73	57.59
18HDL004	1.264/17	2019 年 4 月 15 日	1.311	1.591	3.964	3.246	19.77	0.042	12.98	21.00	66.02
18HDL004-1	1.285/22	2019 年 4 月 17 日	1.510	1.027	4.540	3.655	21.19	0.019	14.54	13.18	72.28
18HDL005	1.290/19	2019 年 4 月 18 日	1.533	0.930	4.610	3.695	21.24	0.020	14.79	11.96	73.24
18HDL005-1	1.320/10	2019 年 4 月 23 日	0.780	0.583	5.868	3.976	23.26	0.016	8.02	7.99	83.99
18HDL006	1.325/17	2019 年 4 月 23 日	0.802	0.395	6.033	4.005	23.47	0.018	8.39	5.51	86.10
18HDL006-1	1.342/12	2019 年 4 月 25 日	0.299	0.299	6.864	4.019	24.02	0.013	3.34	4.45	92.21
18HDL007	1.409/24	2019 年 5 月 2 日	0.098	0.125	8.488	4.846	28.79	0.015	0.96	1.63	97.41

3)样品冬季自然蒸发中试结果

样品的前 4 段分离出的固体(18HDS002、18HDS003、18HDS004 和 18HDS005)都是以石盐(NaCl)为主,K^+、Ca^{2+}、Mg^{2+} 没有结晶析出,母液密度越大固体夹带的母液越多,石盐阶段共产出石盐 324.75kg,产率为 23.35%,钠的析出率为 98.23%,产出钾饱和液(18HDL005)150.55kg,产率为 10.83%,共失水 915.4kg。样品在 2019 年 4 月 18 日至 2019 年 5 月 2 日分离出的固体(18HDS006、18HDS007)以光卤石为主,共计 27.70kg,产率为 1.99%,钾在光卤石阶段的析出率为 81.73%,此阶段产出老卤(18HDL007)75.10kg,产率为 5.40%,共失水 47.75kg。各阶段组分含量,组分中 K^+、Na^+、Mg^{2+} 的分布率及组分产率等见表 7-15。物料平衡由计算相图指数的 K^+、Na^+、Mg^{2+} 的分布率来计算,K^+、Na^+、Mg^{2+} 出料的总分布率分别为 100.40%、99.46%、100.13%,入料都为 100.00%,说明冬季自然蒸发中试入料、出料是平衡的。

表 7-15　氯化物型卤水（18HDL001）冬季自然蒸发中试验结果

样品编号	母液密度/(g·mL^{-1})反温度/℃	试验日期	料别	产品名称	质量/kg	固体对母液的夹带率/%	产率/%	组分含量/% K$^+$	Na$^+$	Ca^{2+}	Mg^{2+}	Cl$^-$	SO$_4^{2-}$	分布率/% K$^+$	Na$^+$	Mg^{2+}
18HDL001	1.193/−1	2018年12月24日	入	原卤	1 390.70			0.193	8.195	0.598	0.452	14.87	0.095	100.00	100.00	100.00
18HDL002	1.215/3	2019年3月25日	出(入)	卤水	531.20			0.479	6.810	1.356	1.101	16.66	0.041	94.80	31.74	93.04
18HDS002			出	石盐Ⅰ	215.20	11.90、12.29		0.066	35.48	0.344	0.131	55.25	0.425	5.29	67.00	4.48
				损失与失水	644.30											
18HDL003	1.238/17	2019年4月10日	出(入)	卤水	233.00			1.020	3.088	3.054	2.498	18.11	0.029	88.55	6.31	92.59
18HDS003			出	石盐Ⅱ	90.00	16.73、17.27		0.224	33.20	0.643	0.418	53.59	0.277	7.51	26.22	5.98
				损失与失水	208.20											
18HDL004	1.264/0	2019年4月15日	出(入)	卤水	175.15			1.311	1.591	3.964	3.246	19.77	0.042	85.55	2.45	90.45
18HDS004			出	石盐Ⅲ	14.60	25.11、25.47		0.397	29.89	1.118	0.815	50.43	0.260	2.16	3.83	1.89
				损失与失水	43.25											
18HDL005	1.290/19	2019年4月18日	出(入)	卤水	150.55			1.533	0.930	4.610	3.695	21.24	0.020	85.99	1.23	88.55
18HDS005			出	石盐Ⅳ	4.95	27.28、28.90		0.525	27.23	1.593	1.081	47.49	0.625	0.97	1.18	0.85
				损失与失水	19.65											
			合计	石盐	324.75		23.35	0.132	34.47	0.481	0.256	54.45	0.380	15.93	98.23	13.20
18HDL006	1.325/17	2019年4月23日	出(入)	卤水	110.70			0.802	0.395	6.033	4.005	23.47	0.018	33.08	0.384	70.53
18HDS005			出	光卤石Ⅰ	15.85	21.94		8.698	5.713	1.364	6.489	38.13	0.097	51.36	0.795	16.36
				损失与失水	24.00											
18HDL007	1.409/24	2019年5月2日	出(入)	老卤	75.10		5.40	0.098	0.125	8.488	4.846	28.79	0.015	2.74	0.082	57.90
18HDS007			出	光卤石Ⅱ	11.85	34.56		6.880	3.404	2.963	6.723	36.22	0.070	30.37	0.354	12.67
				损失与失水	23.75											
			合计	光卤石	27.70		1.99	7.920	4.725	2.048	6.589	37.31	0.085	81.73	1.15	29.03
												合计		100.4	99.46	100.13

4)样品冬季自然蒸发工艺中试流程(图 7-13)

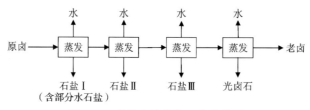

图 7-13 样品自然蒸发工艺流程图

5)样品冬季自然蒸发中试数据处理与分析

(1)大浪滩-黑北凹地深层砂砾孔隙卤水为氯化物型卤水,冬季自然蒸发中试样品在整个冬季时的相图点位于 Na^+、K^+、$Mg^{2+}/Cl^- - H_2O(-10℃)$ 等温相图的钠石盐区内,柴达木盆地 11 月至第二年 2 月温度最低,蒸发量小,主要靠风吹,样品冬季时自然蒸发析出 NaCl,蒸发掉水;$-10℃$ 以下冻出 $NaCl·2H_2O$,相当于自然蒸发。只要样品的相图点位于 Na^+、K^+、$Mg^{2+}/Cl^- - H_2O(-10℃)$ 等温相图 NaCl 与 KCl 的共饱和线左侧(即钠石盐区内),零下十几摄氏度的低温就不会对样品的蒸发结晶路线产生影响。样品在石盐第一阶段的后期已进入 3 月,夜间温度偶尔在零摄氏度以下,白天卤水温度在 20℃ 以上(卤水吸热很快),冬天冷,冻出的 $NaCl·2H_2O$ 分解为 NaCl 和 H_2O,故石盐Ⅰ(18HDS002)不含水石盐。样品在石盐第一阶段的后期已进入 3 月,气温明显升高,尤其是 4 月,白天卤水温度可达 30℃ 以上,故此时样品采用 Na^+、K^+、$Mg^{2+}/Cl^- - H_2O(25℃)$ 等温相图理论进行指导比较合适。由图 7-11 样品的蒸发结晶路线可以看出,试验样品的整个结晶路线与 Na^+、K^+、$Mg^{2+}/Cl^- - H_2O(25℃)$ 等温相图基本符合。所以试验样品冬季自然蒸发采用 Na^+、K^+、$Mg^{2+}/Cl^- - H_2O$ 体系在 $-10℃$ 和 $25℃$ 两种温度下的相图进行相图理论控制是合适的。

(2)虽然大浪滩-黑北凹地深层砂砾孔隙卤水冬季自然蒸发中试钠盐阶段采用 Na^+、K^+、$Mg^{2+}/Cl^- - H_2O$ 相图理论控制样品蒸发结晶路线是可行的,但是在钾盐阶段用 Na^+、K^+、$Mg^{2+}/Cl^- - H_2O$ 相图进行相图理论控制时,从相图点 18HDL005 至 18HDL006 区间析出的固体(18HDS006)为光卤石,与相图理论中的钾石盐不相符;在整个中试的蒸发过程中只观察到了氯化钠、光卤石、水氯镁石的析出,没有观察到钾石盐的产生,从而验证了蒸发过程与相图理论不相符是事实存在的。究其原因,是因为卤水样品中含有大量的 Ca^{2+},比 Mg^{2+} 的含量都要高。所以,在钾盐阶段开始采用 Ca^{2+}、K^+、$Mg^{2+}/Cl^- - H_2O$ 相图指导结晶路线比较合适,如图 7-12 所示,理论上从 18HDL005 至 18HDL006 区间析出固相应为光卤石,这与该区间实际析出的光卤石相符合。卤水中阳离子的水合能力(阳离子吸附氢氧离子的能力)强弱依次是 $Mg^{2+} > Ca^{2+} > Na^+ > K^+$,$Mg^{2+}$ 和 Ca^{2+} 对氢氧离子的吸附力都要大于 Na^+。$MgCl_2$ 对 NaCl 有盐析的作用,$CaCl_2$ 对 NaCl 也有盐析的作用,只是作用比 $MgCl_2$ 小一些而已。在计算 Na^+、K^+、$Mg^{2+}/Cl^- - H_2O$ 相图的相图指数时只采用了 K^+、Na^+、Mg^{2+},而与 Mg^{2+} 有相同作用的 Ca^{2+} 没有计算在内,造成实际上的相图点比理论计算出的相图点都要高,这就解释了样品在自然蒸发过程中为什么没有钾石盐析出;老卤阶段有水氯镁石析出时样品的理论相图点还在光卤石区也是上述原因造成的。

(3)大浪滩-黑北凹地深层孔隙卤水为氯化物型卤水,冬季自然蒸发试验时其相图点在 Na^+、K^+、$Mg^{2+}/Cl^- - H_2O$ 相图中的钠石盐区内,试验样品(18HDL001)KCl 含量 0.368%,NaCl 含量 20.83%,所以石盐阶段较长,为减少母液夹带量 4 次分离石盐(NaCl)。固、液分离样品时固体采用堆空的方法,故固体对母液的夹带率稍高,各阶段夹带率见表 7-15。从数据中可以看出,母液的密度越大,固体对母液的夹带率越高,石盐 4 个阶段的夹带率相差特别明显,石盐Ⅰ(18HDS002)夹带率 11.90%,石盐Ⅱ(18HDS003)夹带率 16.73%,石盐Ⅲ(18HDS004)夹带率 25.11%,石盐Ⅳ(18HDS005)夹带率 27.28%,石盐阶段平均夹带率 14.07%。光卤石Ⅰ(18HDS006)夹带率 21.94%,光卤石Ⅱ

(18HDS006)夹带率34.56%,光卤石阶段平均夹带率27.34%。光卤石Ⅰ颗粒粗大,虽然此时卤水密度比石盐Ⅳ的大,但粒度比石盐Ⅳ要大得多,故夹带率小于石盐Ⅳ,光卤石Ⅱ颗粒细小,加上此时卤水密度很大,所以夹带率比较大。

(4)由表7-15可知,NaCl的析出区间主要集中在18HDL001至18HDL005。在此区间内钠的析出率为98.23%,而钾、镁、钙基本不析出,在钠的析出区间钾的损失率为15.93%,此时钾、镁、钙的损失为母液夹带损失。如果再继续蒸发将有大量钾盐析出,故18HDL005为钠的分离点,此时钾的含量为1.533%。冬季自然蒸发中试钠的分离点比冬季自然蒸发小试钠的分离点更准。

(5)钾的析出区间为18HDL005至18HDL007,钾的析出率占卤水总钾的81.73%,此区间产出的光卤石共27.70kg,产率1.99%,平均品位KCl为15.10%,NaCl为12.01%,$MgCl_2$为25.81%,光卤石质量好,是提取KCl的优质原料。

(6)理论上大浪滩-黑北凹地深层砂砾孔隙卤水冬季自然蒸发中试样品在石盐的4个阶段钾盐和镁盐是不会析出的,石盐中的钾和镁是石盐对母液的夹带所致。通过对卤水样品冬季自然蒸发中试的卤水样品石盐4个阶段的钾和镁的分布率对照可以看出,同一阶段的钾的分布率比镁的分布率都要大,依次分别净大0.81%、1.53%、0.27%、0.12%,合计净大2.73%,说明钾有一小部分析出,冬季自然蒸发中试在石盐结晶过程中产生了不完全类质同象。

(7)通过对大浪滩-黑北凹地深层砂砾孔隙卤水样品进行冬季自然蒸发中试,发现样品在石盐结晶过程中产生的不完全类质同象导致的钾的损失比较小,在冬季自然蒸发过程中也没有钾石盐析出,所以样品在冬季自然蒸发过程中不需要兑卤就能析出质量很好的光卤石。

(8)通过对大浪滩-黑北凹地深层砂砾孔隙卤水样品进行冬季自然蒸发中试,解决了冬季自然蒸发小试存在的一些问题,了解了冬季自然蒸发过程中卤水的化学组成变化,水分的蒸失量,盐类矿物的析出顺序、种类、数量及物理化学性质的特征变化,获得了盐类矿物的分离控制条件,取得了冬季自然蒸发试验所需的各项数据结果,达到了冬季自然蒸发中试的目的。

3. 样品冬季自然蒸发试验结果

大浪滩-黑北凹地深层砂砾孔隙卤水样品在冬季自然蒸发中整个钠盐阶段蒸发结晶路线(包括中试和小试)与Na^+、K^+、$Mg^{2+}/Cl^--H_2O(25℃)$等温相图基本符合,说明采用Na^+、K^+、Mg^{2+}/Cl^--H_2O体系在-10℃和25℃两种温度下的相图进行相图理论控制样品冬季蒸发结晶路线是可行的。在整个冬季自然蒸发过程中只有氯化钠、光卤石、水氯镁石的析出,没有观察到钾石盐的产生,卤水样品蒸发结晶路线与相图理论部分不相符是事实存在的,比Mg^{2+}的含量都要高的Ca^{2+}没有计算进相图指数是主要原因。从钾盐阶段开始,结晶路线与Ca^{2+}、K^+、$Mg^{2+}/Cl^--H_2O(25℃)$等温相图比较吻合,样品在冬季自然蒸发中钠的分离点的判断要以观察新相产生为依据,卤水样品在冬季自然蒸发中钠的分离点的判断要以观察新相产生为依据,卤水样品在冬季自然蒸发过程中也不需要兑卤。

大浪滩-黑北凹地深层砂砾孔隙卤水样品在冬季自然蒸发(包括中试和小试,数据以中试为准)中钠、钾的析出很集中,易分离,回收率也很高。在钠的析出区间,钠的析出率98.23%,在钾的析出区间,钾的析出率(本试验指光卤石中钾的分布率)81.73%。在钠的析出区间,钾的损失率为15.93%。尽管入料卤水样品的KCl含量0.368%,NaCl含量20.83%,石盐阶段长,冬季自然蒸发钾的回收率(以中试为准)却达到了81.73%,究其原因我们认为有以下几点:①石盐阶段分3次或4次分离,减少了固体对母液的夹带率,也使固体夹带母液中钾的含量降低了;②固体采用堆空的方法空出母液,时间一般为4~6h,时间较长,空出的母液较多;③母液密度大是卤水样品中含有大量钙造成的,镁含量相对较低,黏度不大,容易空出母液;④由于卤水样品中大量Ca^{2+}的存在抑制了石盐结晶产生的不完全类质同象,减少了钾的损失。红南凹地卤水自然蒸发试验石盐阶段(分5次分离)平均夹带率17.77%,黑北凹地深层卤水冬季自然蒸发试验石盐阶段(分4次分离)平均夹带率14.07%,很好地说明了本试验固体易空出母液。

大浪滩-黑北凹地深层砂砾孔隙卤水样品冬季自然蒸发得到的初级产品光卤石,小试的平均品位KCl为14.31%,NaCl为14.68%,$MgCl_2$为24.28%;中试的平均品位KCl为15.10%,NaCl为12.01%,$MgCl_2$为25.81%(小试由于钠的分离点没有控制好导致了光卤石中NaCl含量较高,中试由于钠的分离点控制较好故光卤石质量好)。对比卤水样品冬季自然蒸发小试和中试的结果,该卤水样品冬季自然蒸发析盐路线和析盐种类稳定,重现性好,钠、钾易分离,钾的回收率高。

通过对大浪滩-黑北凹地深层砂砾孔隙卤水样品进行冬季自然蒸发试验,了解了冬季自然蒸发过程中卤水的化学组成变化,水分的蒸失量,盐类矿物的析出顺序、种类、数量及物理化学性质的特征变化,获得了盐类矿物的分离控制条件,取得了冬季自然蒸发试验所需的各项数据结果,达到了冬季自然蒸发试验的目的。

(二)大浪滩-黑北凹地深层砂砾孔隙卤水夏季自然蒸发试验

为了了解大浪滩黑北深层孔隙卤水在夏季自然蒸发浓缩后析盐的先后顺序及析盐规律,确定各类盐在夏季自然蒸发条件下的析出起点、终点,以及分离控制点,进行夏季自然蒸发试验。

1. 夏季自然蒸发小试

夏季自然蒸发试验中试时要跟随做夏季自然蒸发试验小试。二者自然条件基本相同,可同时进行。深层卤水样品(18HXXL001)属于氯化物型卤水,根据青海省柴达木综合地质矿产勘查院等单位多年来对柴达木盆地卤水矿利用研究的结果和该卤水样在相图上所处的位置,该卤水样品可采用Na^+、K^+、$Mg^{2+}/Cl^--H_2O(25℃)$等温相图进行相图理论控制并通过观察新相产生为依据判断分离点,进行固、液分离并取样分析固体、液体化学组成。有些区间适当增加(分离)取样点,从而了解该卤水样品在夏季自然蒸发过程中各类盐类矿物的析出种类、顺序,各组分的富集区间、富集规律和固液分离点的合理选择。为了更好地进行试验,需每天定时观测。观测内容包括蒸失水量,固、液密度,新矿物的析出情况等,并根据试验需要及时取样品进行化学分析。

1)夏季自然蒸发小试的条件和方法

将卤水样品倒入4个$\varphi=50cm$的塑料盆中进行自然蒸发,同时用一个同样大小的盆装入同样体积的淡水进行比蒸发系数试验。5盆样品全部自然蒸发。样品地点不挡风、不遮光、不避雨,属于室外露天自然蒸发。

2)样品夏季自然蒸发小试蒸发及兑卤过程

(1)样品夏季自然蒸发小试过程:按上述方法和条件于2019年4月4日起对样品18HXXL001(共计143.37kg)进行夏季自然蒸发小试。2019年5月20日样品进入老卤阶段,对样品停止蒸发。期间对样品进行5次固、液分离,石盐阶段前期在K^+富集一倍时进行固、液分离,石盐阶段后期在出现新矿物时立即进行固、液分离,并将6.00kg老卤(18HD老卤)兑入14.70kg钾饱和液(18HXXL004)中,第二天对样品进行固、液分离。各次分离出的卤水组分含量及其相图指数列于表7-16,蒸发结晶路线见图7-14、图7-15。

表 7-16 氯化物型卤水(18HXXL001)夏季自然蒸发小试各阶段液相的组分含量及相图指数

样品编号	母液密度/(g·mL^{-1})及温度/℃	取样日期	组分含量/×10^{-2}						相图指数(质量)/%		
			K$^+$	Na$^+$	Ca^{2+}	Mg^{2+}	Cl$^-$	SO$_4^{2-}$	KCl	NaCl	MgCl$_2$
18HXXL001	1.189/10	2019 年 4 月 4 日	0.181	8.134	0.675	0.424	14.83	0.080	1.52	91.16	7.32
18HXXL002	1.217/11	2019 年 4 月 22 日	0.474	6.790	1.654	1.116	17.05	0.040	4.01	76.59	19.40
18HXXL003	1.250/10	2019 年 5 月 5 日	1.009	2.751	3.578	2.476	18.44	0.018	10.33	37.57	52.10
18HXXL003-1	1.265/21	2019 年 5 月 9 日	1.163	1.981	4.184	2.903	19.79	0.018	11.91	27.04	61.06
18HXXL003-2	1.275/29	2019 年 5 月 12 日	1.280	1.343	4.771	3.203	20.68	0.017	13.26	18.55	68.18
18HXXL004	1.307/18	2019 年 5 月 14 日	1.515	0.812	5.334	3.714	22.39	0.017	14.81	10.58	74.60
18HD 老卤	1.406/16	2019 年 5 月 14 日	0.073	0.092	7.976	4.909	28.25	0.007	0.71	1.19	98.10
18HXXL005	1.329/12	2019 年 5 月 15 日	0.700	0.450	6.346	3.895	23.55	0.008	7.53	6.45	86.02
18HXXL005-1	1.352/38	2019 年 5 月 17 日	0.454	0.302	7.316	4.280	25.95	0.015	4.70	4.17	91.12
18HXXL006	1.382/17	2019 年 5 月 20 日	0.100	0.141	8.040	4.426	26.97	0.004	1.07	2.00	96.93

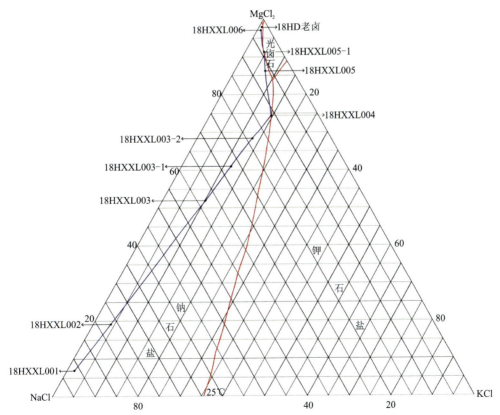

图 7-14 氯化物型卤水(18HXL001)在 Na$^+$、K$^+$、Mg^{2+}/Cl$^-$-H$_2$O 相图中的位置及夏季自然蒸发结晶路线

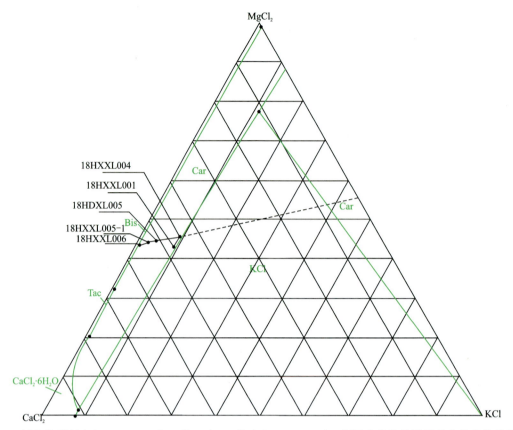

图 7-15　氯化物型卤水(18HXL001)在 Ca^{2+}、K^+、$Mg^{2+}/Cl^--H_2O(25℃)$ 相图中的位置及夏季自然蒸发结晶路线

(2)卤水样品夏季自然蒸发小试兑卤:按照设计对夏季自然蒸发小试卤水样品进行兑卤。因为大量 Ca^{2+} 的影响,Na^+、K^+、$Mg^{2+}/Cl^--H_2O(25℃)$ 等温相图只能做大概控制指导。Ca^{2+} 在兑卤过程中不析出,故以 Ca^{2+} 为准进行兑卤。将卤水的相图点兑在 18HDL006 附近,Ca^{2+} 含量为 6.03%,杠杆比约为 1:1,钾饱和卤水中 Ca^{2+} 含量为 5.33%,冬季老卤中 Ca^{2+} 含量为 7.97%,利用公式:

$$6.03\% \times (14.70kg+x) = 5.33\% \times 14.70kg + 7.97\% \times y$$
$$y = 0.76x + 1.29$$
得 $y = 5.30kg$

考虑到兑卤会析出光卤石,为了使光卤石析出得稍微多一些,加入了 6.00kg 冬季老卤,兑卤析出光卤石 1.19kg。

3)样品夏季自然蒸发小试结果

样品的前 3 段分离出的固体(18HXXS002、18HXXS003 和 18HXXS004)都是以石盐(NaCl)为主,K^+、Mg^{2+}、Ca^{2+} 没有结晶析出,母液密度越大固体夹带的母液越多,石盐阶段共产出石盐 33.395kg,产率为 23.29%,钠的析出率为 98.71%,产出钾饱和液(18HXXL004)14.70kg,产率为 10.25%,共失水 95.275kg。样品在 2019 年 5 月 15 日至 5 月 20 日分离出的固体(18HXXS005、18HXXS006)以光卤石为主,共计 2.720kg,产率为 1.90%,钾在光卤石阶段的析出率为 77.59%,此阶段产出老卤 (18HXXL006)8.80kg(扣除兑入老卤的质量),产率 6.14%,共失水 3.18kg。各阶段组分含量,组分中 K^+、Na^+、Mg^{2+} 的分布率及产率等见表 7-17。物料平衡由相图指数的 K^+、Na^+、Mg^{2+} 的分布率来计算,K^+、Na^+、Mg^{2+} 出料的总分布率分别为 98.33%、99.67%、100.41%,入料都为 100.00%,说明夏季自然蒸发小试入料、出料是平衡的。

表7-17 氯化物型卤水(18HXXL001)夏季自然蒸发小试试验结果

样品编号	母液密度/(g·mL^{-1})及温度/℃	试验日期	料别	产品名称	质量/kg	比蒸发系数	固体对母液的夹带率/%	产率/%	组分含量/% K$^+$	Na$^+$	Ca^{2+}	Mg^{2+}	Cl$^-$	SO$_4^{2-}$	分布率/% K$^+$	Na$^+$	Mg^{2+}
18HXXL001	1.189/10	2019年04月04日	入	原卤	143.370				0.181	8.134	0.675	0.424	14.83	0.080	100.00	100.00	100.00
18HXXL002	1.217/11	2019年04月22日	出(入)	卤水	51.600				0.474	6.790	1.654	1.116	17.05	0.040	94.25	30.04	94.73
			出	石盐Ⅰ	23.400		14.16,14.32		0.089	35.140	0.397	0.158	55.01	0.384	8.03	70.51	6.08
18HXXS002				损失与失水	68.370	0.72											
18HXXL003	1.250/10	2019年05月05日	出(入)	卤水	22.150				1.009	2.751	3.578	2.476	18.44	0.018	86.12	5.23	90.22
18HXXS003			出	石盐Ⅱ	8.350		14.38,14.77		0.189	33.390	0.609	0.356	53.35	0.193	6.08	23.91	4.89
				损失与失水	21.100	0.68											
18HXXL004	1.307/18	2019年05月14日	出(入)	卤水	14.700				1.515	0.812	5.334	3.714	22.39	0.017	85.82	1.02	89.81
18HXXS004			出	石盐Ⅲ	1.645	0.61	23.53,23.78		0.411	30.400	1.334	0.874	51.86	0.157	2.61	4.29	2.37
				损失与失水	5.805												
			合计	石盐	33.395			23.29	0.130	34.470	0.496	0.243	53.85	0.325	16.72	98.71	13.34
18HD老卤	1.406/16	2019年05月14日	入	冬季老卤	6.000				0.073	0.092	7.976	4.909	28.25	0.007			
18HXXL005	1.329/12	2019年05月15日	出(入)	卤水	19.400				0.700	0.450	6.346	3.895	23.55	0.008	50.64	0.70	75.85
18HXXS005			出	光卤石Ⅰ	1.190		39.11		7.111	3.625	2.508	6.148	34.50	0.062	32.61	0.37	12.04
				损失与失水	0.110			6.14									
18HXXL006	1.382/17	2019年05月20日	出(入)	老卤	14.800				0.100	0.141	8.040	4.426	26.97	0.004	4.02	0.13	59.30
18HXXS006			出	光卤石Ⅱ	1.530		34.17		7.629	3.489	2.755	6.646	36.50	0.018	44.98	0.46	16.73
				损失与失水	3.070	0.48											
			合计	光卤石	2.720			1.90	7.402	3.549	2.647	6.428	35.63	0.037	77.59	0.83	28.77
													合计		98.33	99.67	101.41

注:固体对母液的夹带率用元素在固体中的含量除以该元素在液体中的含量再换算成百分数来计算;在石盐阶段以固体中的镁来计算,钙(减去硫酸钙的部分)来验证;光卤石阶段以钙(减去硫酸钙的部分)来计算。

4) 样品夏季自然蒸发工艺小试流程(图7-16)

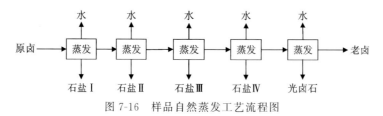

图 7-16 样品自然蒸发工艺流程图

5) 样品夏季自然蒸发小试数据处理与分析

(1) 由图 7-14 样品的蒸发结晶路线可以看出,试验样品在整个夏季时结晶路线与 Na^+、K^+、Mg^{2+}/Cl^- – H_2O(25℃)等温相图基本符合,故样品采用 Na^+、K^+、Mg^{2+}/Cl^- – H_2O(25℃)等温相图理论进行指导比较合适。

(2) 大浪滩-黑北凹地深层砂砾孔隙卤水为氯化物型卤水,夏季自然蒸发试验时其相图点在 Na^+、K^+、Mg^{2+}/Cl^- – H_2O 相图中的钠石盐区内,试验样品(18HXXL001)KCl 含量 0.345%,NaCl 含量 20.68%,所以石盐阶段较长,为减少母液夹带量 3 次分离石盐(NaCl)。固、液分离样品时固体采用堆空的方法,故固体对母液的夹带率稍高,各阶段夹带率见表 7-17。从数据可以看出,母液的密度越大固体对母液的夹带率越高,石盐 3 个阶段的夹带率相差特别明显,石盐Ⅰ(18HXXS002)夹带率 14.16%,石盐Ⅱ(18HXXS003)夹带率 14.38%,石盐Ⅲ(18HXXS004)夹带率 23.53%,石盐阶段平均夹带率 14.68%。光卤石Ⅰ(18HXXS005)夹带率(39.11%)大于光卤石Ⅱ(18HXXS006)夹带率(34.17%)是由于兑卤生成的光卤石Ⅰ晶体颗粒细小造成的,光卤石阶段平均夹带率 36.33%。

(3) 由表 7-17 可知,NaCl 的析出区间主要集中在 18HXXL001 至 18HXXL004。在此区间内 Na^+ 的析出率为 98.71%,而 K^+、Mg^{2+}、Ca^{2+} 基本不析出,在钠的析出区间钾的损失率为 16.72%,此时 K^+、Mg^{2+}、Ca^{2+} 的损失为母液夹带损失。如果再继续蒸发将有大量钾盐析出,故 18HXXL004 为钠的分离点。此时钾的含量为 1.515%。样品蒸发过程中没有发现钾石盐析出,故样品蒸发没有钾石盐阶段。

(4) 钾的析出区间为 18HXXL004 至 18HXXL006,钾的析出率占卤水总钾的 77.59%,此区间产出的光卤石共 2.720 kg,产率 1.90%,平均品位 KCl 为 14.11%,NaCl 为 9.022%,$MgCl_2$ 为 25.18%,光卤石质量较好,是提取 KCl 的好原料。

(5) 理论上大浪滩-黑北凹地深层砂砾孔隙卤水样品夏季自然蒸发小试石盐 3 个阶段钾盐和镁盐是不会析出的,石盐中的钾和镁是石盐对母液的夹带所致。通过对卤水样品夏季自然蒸发小试石盐 3 个阶段的钾和镁的分布率对照可以看出,同一阶段的钾的分布率都要比镁的分布率大,依次分别净大 1.95%、1.19%、0.24%,合计净大 3.38%,说明钾有一小部分析出,我们认为夏季自然蒸发小试在石盐结晶过程中产生了不完全类质同象。

(6) 大浪滩-黑北凹地深层砂砾孔隙卤水样品夏季自然蒸发小试总的失水率为 65.69%(含损失)。石盐第一阶段失水率为 47.69%,比蒸发系数为 0.72;石盐第二阶段失水率为 14.72%,比蒸发系数为 0.68;石盐第三阶段失水率为 1.15%,比蒸发系数为 0.61;光卤石阶段失水率为 2.14%,比蒸发系数为 0.48。不管是石盐阶段还是光卤石阶段阶段该卤水样品的比蒸发系数都比较大,原因是卤水样品中 Mg^{2+} 含量相对较低。

(7) 大浪滩-黑北凹地深层砂砾孔隙卤水夏季自然蒸发小试进行了兑卤,兑卤析出光卤石 1.19 kg,占光卤石总质量的 43.75%。兑卤生成的光卤石晶体颗粒细小。

(8) 通过对大浪滩-黑北凹地深层砂砾孔隙卤水样品进行夏季自然蒸发小试,了解了夏季自然蒸发过程中卤水的化学组成变化,水分的蒸失量,盐类矿物的析出顺序、种类、数量及物理化学性质的特征变化,获得了盐类矿物的分离控制条件,取得了夏季小试所需的各项数据结果,为同时进行的夏季自然蒸发中试盐类矿物的分离控制条件奠定了基础,达到了夏季自然蒸发小试的目的。

6)大浪滩-黑北凹地深层砂砾孔隙卤水夏季自然蒸发小试结论

(1)大浪滩-黑北凹地深层砂砾孔隙卤水夏季自然蒸发过程蒸发结晶路线钠盐阶段与Na^+、K^+、Mg^{2+}/Cl^--H_2O(25℃)等温相图的相图理论相符,钾盐阶段开始与Ca^{2+}、K^+、Mg^{2+}/Cl^--H_2O相图相符,因为在相图Ca^{2+}、K^+、Mg^{2+}/Cl^--H_2O(25℃)中不显示钠盐阶段,Na^+、K^+、Mg^{2+}/Cl^--H_2O(25℃)等温相图中显示的钾石盐阶段开始的液相点其实与Ca^{2+}、K^+、Mg^{2+}/Cl^--H_2O(25℃)相图中的光卤石点是一致的,所以,两种相图结合指导蒸发过程会更加完善。除了相图指导,自然蒸发试验每个阶段的分离点的确定还要以观察新相产生为判断依据。

(2)由于大浪滩-黑北凹地深层砂砾孔隙卤水在夏季自然蒸发过程中没有钾石盐阶段,大量的$CaCl_2$又抑制了石盐结晶产生的不完全类质同象对钾的影响,而兑卤生成的光卤石晶体颗粒细小,会影响KCl的生产,所以大浪滩-黑北凹地深层砂砾孔隙卤水夏季自然蒸发过程中不需要兑卤。

2. 夏季自然蒸发中试

以大浪滩-黑北凹地深层砂砾孔隙卤水夏季自然蒸发小试为夏季自然蒸发中试做指导,该砂砾孔隙卤水样品(18HXL001)属于氯化物型卤水,根据青海省柴达木综合地质矿产勘查院等单位多年来对柴达木盆地卤水矿利用研究的结果和该卤水样品在相图上所处的位置,该卤水样品可采用Na^+、K^+、Mg^{2+}/Cl^--H_2O(25℃)等温相图进行相图理论控制并通过观察新相产生为依据判断分离点,进行固、液分离并取样分析固体、液体化学组成。有些区间适当增加(分离)取样点,从而了解该卤水样品在夏季自然蒸发过程中各类盐类矿物的析出种类、顺序,各组分的富集区间、富集规律和固、液分离点的合理选择。为了更好地进行试验工作,需每天定时观测。观测内容包括蒸失水量,固、液密度,新矿物的析出情况等,并根据试验需要及时取样品进行化学分析。

1)夏季自然蒸发中试的条件和方法

将卤水样品倒入一个长、宽各2m,高0.3m的铁皮池(已做防腐)中进行自然蒸发。样品地点不挡风、不遮光、不避雨,属于室外露天自然蒸发。

2)样品夏季自然蒸发中试的过程

按上述方法和条件于2019年4月4日起对样品18HXL001(共计1 375.9kg)进行夏季自然蒸发试验。2019年6月17日样品进入老卤阶段,对样品停止蒸发。期间对样品进行了5次固、液分离,以夏季自然蒸发小试的分离点为参考进行固、液分离控制,各次分离出的卤水组分含量及其相图指数列于表7-18,蒸发结晶路线见图7-17、图7-18。

3)样品夏季自然蒸发中试结果

样品的前3段分离出的固体(18HXS002、18HXS003和18HXS004)都是以石盐(NaCl)为主,K^+、Mg^{2+}、Ca^{2+}没有结晶析出,母液密度越大固体夹带的母液越多,石盐阶段共产出石盐316.26kg,产率为22.98%,钠的析出率为99.47%,产出钾饱和液(18HXL004)141.2kg,产率为10.26%,共失水918.44kg。样品在2019年6月6日至6月17日分离出的固体(18HXS005、18HXS006)以光卤石为主,共计24.55kg,产率为1.78%,钾在光卤石阶段的析出率为81.41%,此阶段产出老卤(18HDL007)79.70kg,产率为5.79%,共失水36.95kg。各阶段组分含量,组分中K^+、Na^+、Mg^{2+}的分布率及组分产率等见表7-19。物料平衡由K^+、Na^+、Mg^{2+}的分布率来计算,K^+、Na^+、Mg^{2+}出料的总分布率分别为98.70%、100.28%、102.21%,入料都为100.00%,说明夏季自然蒸发中试入料、出料是平衡的。

表 7-18 氯化物型卤水(18HXXL001)夏季自然蒸发中试各阶段液相的组分含量及相图指数

样品编号	母液密度/(g·mL⁻¹)及温度/℃	取样日期	组分含量/%						相图指数(质量)/%		
			K^+	Na^+	Ca^{2+}	Mg^{2+}	Cl^-	SO_4^{2-}	KCl	NaCl	$MgCl_2$
18HXL001	1.189/10	2019年4月4日	0.181	8.134	0.675	0.424	14.83	0.080	1.52	91.16	7.32
18HXL002-1	1.210/4	2019年5月9日	0.346	7.594	1.254	0.836	16.36	0.054	2.84	83.07	14.09
18HXL002	1.214/14	2019年5月17日	0.430	6.867	1.585	1.052	16.80	0.038	3.66	77.94	18.40
18HXL002-2	1.222/29	2019年5月24日	0.685	5.375	2.389	1.633	17.36	0.055	6.11	63.95	29.94
18HXL003	1.261/28	2019年6月3日	1.188	1.838	4.198	2.895	19.63	0.020	12.39	25.56	62.04
18HXL003-1	1.281/31	2019年6月4日	1.323	1.513	4.771	3.285	21.07	0.017	13.11	19.99	66.89
18HXL003-2	1.287/23	2019年6月5日	1.368	1.066	4.920	3.429	21.35	0.016	13.91	14.45	71.64
18HXL003-3	1.300/31	2019年6月5日	1.421	0.970	5.211	3.610	22.18	0.014	14.03	12.77	73.21
18HXL004	1.304/30	2019年6月6日	1.499	0.770	5.323	3.726	22.46	0.013	14.72	10.08	75.19
18HXL004-1	1.336/24	2019年6月8日	1.034	0.441	6.429	3.904	24.07	0.007	10.72	6.10	83.18
18HXL004-2	1.347/24	2019年6月12日	0.324	0.266	7.336	3.941	24.79	0.008	3.69	4.04	92.27
18HXL005	1.398/32	2019年6月13日	0.171	145.000	8.515	4.419	27.95	0.007	1.81	2.05	96.14
18HXL006	1.400/18	2019年6月17日	0.094	0.107	8.578	4.451	27.93	0.007	1.00	1.52	97.48

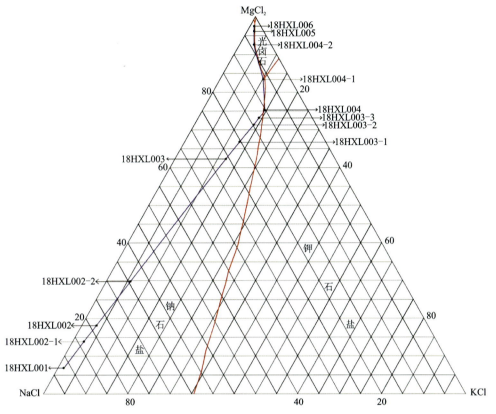

图 7-17 氯化物型卤水(18HXL001)在 Na^+、K^+、Mg^{2+}/Cl^-－$H_2O(25℃)$相图中的位置及夏季自然蒸发结晶路线

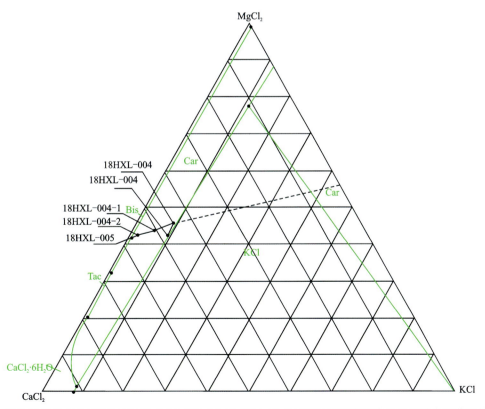

图 7-18 氯化物型卤水(18HXL001)在 Ca^{2+}、K^+、Mg^{2+}/Cl^-－$H_2O(25℃)$相图中的位置及夏季自然蒸发结晶路线

表 7-19 氯化物型卤水（18HXL001）夏季自然蒸发中试验结果

样品编号	母液密度/(g·mL^{-1})及温度/℃	试验日期	料别	产品名称	质量/kg	固体对母液的夹带率/%	产率/%	组分含量/%						分布率/%			
								K$^+$	Na$^+$	Ca^{2+}	Mg^{2+}	Cl$^-$	SO$_4^{2-}$	合计	K$^+$	Na$^+$	Mg^{2+}
18HXL001	1.189/10	2019年4月4日	入	原卤	1375.90			0.181	8.134	0.675	0.424	14.83	0.080		100.00	100.00	100.00
18HXL002	1.214/14	2019年5月17日	出（入）	卤水	542.15			0.430	6.867	1.585	1.052	16.80	0.038		93.61	33.27	97.76
18HXS002			出	石盐Ⅰ	210.70	12.83、13.13		0.062	35.600	0.398	0.135	55.70	0.455		5.25	67.02	4.88
				损失与失水	623.05												
18HXL003	1.2361/28	2019年6月3日	出（入）	卤水	183.20			1.188	1.838	4.198	2.895	19.63	0.020		87.39	3.01	90.90
18HXS003			出	石盐Ⅱ	97.30	12.88、12.90		0.182	34.910	0.618	0.373	55.56	0.183		7.11	30.35	6.22
				损失与失水	261.65												
18HXL004	1.304/30	2019年6月6日	出（入）	卤水	141.20			1.499	0.770	5.323	3.726	22.46	0.013		84.99	0.97	90.18
18HXS004			出	石盐Ⅲ	8.26	29.58、28.32		0.579	28.290	1.629	1.102	49.68	0.291		1.92	2.09	1.56
				损失与失水	33.74												
			合计	石盐	316.26		22.98	0.112	35.200	0.498	0.233	55.50	0.367		14.22	99.47	12.63
18HXL005	1.398/32	2019年6月13日	出（入）	卤水	81.00		5.79	0.171	0.145	8.515	4.419	27.95	0.007		5.56	0.10	61.36
18HXS005			出	光卤石Ⅰ	23.55	29.93	1.71	8.270	3.316	2.566	6.834	36.71	0.042		78.20	0.70	27.59
				损失与失水	36.65		0.073										
18HXL006	1.400/18	2019年6月17日	出（入）	老卤	79.70			0.094	0.107	8.578	4.451	27.93	0.007		3.01	0.076	60.81
18HXS006			出	光卤石Ⅱ	1.00	27.42		7.984	4.716	2.391	6.701	37.72	0.093		3.21	0.042	1.15
				损失与失水	0.30												
			合计	光卤石	24.55		1.78	8.258	3.373	2.559	6.829	36.75	0.044		81.41	0.74	28.74
														合计	98.70	100.28	102.21

注：固体对母液的夹带率用元素在固体中的含量除以该元素在液体中的含量再换算成百分数来计算；在石盐阶段以固体中的镁来计算，钙（减去硫酸钙的部分）来验证；光卤石阶段以钙（减去硫酸钙的部分）来计算。

4) 样品夏季自然蒸发工艺中试流程(图7-19)

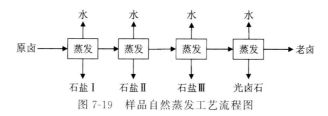

图7-19 样品自然蒸发工艺流程图

5) 样品夏季自然蒸发中试数据处理与分析

(1) 由图7-17样品的蒸发结晶路线可以看出,试验样品在整个夏季时结晶路线与Na^+、K^+、Mg^{2+}/Cl^--H_2O(25℃)等温相图基本符合,故样品采用Na^+、K^+、Mg^{2+}/Cl^--H_2O(25℃)等温相图理论进行指导比较合适。

(2) 大浪滩-黑北凹地深层砂砾孔隙卤水为氯化物型卤水,夏季自然蒸发试验时其相图点在Na^+、K^+、Mg^{2+}/Cl^--H_2O相图中的钠石盐区内,试验样品(18HXL001)KCl含量0.345%,NaCl含量20.68%,所以石盐阶段较长,为减少母液夹带量3次分离石盐(NaCl)。固、液分离样品时固体采用堆空的方法,故固体对母液的夹带率稍高,各阶段夹带率见表7-19。从数据可以看出,母液的密度越大固体对母液的夹带率越高,石盐3个阶段的夹带率相差特别明显,尤其是第三阶段,石盐Ⅰ(18HXS002)夹带率12.83%,石盐Ⅱ(18HXS003)夹带率12.88%,石盐Ⅲ(18HXS004)夹带率29.58%,石盐阶段平均夹带率13.28%。光卤石Ⅰ(18HXXS005)夹带率(29.93%)与光卤石Ⅱ(18HXXS006)夹带率(27.42%)比较接近,光卤石阶段平均夹带率29.83%。

(3) 由表7-19可知,NaCl的析出区间主要集中在18HXL001至18HXL004。在此区间内Na^+的析出率为99.26%,而K^+、Mg^{2+}、Ca^{2+}基本不析出,在钠的析出区间钾的损失率为14.28%,此时K^+、Mg^{2+}、Ca^{2+}的损失为母液夹带损失。如果再继续蒸发将有大量钾盐析出,故18HXL004点为钠的分离点。此时钾的含量为1.499%。样品蒸发过程中没有发现钾石盐析出,故样品蒸发没有钾石盐阶段。

(4) 钾的析出区间为18HXL004至18HXL006,钾的析出率占卤水总钾的81.41%,光卤石阶段以第一阶段为主,此区间产出的光卤石共24.55kg,产率1.78%,平均品位KCl为15.75%,NaCl为8.575%,$MgCl_2$ 26.75%,光卤石质量较好,是提取KCl的好原料。

(5) 理论上卤水样品夏季自然蒸发中试石盐3个阶段钾盐和镁盐是不会析出的,石盐中的钾和镁是石盐对母液的夹带所致。通过对卤水样品夏季自然蒸发中试石盐3个阶段的钾和镁的分布率对照可以看出,同一阶段钾的分布率都要比镁的分布率大,依次分别净大0.37%、0.89%、0.36%,合计净大1.62%,说明钾有一小部分析出,我们认为夏季自然蒸发中试在石盐结晶过程中产生了不完全类质同象。

(6) 因卤水中Ca^{2+}含量较高,钾盐阶段蒸发结晶路线与Na^+、K^+、Mg^{2+}/Cl^--H_2O(25℃)等温相图的相图理论部分不相符,相图上的钾石盐阶段实际上是光卤石阶段,所以,用Ca^{2+}、K^+、Mg^{2+}/Cl^--H_2O(25℃)相图比较合适。因Ca^{2+}、K^+、Mg^{2+}/Cl^--H_2O(25℃)相图中不显示钠盐阶段的结晶路线,此阶段可采用Na^+、K^+、Mg^{2+}/Cl^--H_2O(25℃)等温相图指导,自然蒸发试验各阶段分离点的确定要以观察新相产生为判断依据。

(7) 由于样品在蒸发过程中没有钾石盐阶段,大量的Ca^{2+}又抑制了石盐结晶产生的不完全类质同象对钾的影响,而兑卤生成的光卤石晶体颗粒细小,会影响KCl的生产,所以样品夏季自然蒸发中试过程中不需要兑卤。

(8) 通过对大浪滩-黑北凹地深层砂砾孔隙卤水样品进行夏季自然蒸发中试,了解了夏季自然蒸发过程中卤水的化学组成变化,水分的蒸失量,盐类矿物的析出顺序、种类、数量及物理化学性质的特征变化,获得了盐类矿物的分离控制条件,取得了夏季中试所需的各项数据结果,达到了夏季自然蒸发中试的目的。

6) 样品夏季自然蒸发中试结论

黑北深层孔隙卤水在夏季自然蒸发中整个蒸发结晶路线(包括中试和小试)与Na^+、K^+、Mg^{2+}/Cl^-

$H_2O(25℃)$等温相图基本符合,说明采用Na^+、K^+、$Mg^{2+}/Cl^- - H_2O(25℃)$相图进行相图理论控制样品夏季蒸发结晶路线是可行的。在整个夏季自然蒸发过程中只有氯化钠、光卤石、水氯镁石的析出,没有观察到钾石盐的产生,说明卤水样品蒸发结晶路线与相图理论部分不相符是事实存在的,比Mg^{2+}的含量都要高的Ca^{2+}没有计算进相图指数是主要原因。故卤水样品在夏季自然蒸发中钠的分离点的确定要以观察新相产生为判断依据,卤水样品在夏季自然蒸发过程中也不需要兑卤。

卤水样品在夏季直接自然蒸发(包括中试和小试,数据以中试为准)中钠、钾的析出很集中、易分离,回收率也很高。在钠的析出区间,钠的析出率99.47%;在钾的析出区间,钾的析出率(本试验指光卤石中钾的分布率)81.41%;在钠的析出区间,钾的损失率为14.28%。而入料卤水样品的KCl含量0.345%,NaCl含量20.68%,石盐阶段长,固体对母液夹带量也大,钾的回收率应该低才对,而夏季自然蒸发钾的回收率(以中试为准)却达到了81.41%,究其原因我们认为有以下几点:①石盐阶段分3次分离,减少了固体对母液的夹带率,也使固体夹带的母液钾的含量降低了;②固体采用堆空的方法空出母液,时间一般为4~6小时,时间较长,空出的母液较多;③母液密度大是卤水样品中含有大量Ca^{2+}造成的,Mg^{2+}含量相对较低,黏度不大,容易空出母液;④由于卤水样品中大量Ca^{2+}的存在抑制了石盐结晶产生的不完全类质同象,减少了钾的损失。红南凹地卤水自然蒸发试验石盐阶段(分5次分离)平均夹带率17.77%,大浪滩-黑北凹地深层砂砾孔隙卤水夏季自然蒸发试验石盐阶段(分3次分离)平均夹带率13.28%,很好地说明了本试验固体易空出母液。

卤水样品夏季自然蒸发得到的初级产品光卤石小试的平均品位KCl为14.11%,NaCl为9.022%,$MgCl_2$为25.18%;中试的平均品位KCl为15.75%,NaCl为8.575%,$MgCl_2$为26.75%。小试和中试钠的分离点都控制得较好,小试由于兑卤导致了光卤石颗粒较细,分离时夹带母液较多,中试钠的分离点控制得较好,光卤石阶段以第一阶段为主,故光卤石质量稍好。对比卤水样品夏季自然蒸发小试和中试的结果,该卤水样品夏季自然蒸发析盐路线和析盐种类稳定,重现性好,钠、钾易分离,钾的回收率高。

通过对大浪滩-黑北凹地深层砂砾孔隙卤水样品进行夏季自然蒸发试验,了解了夏季自然蒸发过程中卤水的化学组成变化,水分的蒸失量,盐类矿物的析出顺序、种类、数量及物理化学性质的特征变化,获得了盐类矿物的分离控制条件,取得了夏季自然蒸发试验所需的各项数据结果,达到了夏季自然蒸发试验的目的。

四、结论

(1)大浪滩-黑北凹地深层砂砾孔隙卤水自然蒸发结晶顺序:先析出石盐,再析出光卤石,最后析出水氯镁石;采用Na^+、K^+、$Mg^{2+}/Cl^- - H_2O$体系在-10℃和25℃两种温度下的相图进行相图理论控制样品蒸发结晶路线是可行的。自然蒸发工艺试验流程见图7-20。

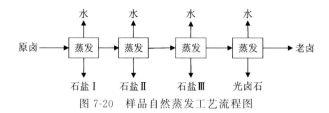

图7-20 样品自然蒸发工艺流程图

(2)大浪滩-黑北凹地深层砂砾孔隙卤水自然蒸发析盐特征:石盐阶段较长,大量Ca^{2+}的存在导致了自然蒸发结晶路线与Na^+、K^+、$Mg^{2+}/Cl^- - H_2O$相图理论部分不相符,抑制了石盐结晶产生的不完全类质同象,缩短了理论石盐阶段的长度,使自然蒸发结晶过程中没有钾石盐析出,减少了钾的损失;钠的分离点的确定要以观察新相产生为判断依据,卤水样品在自然蒸发过程中不需要兑卤。

(3)大浪滩-黑北凹地深层砂砾孔隙卤水自然蒸发的数据结果:自然蒸发试验为减少母液夹带量

3次分离石盐,卤水中Mg^{2+}含量相对较低,卤水密度大而黏度不大,石盐阶段石盐对卤水的平均夹带率13.68%,固、液分离时石盐易空出母液;在钠的析出区间,钠的(平均)析出率98.85%;在钾的析出区间,钾的(平均)析出率(本试验指光卤石中钾的分布率)达到了81.57%,自然蒸发析盐路线和析盐种类稳定,重现性好,钠、钾的析出很集中、易分离,钾的析出率较高。

(4)大浪滩-黑北凹地深层砂砾孔隙卤水自然蒸发选矿工艺路线:样品钾的析出率达到了81.57%,卤水石盐阶段的比蒸发系数0.71,光卤石阶段的比蒸发系数0.48,比蒸发系数较大,再加上柴达木盆地气候干燥,蒸发量大,这就为低钾高钠的深层砂砾孔隙卤水的开发利用提供了依据。大浪滩-黑北凹地深层砂砾孔隙卤水自然蒸发选矿工艺路线建议:卤水经多块钠盐池自然蒸发至钾饱和,抽入矿池自然蒸发析出光卤石矿,光卤石矿再经工厂加工生产氯化钾产品。

第五节 南翼山深层构造裂隙孔隙卤水钾锂盐矿蒸发试验

一、概况

2001年,青海霍布逊地矿化工(集团)有限公司(以下简称地矿集团公司)受青海省地质调查院委托,承担了青海省柴达木盆地西部第三系富钾硼锂碘油田水实验室小型试验研究。试验样品由青海省地质调查院负责采集,地矿集团公司派人参加采样,共同于2001年5月26日将样品送至西宁市,2001年6月1日开始进行试验工作。本次主要进行了实验室蒸发、除钙、除镁、提取钾、硼、锂、碘的试验。

二、样品采集

此次试验样品采自南翼山油水湖。卤水从油井中自喷出地表,在凹地形成油水湖,面积约$1km^2$。湖水最深处超过3m,一般深约1m。初步估算该湖KCl有1.08万t,LiCl有916.4t,B_2O_3有1 885.1t,I有21.4t。试验样品采自油井自喷卤水流入湖内约100m处的位置,样品质量为5t。

三、实验方法

(一)等温蒸发试验

等温蒸发是卤水盐田日晒(蒸发)的基础工作,即从等温蒸发试验过程中取得物料化学组成变化,水分的蒸失情况,盐类的析出顺序、种类、数量以及化学性质的特异变化等资料,以此来指导下一步盐类的分离控制条件,为自然蒸发提供可靠的参数。

1.试验原料

等温蒸发卤水的化学组成见表7-20。

表 7-20 等温蒸发原卤组分

组分	Na^+	K^+	Mg^{2+}	Ca^{2+}	B_2O_3	Li^+	I^-
含量/(mg·L^{-1})	80 113	15 180	3209	33 700	4864	509	29.6
组分	Cl^-	SO_4^{2-}	pH	矿化度/(g·L^{-1})		密度/(g·L^{-1})	
含量/(mg·L^{-1})	217 254	346	7.24	355		1.234 4/20℃	
组分	NaCl	KCl	LiCl	$CaCl_2$	$CaSO_4$	$MgCl_2$	B_2O_3
含量/(mg·L^{-1})	16.50	2.35	0.252	7.53	0.040	1.02	0.394

2. 试验条件及装置

试验以白色搪瓷盆作为蒸发箱,红外灯泡为热源,电子继电器连接可调恒温温度计控制温度,蒸发温度控制在 25±1℃。

3. 试验方法

准确称取一定量原卤样置于搪瓷盆中,在上述装置中进行等温蒸发试验,其间进行固、液分离,并取样进行化学分析。

4. 试验结果及讨论

(1)由表 7-21、表 7-22 中蒸发试验结果可以看出,从 L1 至 L7 为氯化钠结晶区,析出固体为石盐(1YS1～1YS7)。L8 至 L10 析出固体为石盐和钾石盐的混合盐(1YS8～1YS10)。L11 至 L12 析出固体为石盐、钾石盐、硼酸盐的混合盐(1YS11～1YS12)。L13 析出固体为石盐、光卤石、硼酸盐、六水氯化钙(1YS13)。再继续蒸发将大量析出六水氯化钙。1YL13 氯化钙已达 33.92%,蒸发非常缓慢。氯化钠在整个蒸发过程中均会析出,主要集中在 L1～L7。此区间内氯化钠析出量占原卤中氯化钠总量的 78.81%,而锂基本不析出。此时钾损失为母液夹带损失,其夹带损失率为 5.28%。如果再继续蒸发将有大量的钾石盐析出。故 L7 为石盐的分离点。

表 7-21 25℃ 等温蒸发试验结果(液相部分)

试验编号	母液密度/(t·m^{-3})	质量/g	组分含量/%								
			K^+	Na^+	Mg^{2+}	Ca^{2+}	B_2O_3	Li^+	I^-	Cl^-	SO_4^{2-}
1YL0	1.234 4	20 000	1.23	6.49	0.26	2.73	0.394	0.041 2	0.002 4	17.6	0.078
1YL10	1.234 4	20 000	1.23	6.49	0.26	2.73	0.394	0.041 2	0.002 4	17.6	0.078
1YL1	1.235 0	18 945	1.44	6.00	0.248	3.06	0.451			16.9	0.037
1YL2	1.236 0	17 500	1.52	5.68	0.276	3.16	0.474			18.9	
1YL3	1.240 4	15 500	1.62	4.65	0.315	3.51	0.496			18.9	
1YL4	1.244 0	14 770	1.74	4.85	0.333	3.70	0.528			19.6	
1YL5	1.263 4	12 150	1.90	4.00	0.391	4.33	0.650			19.3	
1YL6	1.273 4	9750	2.35	3.20	0.429	5.25	0.818			21.0	
1YL7	1.289 4	8660	2.70	2.82	0.458	5.95	0.870			22.8	
1YL8	1.298 4	7808	2.65	2.60	0.508	6.60	0.970			23.7	
1YL9	1.308 4	6960	2.25	2.12	0.537	7.15	1.060			23.7	
1YL10	1.333 4	5960	2.00	0.86	0.672	8.60	1.360	0.127 0		25.5	
1YL11	1.351 4	5460	1.96	0.96	0.706	9.25	1.120	0.140 0		25.7	
1YL12	1.354 4	5110	1.77	0.65	0.770	9.55	1.110	0.133 0		24.0	
1YL13	1.428 4	3740	1.50	0.34	0.220	12.25	1.240	0.180 0	0.011 5	25.9	

注:1YL0 样品温度为 20℃。

表 7-22 25℃等温蒸发试验结果(固相部分)

试验编号	质量/g	组分含量/%							分布率/%				固相中主要矿物
		K^+	Na^+	Mg^{2+}	Ca^{2+}	B_2O_3	Li^+	Cl^-	K^+	Na^+	Li^+	B_2O_3	
1YS1	237.5	0.270	29.300	0.073	0.409	0.046	0.009	53.5	0.26	5.94	0.24	0.15	
1YS2	387.5	0.325	28.000	0.088	0.535	0.064	0.011	56.0	0.51	9.28	0.47	0.33	
1YS3	590.0	0.360	28.000	0.010	0.609	0.077	0.013	54.0	0.86	14.13	0.84	0.60	
1YS4	243.0	0.335	26.500	0.085	0.578	0.060	0.011	54.5	0.33	5.51	0.29	0.19	H
1YS5	722.5	0.440	32.500	0.090	0.712	0.053	0.012	56.0	1.30	20.08	0.95	0.50	H
1YS6	630.0	0.515	29.800	0.093	0.830	0.118	0.021	55.0	1.32	16.06	1.45	0.98	H
1YS7	275.0	0.620	33.200	0.096	0.885	0.080	0.022	58.0	0.70	7.81	0.67	0.29	H、SY
1YS8	260.0	12.100	24.000	0.170	1.750	0.320	0.044	49.2	12.83	5.34	1.26	1.10	H、SY
1YS9	275.0	17.200	25.200	0.051	0.960	0.100	0.022	54.5	19.29	5.92	0.67	0.37	H、SY
1YS10	232.0	14.600	21.800	0.118	1.390	0.190	0.020	53.5	13.81	4.32	0.51	0.58	H、SY
1YS11	150.0	9.600	5.250	0.373	3.480	4.070	0.044	40.3	5.87	0.67	0.73	8.11	H、SY、硼酸盐
1YS12	75.0	14.200	11.800	0.170	1.940	5.250	0.026	41.6	4.34	0.76	0.18	5.23	H、SY、硼酸盐
1YS13	528.5	5.940	4.200	5.100	3.440	2.100	0.051	37.9	12.80	1.90	2.96	14.75	H、SY、Cr、六水氯化钙、硼酸盐
1YL13	3 740.0	1.500	0.340	0.220	12.300	1.240	0.180	25.9	22.88	1.09	74.03	61.57	
失水	11 190.0												
损失	464.0								3.00	1.19	14.75	5.25	
小计	20 000.0								100.00	100.00	100.00	100.00	

注:母液密度为1.428 4t/m³,温度为25℃;SY:钾石盐,H:石盐,Cr:光卤石。

(2)钾石盐的析出区间为L8~L10,此区间析出的固体钾混盐(1YS8~1YS10)中钾含量为14.68%,钾分布率占原卤中钾含量的45.93%。此钾混盐作为提取氯化钾的原料。减少体系中钙的含量,才能使硼在母液中浓缩富集。

(3)B_2O_3在L10母液中含量为1.36%,继续蒸发硼将以硼酸钙的形式析出。所以该卤水盐田自然蒸发,母液中B_2O_3含量最高只能富集至近1.4%。将母液酸化提硼酸,但其H_3BO_3含量太低,在L11~L12区间所析出固体(1YS11~1YS12)中B_2O_3平均含量4.47%,析出率13.34%。这部分硼钾混盐可作为提硼、钾的原料,但硼的析出率太低。L13继续蒸发将析出(1YS13)氯化钠、光卤石、硼酸钙、氯化钙,这部分混盐中含钾5.94%,含B_2O_3 2.10%,利用其提取硼、钾但其品位太低,要使硼进一步在母液中富集,母液必须除钙。

(4)锂在L1~L13均不以盐类的形式析出,只有少量的母液夹带损失。

(二)自然蒸发结晶石盐、钾混盐试验

由室内等温蒸发试验结果可以看出,自然蒸发可除去近80%的氯化钠和近45%的氯化钾,从而使硼、锂、碘在母液中得到浓缩富集。

1. 试验原料

自然蒸发试验原料为本次所采原卤样品,其化学组分见表7-20。用于自然蒸发试验的原卤质量为2700kg。

2. 试验方法

原卤试验样置于4个塑料池中(塑料规格长×宽×高为1890cm×98.5cm×35cm)在室外自然蒸发。蒸发过程中定时观测,按照母液密度,新矿物出现情况和母液量的多少掌握固、液分离点。产出的石盐、钾混盐采用自然滤干加真空泵抽滤结合进行液、固分离,试验结果见表7-23。

表7-23　自然蒸发结晶石盐、钾混盐试验结果

母液密度/ (g·mL^{-1}) 及温度/℃	编号	1YL0	4YS1	4YS3	4YL3	失水	损失	小计
		1.234 4/20	1.290 0/29		1.330 0/20			
	名称	原卤	石盐	钾混盐	母液			
产品质量	kg	2 700.00	393.57	96.36	796.00	1 376.00	38.07	2 700.00
	%	100.00	14.58	3.57	29.48	50.96	1.41	100.00
组分含量/%	K$^+$	1.230	0.375	18.460	1.750			1.250
	Na$^+$	6.49	34.06	19.00	1.00			6.00
	Ca^{2+}	2.730	0.602	1.480	8.788			2.770
	Mg^{2+}	0.260	0.079	0.596	0.747			0.257
	B$_2$O$_3$	0.394	0.150	0.190	1.220			0.404
	Li$^+$	0.041 2	0.007 0	0.002 0	0.131 0			0.040 3
	Cl$^-$	17.6	54.9	48.6	22.3			
	SO$_4^{2-}$	0.078						
	I$^-$	0.002 4		0.002 5	0.012 4			
分布率/%	K$^+$	100.00	4.38	52.84	41.39		1.39	100.00
	Na$^+$	100.00	82.46	11.26	4.90		1.38	100.00
	B$_2$O$_3$	100.00	5.24	1.72	91.33		1.41	100.00
	Li$^+$	100.00	2.54	0.19	95.80		1.47	100.00

3. 试验结果与讨论

(1)原卤经氯化钠盐池自然蒸发,石盐产品中氯化钠分布率82.46%,夹带母液损失钾4.38%,损失三氧化二硼5.24%、损失锂2.54%。石盐产品中含氯化钠86.58%。

(2)除氯化钠后母液在钾石盐池自然蒸发,其析出产物为石盐和钾石盐的混盐,其中钾的分布率为52.84%,含氯化钾35.20%,该钾混盐可作为提取氯化钾的原料。钾混盐中含B$_2$O$_3$ 0.19%,损失率为1.72%。

(三)钾混盐矿提取氯化钾试验

1. 工艺流程

从盐田钾石盐矿中分离氯化钠提取氯化钾所采用的工艺流程主要有浮选法和热溶-冷结晶法。而

在柴达木盆地西部缺电缺水,但可利用当地天然气作为能源。故本试验所产钾混盐选择热溶-冷结晶的工艺方法提取氯化钾。其工艺路线为:将盐田钾混盐和一定量的淡水在100℃下热溶解,氯化钾进入溶液,大部分氯化钠和水不溶物以残渣形式除去。将热溶母液冷却结晶,析出固体氯化钾,析钾母液返回热溶循环使用。

2. 钾混盐热溶水量试验

试验原料为4YS3,其自然蒸发析出钾混盐矿,原含水分11.61%,由于存放过程失水,使产品中钾含量升高至19.94%,水分含量降至4.17%,热溶-冷结晶试验所用钾混盐矿原料钾含量平均为19.94%。

热溶用水量直接影响氯化钾的回收率,水量过大,母液量增大而无法全部返回造成钾的损失。水量过小,石盐渣夹带母液钾的损失增大,所以水量过大、过小都将影响钾的回收率。为了确定该钾混盐的最佳热溶水量,进行水量试验,结果见表7-24。钾混盐热溶水量以钾混盐矿量的110%为佳。

表 7-24 钾混盐热溶水量试验结果

试验条件	热溶水量/g	试验编号	产品名称	产品质量/g	钾含量/%	钾分布率/%
	(入料)	4YS3	钾混盐	500	19.94	100.00
100℃热溶反应15min,冷却温度20℃	550	12YS21	石盐	115.3	1.03	1.29
		12YS22	氯化钾	103.0	47.73	53.26
	600	12YS11	石盐	136.0	2.50	3.79
		12YS12	氯化钾	130.0	35.50	51.73
	650	12YS15	石盐	106.0	1.55	2.09
		12YS16	氯化钾	107.5	36.50	48.87

3. 热溶-冷结晶流程试验

试验原料和方法同上节。试验流程见图7-21,试验结果见表7-25。析钾母液返回热溶循环后,该工艺钾的回收率可达93.76%,氯化钾产品干基含量92.12%,损失主要为机械损失。

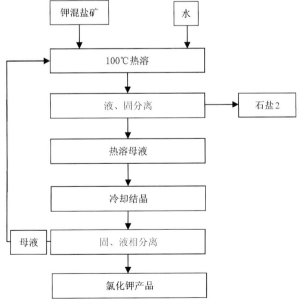

图 7-21 钾混盐矿热溶-冷结晶生产KCl工艺流程

表 7-25 钾混盐热溶-冷结晶流程试验结果

工艺	料别	试验编号	产品名称	产品质量/g	组分含量/%							KCl回收率/%	备注
					K$^+$	Na$^+$	Mg^{2+}	Ca^{2+}	B$_2$O$_3$	Li$^+$	KCl		
热溶(100℃)	入料	4YS3	钾混盐	1 000.00 / 985.30	19.940	19.00	0.596	1.48	0.854	0.002 0	38.02	100.00	此为首次投料结果
			水	1 100.00									
	出料	12YS21	石盐	240.50 / 230.50	1.030	42.00					1.96	1.19	
冷结晶	出料	12YS22	氯化钾	228.00 / 206.00	47.730						91.01	49.31	
		12YL22	母液	1 520.00	5.000							38.11	
			损失	111.50	19.940							11.39	
热溶(100℃)	入料	4YS3	钾混盐	500.00 / 479.15		19.00	0.596	1.48	0.854	0.002 0	38.02	100.00	闭路循环结果,产品质量中,斜线上为湿基质量,下为干基质量
			水	80.00									
			析钾母液	1 520.00									
	出料	4YS23	石盐	248.00 / 237.00	0.435	41.00					0.83	1.03	
冷结晶	出料	4YS24	氯化钾	220.00 / 193.50	48.310	2.70	0.021	0.10	0.970	0.002 0	92.12	93.76	
		4YL24	析钾母液	1 615.00	5.00	6.83	0.062	0.55		0.009 7	7.63	5.21	
			损失	17.00									

4. 物料平衡计算

在上述试验的基础上,对生产1t氯化钾的物料进行了平衡计算,钾混盐组分含量见表7-26,热溶母液(100℃)和析钾母液(20℃)组分含量见表7-27,物料平衡见表7-28。

表 7-26 自然蒸发结晶钾混盐组分

原料名称	组分含量/%						
	KCl	NaCl	MgCl$_2$	CaCl$_2$	B$_2$O$_3$	水分	其他
钾混盐	38.020	52.370	2.530	1.470	0.926	4.170	0.510

表 7-27 热溶-冷结晶母液组分

母液温度	组分含量/%							
	K$^+$	Na$^+$	Mg^{2+}	Ca^{2+}	B$_2$O$_3$	KCl	NaCl	H$_2$O
100℃	10.50	5.88	0.060	0.626	0.656	20.02	14.95	62.42
20℃	5.00	7.05	0.060	0.715	0.814	9.53	17.92	70.20

表 7-28 钾混盐生产氯化钾物料平衡表

工艺	阶段	产品名称	产品质量/kg	对原卤产率/%	KCl 品位/%	KCl 回收率/%	备注
热溶	投入	钾混盐	2 454.6	3.57	38.02	100.00	析钾母液密度 1.238 0 g/mL,母液温度 20℃ 氯化钾产品干基含 KCl 92.12%,湿基含水 5%,湿基含量为计算所得。钾综合回收率(对原卤)为 49.54%
		水	393.0				
		析钾母液	7 929.0		9.53		
	产出	石盐 2	1 217.5	1.77	2.39	3.12	
		热溶出液	9 559.1		17.36		
冷却结晶	投入	热溶出液	9 559.1		17.36		
	产出	氯化钾	1 000.0/950.0	1.45	87.50	93.76	
		析钾母液	7 929.0		9.53		
		损失	630.1			3.12	

5. 原则流程

原卤自然蒸发热溶-冷结晶提取氯化钾原则流程见图 7-22,试验结果见表 7-29。

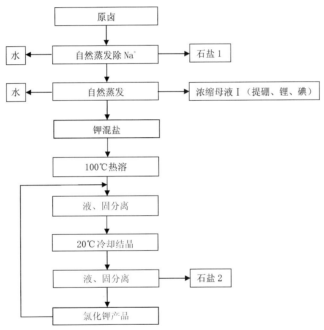

图 7-22 提取氯化钾原则流程

表 7-29 自然蒸发热溶-冷结晶提取氯化钾试验结果

试验编号	产品名称	产品质量 kg	入料/%	组合含量/%							分布率/%		
				K^+	Na^+	Mg^{2+}	Ca^{2+}	Li^+	B_2O_3	Cl^-	K^+	B_2O_3	Li^+
1YL0	原卤	2700.000		1.230	6.49	0.260	2.730	0.041 2	0.394	17.60			
4YS1	石盐 1	393.570	14.58	0.375	34.06	0.079	0.602	0.007 0	0.150	57.40	4.38	5.54	2.54
4YS3	钾混盐	96.360	3.57	18.460	19.00	0.596	1.480	0.002 0	0.190	48.58		1.72	0.19
12YS23	石盐 2	44.256	1.64	1.250	41.00						1.65		
12YS24	氯化钾产品	36.346	1.35	48.310	2.70	0.021	0.100	0.002 0	0.970	48.90	49.54		
4YL3	母液 1	796.000	29.48	1.750	1.00	0.747	8.780	0.131 0	1.220	22.30	41.39	91.33	95.84
失水		1 376.000	50.96										
损失		53.825	1.99								3.04	1.41	1.47
合计		2 700.000	100.00						0.404		100.00	100.00	100.00

6.钾混盐提取氯化钾结果分析

(1)盐田蒸发所产钾混盐采用热溶-冷结晶工艺流程生产氯化钾技术上可行。在矿区缺电缺水而能源丰富的条件下,采用该工艺经济上较为合理。试验结果表明,氯化钾产品含水5%时,氯化钾含量87.50%,干基含量92.12%,钾回收率93.76%。对原卤计钾回收率49.54%。

(2)生产1t含KCl 92.12%(干基)的氯化钾产品,需处理盐田钾混盐矿2.775t,折合需原卤77.775t,蒸发失水40.72t。热溶-冷结晶工艺需消耗淡水约1t。

(四)母液Ⅰ提硼试验

析钾混盐后母液(简称母液Ⅰ,下同)含B_2O_3 1.22%,硼分布率91.33%。在对该母液提硼进行了多方案的探索后,选择母液除Ca^{2+}、蒸发结晶硼钾混盐、从硼钾混盐中浮选提取硼酸的工艺,其工艺原则流程见图7-23。

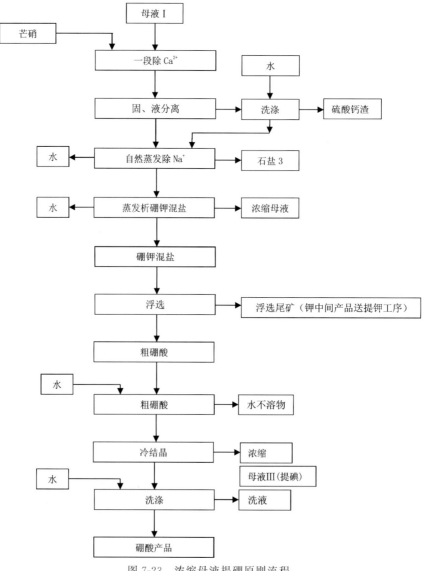

图7-23 浓缩母液提硼原则流程

1. 除 Ca^{2+} 试验

从等温蒸发试验结果表 7-22 看出,原卤蒸发至母液密度到 1.333 4g/mL 时,母液中含 B_2O_3 1.36%,继续蒸发硼以硼酸钙的形式开始析出。母液中由于含氯化钙太高,达 23.81%,使硼难以继续浓缩富集,为了使硼能够进一步蒸发浓缩富集,需先除掉母液中的氯化钙。

1)除钙探索试验

试验原料母液 I(编号为 3YL3),该母液进行了芒硝用量和硫酸钙渣洗涤的探索试验,根据探索试验结果,芒硝用量以母液中钙反应完全时用量的 110% 为佳,洗涤水量为母液的 50%,浆化洗涤一次,滤饼洗涤一次即可。

2)除钙流程试验

在上述探索试验的基础上,进行了正式的流程试验。试验原料为浓缩母液 I,其组分含量见表 7-24 中 4YL3。试验所用芒硝为市场销售的工业芒硝,Na_2SO_4 含量超过 99%。

试验方法:将工业芒硝用热水溶解制成 33℃ 的饱和溶液加入母液中,手工搅拌反应 30min,离心机过滤。其固体浆化洗涤 2 次。母液和洗液混合作为下一步试验原料,试验结果见表 7-30。

母液 I 除钙后,出液(4YL4-1)中含 Ca^{2+} 0.244%,用芒硝除钙效果较为理想,除钙率 95.33%。除硫酸钙渣作业损失 K 6.62%、B_2O_3 7.67%、Li 5.17%。钾、硼、锂损失均较高,生产中可以加大洗水量,洗液可返回作为制芒硝饱和水用,以降低硫酸钙渣中的钾、硼、锂损失。除钙后的母液继续蒸发,B_2O_3 才能进一步浓缩。

2. 除钙母液蒸发试验

用芒硝除钙,母液中进入了大量的钠,使除钙母液(加洗液)钠含量达到 6.90%,为了进一步除去氯化钠需继续进行蒸发除钠。

1)试验原料

试验原料为除钙后的母液加洗液,其组分含量见表 7-31 中 4YL4-1。

2)试验方法

将 4YL4-1 溶液置于(长×宽×高=189cm×98cm×35cm)塑料池中,用红外灯泡作为热源,进行模拟蒸发。试验以观察新相产生和溶液密度变化为依据判断分离点,进行液、固分离。液、固分离用离心机分离。试验结果见表 7-31。

3)试验结果分析

表 7-31 中的结果说明,除钙母液蒸发至母液密度为 1.274 0g/mL,温度为 23℃、三氧化硼含量≥2% 时为分离点,固相为石盐产品。其中 NaCl 含量 93.22%,钾、硼、锂为母液夹带损失。

3. 母液 II 酸化提硼及蒸发结晶硼钾混盐试验

1)母液 II 酸化提硼试验

除钙母液通过蒸发除氯化钠,母液 II 中 B_2O_3 含量达 2.24%,折合为硼酸含量约为 50g/L。根据前人的研究资料,在高镁硫酸盐体系的母液中 B_2O_3 含量达到 1.6% 时,硼酸提取率>70%,母液中 B_2O_3 含量 2.6% 时,硼酸提取率>75%,提硼尾液中 B_2O_3 含量均≤0.5%。在此基础上我们对不同 B_2O_3 含量的母液进行了酸化提硼酸试验,试验结果见表 7-32。

表 7-30 析钾混盐后母液 I 除钙试验结果

料别	入料				出料				损失
试验编号	4YL3				4YL4	4YL4-1	4YS4		小计
母液密度/(g·mL^{-1})	1.33								
产品名称	母液 I	芒硝	水	洗涤水	洗液	母液+洗液	钙渣 1	损失	
产品质量/kg	796.000	287.045	637.877	80.780	135.380	1 424.406	374.510/298.22	2.786	1 801.702
对原卤产率/%	29.48								
组分含量/%	K$^+$	1.750				0.950	0.913	0.310		1.750
	Na$^+$	1.00				4.25	6.90	1.44		
	Mg^{2+}	0.750				0.242	0.392	0.120		0.748
	Ca^{2+}	8.780				0.079	0.228	22.160		8.780
	B$_2$O$_3$	1.220				0.477	0.629	0.250		1.220
	Li$^+$	0.130				0.050	0.069	0.018		1.312
	SO$_4^{2-}$					1.743		56.900		
分布率/%	K$^+$	83.98				9.22	93.20	6.62	0.18	100.00
	Ca^{2+}	4.52				0.15	4.67	95.32	0.01	100.00
	B$_2$O$_3$	85.51				6.64	92.15	7.67	0.18	100.00
	Li$^+$	88.14				6.51	94.65	5.17	0.18	100.00

注: 4YS3 钙渣含水 20.37%, 母液温度 20℃。

表 7-31 母液Ⅰ除钙自然蒸发结晶试验结果

母液密度/(g·mL⁻¹)及温度/℃	编号	4YL4-1	4YS8	+4YS5	4YL8 1.274 0/23	失水	损失	小计
	名称	母液+洗液	石盐 3		母液Ⅱ			
产品质量	kg	1 424.406	184.5.00	176.880	421.400	814.233	4.273	1 424.406
	%		12.96		29.58	57.16	0.30	100.00
组分含量/%	K⁺	0.913	0.423		3.095		0.039	0.970
	Na⁺	6.900	36.670		6.050		0.326	6.540
	Mg²⁺	0.392	0.075		1.143		0.018	0.348
	Ca²⁺	0.228	0.510		0.181		0.010	0.119
	B₂O₃	0.629	0.199		2.240		0.028	0.689
	Li⁺	0.069 0	0.013 4		0.230 0		0.003 0	0.070 0
	Cl⁻		58.4		17.0			
	I⁻		0.001 28		0.026 40			
分布率/%	K⁺		5.65		94.34		0.01	100.00
	Na⁺		72.63		27.37		0.01	100.00
	B₂O₃		3.75		96.24		0.01	100.00
	Li⁺		2.49		97.49		0.02	100.00

注:钙渣含水 4.13%。

表 7-32 酸化提硼酸试验结果

编号	料别	试验编号	产品名称	产品质量/g	pH	B₂O₃组分含量/%	B₂O₃提取率/%
7Y	入料	7YL5	原料母液	1 100.00	4.0	1.907	
		HCl	盐酸	11.80	1.4		
	出料	7YL6	母液	1 090.00		1.520	78.98
		7YS6	粗硼酸	20.00		22.050	21.02
	损失			1.80			
9Y	入料	9YL6	原料母液	1 259.00	4.2	1.890	
		HCl	盐酸	19.30			
	出料	9YL7	母液	1 214.00	2.0	1.620	82.65
		9YS7	粗硼酸	20.50		18.780	16.18
	损失			43.80			1.17
15Y	入料	7YL3	原料母液	500.00	4.0	2.141	
		HCl	盐酸	6.00			
	出料	15YL3	母液	485.00	1.2	1.550	70.22
		15YS3	粗硼酸	9.70		32.860	29.78
	损失						

由表可见,母液直接提取硼酸效果较差(最高提取率 30%),为了提高硼钾的回收率,不宜采用此工艺路线。

2)母液Ⅱ蒸发结晶硼钾混盐试验

母液Ⅱ继续自然蒸发,结晶析出硼钾混盐。然后采用浮选法提取硼酸的方法回收硼。试验原料为4YS13。蒸发试验方法与除钙母液蒸发实验相同,蒸发试验结果见表 7-33。

表 7-33 母液Ⅱ蒸发结晶硼钾混盐试验结果

编号		4YS13			失水	损失	小计
母液密度/(g·mL^{-1})及温度/℃		1.274/23		1.274/21			
名称		母液Ⅱ	硼钾混盐	母液Ⅲ			
产品质量	kg	421.4	137.65	132.14	87	195.91	0.84	421.40
	%		32.66	20.65	46.49	0.20	100.00
组分含量/%	K$^+$	3.100	8.720	2.100		0.026	3.280
	Na$^+$	6.05	16.40	1.99		0.05	5.77
	Mg^{2+}	1.14	1.84	2.76		0.01	1.17
	Ca^{2+}	0.181	0.301	0.075		0.002	0.114
	B$_2$O$_3$	2.240	5.140	2.230		0.023	2.140
	Li$^+$	0.230	0.049	0.980		0.002	0.218
	Cl$^-$	17.00	35.80	20.80			
	SO$_4^{2-}$		14.20	3.52			
	I$^-$	0.0264	0.0041	0.9100			
分布率/%	K$^+$		86.790	13.210		0.002	100.000
	B$_2$O$_3$		74.95	20.55		4.50	100.00
	Li$^+$		7.340	92.700		0.001	100.000

二段除氯化钠后母液中含三氧化二硼 2.24%,将该母液继续盐田蒸发析出硼钾混盐矿,其中含钾 8.72%,含三氧化二硼 5.14%,钾分布率占原卤钾总量 36.10%,硼占 66.50%,这部分硼钾混盐可作为提取硼、钾的原料。

4. 硼钾混盐浮选提硼酸试验

浮选法提取硼酸的原理是利用硼酸盐的可溶性差异加酸转化为硼酸,其反应式为:

$$2MgO \cdot B_2O_3 \cdot H_2O + 4HCl = 2H_3BO_3 + 2MgCl_2$$
$$2Ca \cdot B_2O_3 \cdot H_2O + 4HCl = 2H_3BO_3 + 2CaCl_2$$
$$Na_2B_4O_7 \cdot 10H_2O + 2HCL = 4H_3BO_3 + 2NaCl + 5H_2O$$

利用硼酸在多组分盐溶液中溶解度较小,并控制一定的酸度,硼酸将以固相析出,在多组分混合盐中将硼酸用浮选法选出。

1)浮选条件试验

浮选原料为盐田自然蒸发产出硼钾混盐,其组分含量见表 7-33 中 4YS13。酸化用酸为工业浓盐酸。浮选药剂为工业油酸、松醇油。将硼、钾混盐磨矿、酸化调浆、浮选选出粗硼酸,即从浮选的尾矿提钾的工艺(此次试验作为中间产品,未进行循环处理)。浮选进行了磨矿细度、油酸用量、盐酸用量等条件试验。浮选介质为其饱和溶液。

试验结果说明,浮选磨矿细度 0.2mm,油酸用量 29g/L,盐酸用量 10g/L,2#油 20g/L 为宜。浮选开路试验精选一段,由试验结果看,精选段数以二段为宜。

2)浮选流程闭路试验

在上述条件试验的基础上,进行了1kg循环的浮选闭路试验。试验原料同探索试验原料,三氧化二硼含量5.14%,硼酸含量9.3%。

浮选原料1kg,每批循环5次。进行了3批试验。第一批精选一段闭路,第二批和第三批调整精选Ⅰ矿将浓度精选二段。试验流程见图7-24,结果见表7-34。

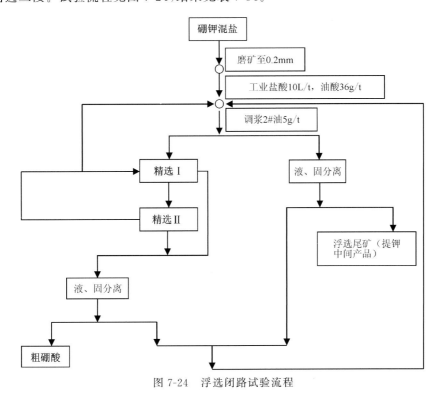

图7-24 浮选闭路试验流程

表7-34 浮选闭路试验结果

试验条件	试验次数	试验编号	产品名称	产率/%	品位/%		回收率/%	
					K^+	B_2O_3	K^+	B_2O_3
精选一段(精选Ⅰ矿浆浓度259g/t)	第一次	4YK2-5	粗硼酸	12.87		36.940		84.87
		4YX2-5	尾矿	87.13		0.973		15.13
		A	原矿	100.00		5.600		100.00
精选二段(精选Ⅰ矿浆浓度139g/t)	第二次	4YK8-10	粗硼酸	9.72		47.180		75.98
		4YX8-10	尾矿	90.28		1.450		24.02
		A	原矿	100.00		5.890		100.00
精选二段(精选Ⅰ矿浆浓度233g/t)	第三次	4YK13-15	粗硼酸	11.35	3.825	44.840	5.75	86.11
		4YX13-15	尾矿	88.65	8.025	0.926	94.25	13.89
		A	原矿	100.00	7.660	5.910	100.00	100.00
		N_1	中矿1		11.950	3.565		
		N_2	中矿2		10.650	2.097		

采用一粗二精选闭路流程处理该物料较为合理,得粗硼精矿,含硼酸79.65%,硼浮选作业回收率86.11%。

5. 粗硼酸精制试验

粗硼酸矿中含少量水不溶物及浮选过程中带入的部分杂质,直接水洗很难将它们除去,会影响硼酸产品的质量及白度。为除去这部分杂质,试验选择热溶-冷结晶工艺精制,将浮选所产粗硼酸用水:矿为2:1的水量加热溶解,然后过滤出水不溶物,过滤出的热硼酸母液加酸调至pH为1~1.5后冷却结晶。析出硼酸真空过滤,过滤后的滤饼在60℃烘干为硼酸产品。精制试验流程见图7-25,试验结果见表7-35。

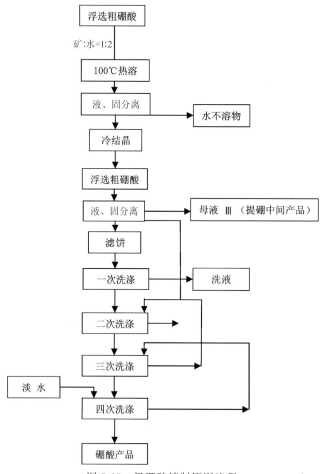

图 7-25 粗硼酸精制原则流程

表 7-35 硼酸精制试验结果

料别	试验编号	产品名称	产品质量 g	产品质量 %	温度/℃	组分含量/% K$^+$	Na$^+$	Ca^{2+}	Mg^{2+}	SO$_4^{2-}$	Cl$^-$	B$_2$O$_3$	Li$^+$	分布率/% K$^+$	B$_2$O$_3$
入料	4YK28	粗硼酸	250.0	100.0	100	8.030						44.840			
		热水	500.0	200.0											
		洗涤水	100.0	40.0											
出料	4YS49	精硼酸	159.5	63.8		0.006						56.860			80.90
	4YL49	母液	508.5	203.4	13										
	4YL50-53	洗液	406.0	162.4											

续表 7-35

料别	试验编号	产品名称	产品质量 g	产品质量 %	温度/℃	组分含量/% K⁺	Na⁺	Ca²⁺	Mg²⁺	SO₄²⁻	Cl⁻	B₂O₃	Li⁺	分布率/% K⁺	B₂O₃
入料	4YK28	粗硼酸	100.0	100.0		8.030						44.840			
		热水	200.0	200.0	100										
		洗涤水	40.0	35.0											
出料	4YS49	精硼酸	69.0	69.0		0.005	0.000	0.036	0.029	0.072	1.060	56.980			87.68
	4YL49	母液	169.0	169.0	13	1.100	2.360	0.058	0.234		6.090	2.290	0.011		8.63
	4YL55	循环洗液	102.0			0.395	0.495	0.067	0.082	0.354	1.960	2.274			
	4YL56	洗液	56.0			0.031	0.078	0.024	0.026	0.074	0.719	2.241			3.69

由表 7-35 可见,由于其中含少量的水不溶物影响其产品质量。故精制采用热溶—冷结晶—洗涤工艺产硼酸较为合理。所得的硼酸产品 B_2O_3 含量 56.98%,折合 $H_3BO_3 \geqslant 99\%$,精制作业回收率 87.68%。

6. 提硼试验结果分析

由表 7-36 可知,产 1t 精硼酸消耗 250t 原卤,需处理母液Ⅱ 73.70t,浮选硼钾混盐 12.745t,粗硼酸 1.447t,需消耗芒硝(99% Na_2SO_4)26.578t、溶芒硝热水 9.073t、洗涤水 18.733t、沸水 2.893t、油酸 459g、2♯油 64g、工业浓盐酸 127L、电 637.3kW·h。

表 7-36 硼在各作业中的回收率

产品名称	B_2O_3 含量/%	B_2O_3 各作业回收率/%	总回收率
原卤水	0.394	100.00	100.00
母液Ⅰ	1.220	91.33	91.33
除 Ca^{2+} 母液+洗液	0.629	92.15	84.16
母液Ⅱ	2.240	96.24	81.00
硼钾混盐	5.140	78.48	63.57
浮选粗硼酸	44.840	86.11	54.74
中间产品	2.290	8.63	4.72
产品硼酸	56.980	86.98	47.95

(五)提碘试验

原卤经过蒸发除钠、析钾混盐、除钙、提硼后的母液Ⅲ是提碘的原料。其化学组分分析结果见表 7-37。

表7-37 浓缩母液Ⅲ化学组分分析结果

离子	Li^+	Na^+	K^+	Ca^{2+}	Mg^{2+}	HCO_3^-	Cl^-
质量浓度/(mg·L^{-1})	18 300.00	24 230.00	29 904.34	468.02	33 729.28	1 397.36	182 049.60
质量分数/%	1.42	1.88	2.23	0.036	2.61	0.11	14.11
毫摩尔数/L	1 916.15	1 053.43	764.95	23.35	2 775.58	22.90	5 135.40
离子	Br^-	I^-	SO_4^{2-}	B_2O_3	pH	密度	波美度
质量浓度/(mg·L^{-1})	90.00	1 160.00	32 048.00	24 770.00	3.70	1.29	30.00
质量分数/%	0.029	0.913	2.480	1.920			
毫摩尔数/L	1.13	9.14	667.67	711.58			

注:数据来源于成都理工大学,原分析结果有误差,但在允许范围内,特此说明。

1. 方法选择

提碘生产方法主要有空气吹出法、溶剂萃取法、活性炭吸附法、离子交换树脂吸附法等。空气吹出法包括料液酸化、氯气氧化、空气吹出、还原吸收、碘析等工序,该方法回收率较高,操作简单,但设备费用高、动力消耗较大。离子交换树脂吸附法具有适应广、回收率高、设备简单、成本低、耗能少,生产易于连续、自动化等优点。我国提碘工业主要用此方法。用于生产的树脂主要是凝胶型强碱性阴离子树脂,其中大孔型树脂具有吸附率高,洗脱较容易的特点,利于洗脱液中碘的富集及后继的碘析工序。

本试验采用离子交换树脂吸附法。

2. 试验方法原理

油田水经蒸发析盐后的浓缩母液中的碘主要是以I^-形式存在,当pH=2时,加入氯气氧化,将溶液中I^-氧化成游离碘(I_2)。化学反应:

$$2NaI + Cl_2 \longrightarrow I_2 + 2NaCl$$

$$E^0\ I_2/2I^- = 0.54V \quad E^0\ Cl_2/Cl^- = 1.36V$$

溶液中游离碘(I_2)能被I^-聚合形成较为稳定的聚碘阴离子$[(I_2)_nI^-]$,此种络阴离子被树脂上的氯离子交换吸附,达到从老卤中分离的目的。

树脂交换反应:

$$R-\overset{+}{N}(CH_3)_3Cl + (I_2)_nI^- \longrightarrow R-\overset{+}{N}(CH_3)_3Cl + (I_2)_nI^- + Cl^-$$

树脂经交换达到饱和交换容量时,用Na_2SO_3溶液作还原剂,将树脂上的聚碘阴离子$[(I_2)_nI^-]$中的游离碘(I_2)还原,再用NaCl解脱,得到高浓度的富集液。树脂再生反应如下:

$$R-\overset{+}{N}(CH_3)_3[(I_2)_nI^-] + nNa_2SO_3 + nH_2O \longrightarrow R-\overset{+}{N}(CH_3)_3I^- + nNa_2SO_4 + 2nI^-$$

$$R-\overset{+}{N}(CH_3)_3I^- + NaCl \longrightarrow \overset{+}{N}(CH_3)_3Cl^- + NaI$$

在酸性条件下,用氯酸钠氧化析出碘。化学反应:

$$6NaI + NaClO_3 + 3H_2SO_4 \longrightarrow 3I_2\downarrow + NaCl + 3Na_2SO_4 + 3H_2O$$

析出的粗碘晶体经蒸馏水洗涤后用浓硫酸在130℃温度下熔融,经冷却,便可得到精碘产品,产品纯度可达99.80%。

3. 提碘试验工艺流程

提碘试验工艺流程见图7-26。

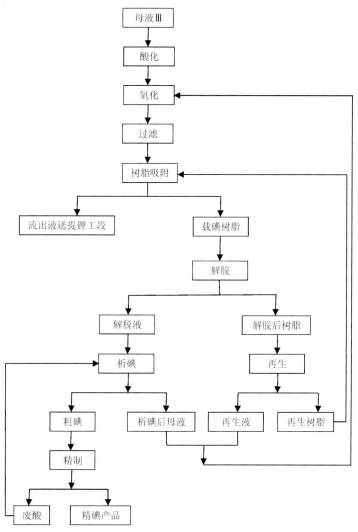

图 7-26 提碘试验工艺流程

4. 试验条件及工艺参数的确定

依据以前提碘工艺试验成果,选择确定了一些成熟的工艺条件和技术参数,从而减少了部分试验研究工作,为项目快速顺利完成奠定了基础,试验条件及工艺参数确定见表 7-38。

表 7-38 提碘试验条件

工艺条件参数	提碘方法	树脂型号	交换柱尺寸	树脂体系	溶液酸度	氧化剂	氧化电位	解脱剂	再生剂	粗镁粗制剂
	树脂吸附法	1299	20mm×700mm	100ml	pH=2	氯气	540MV	10% Na_2SO_3	10% NaCl	98%浓 H_2SO_4

5. 试验结果

由于碘的溶解度较小,老卤中碘的富集倍数较高,若将老卤直接氧化提碘,老卤中易析出单质碘,造成树脂柱堵塞,影响交换流速和碘的回收率,因此,本试验将老卤稀释到原来的五分之一较为适当。需要说明的是,本次提碘所用原料为提硼后母液,今后应在提硼前提碘,而不需稀释(表 7-39~表 7-42)。图 7-15 中流出液中的 K、B、Li 品位与提碘前基本不变,这部分有价元素应继续提取。

表7-39 树脂交换碘的试验结果

内容	老卤含碘量	稀释	稀释液总体积	树脂饱和交换能量	交换吸附率	老卤剩余碘量	酸化硫酸用量(98%)	氯气用量(99.5%)	溶液流速
结果	1160mg/L	原来的1/5	100L	222ng/mL	95.5%	100mg/L	2nL/mL	70mg/L	10mL/min

表7-40 解脱试验结果

试验内容	解脱流速	解脱液含碘量	碘回收率
试验结果	5mL/min	20 897mg	94.32%

表7-41 碘析粗碘试验结果

试验内容	解脱液含碘量/mg	浓H_2SO_4用量/mL	$KClO_3$用量/g	粗碘质量/mg	粗碘品位/%	粗碘产率/%	碘总回收率/%
试验结果	20 897	80	3.8	20 731	96.18	95.42	86.1

表7-42 粗碘精制试验结果

试验内容	粗碘总量/mg	粗碘品位/%	浓H_2SO_4用量/mL	精制温度	精碘质量/mg	精碘产率/%	精碘品位/%	碘总回收率/%
试验结果	20 731	96.18	100	130℃	19 708	98.45	99.60	84.8

将解脱液用于碘析,再生液用于配制解脱液。本试验碘的回收率为95.5%×94.32%×95.42%×98.45%=84.6%。

(六)母液Ⅲ提锂试验

1. 石灰除镁、碳酸钠沉淀锂实验

母液Ⅲ中含锂0.98%,含镁2.76%,镁锂比2.82∶1。选择石灰除镁、碳酸钠沉淀锂得碳酸锂的工艺方法提取锂,其工艺原则流程见图7-27。

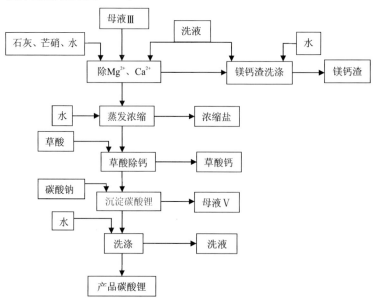

图7-27 提取碳酸锂工艺原则流程

1) 石灰用量和反应时间探索试验

除镁试验采用加入石灰(配成石灰乳),石灰乳中的 OH^- 与母液Ⅲ生成 $Mg(OH)_2$ 沉淀,达到除 Mg^{2+} 的目的。

石灰的用量和反应时间对 Mg^{2+} 的沉淀影响较大,故进行了石灰用量和反应时间的探索试验,试验结果见表 7-43、表 7-44。

表 7-43 CaO 用量对沉淀镁的影响试验结果

试验编号	料液/g	CaO 浓度/%	CaO g	CaO %	pH	反应时间/h	母液质量/g	母液组分含量/% Mg^{2+}	Ca^{2+}	B_2O_3	Li^+	沉淀率/% Mg^{2+}	Li^+
7YL8-1	200.0	10.0	23.9	160	9.3	2	312	0.157	2.343	0.447	0.318	92.44	39.87
7YL15	200.0	10.0	26.8	180	10.1	2	323	0.006	3.217	0.576	0.404	99.70	20.91
7YL12	200.0	10.0	29.8	200	11.0	2	552	0.000	0.119		0.203	100.00	32.09
7YL14	200.0	10.0	32.8	220	>12	2	357	0.000	2.82	0.330	0.295	100.00	36.17
7YL7 入料								3.240	0.020	1.57	0.825		

表 7-44 反应时间对沉淀镁的影响试验结果

试验编号	料液/g	CaO 浓度/%	CaO g	CaO %	pH	反应时间/min	母液质量/g	母液组分含量/% Mg^{2+}	Li^+	沉淀率/% Mg^{2+}	Li^+
7YL16	200.0	10.0	26.8	180	10.1	30	340	0.508 5	0.350	73.35	27.88
7YL17	200.0	10.0	26.8	180	10.1	60	385	0.588 0	0.350	65.06	18.33
7YL15	200.0	10.0	26.8	180	10.1	120	323	0.006 0	0.404	99.81	20.91

表 7-43 结果说明,随着石灰用量的增加,母液 Mg^{2+} 的含量降低,当用量为母液中 Mg^{2+} 含量的 180%、反应时间为 2h 时,镁的沉淀率达 99.70%,母液中镁含量<0.01%。由表 7-44 可见,反应时间以 2h 为佳。

2) 镁渣洗涤探索试验

沉淀镁渣夹带有益组分较高,需用淡水洗涤提高有益组分的回收率。洗涤试验结果见表 7-45。从该表中可以看出,当洗涤水量为入料母液量的 86.46% 时,镁渣中 K^+ 分布率 3.53%,Li^+ 分布率 6.03%,B_2O_3 分布率 23.47%。

表 7-45 CaO 除镁后 Ca 渣洗涤水用量试验结果

料别	试验编号	产品名称	产品质量/g	组分含量/% K^+	Na^+	Mg^{2+}	Ca^{2+}	B_2O_3	Li^+	分布率/% K^+	Li^+	B_2O_3
入料	1YL7		1 735.00	2.000	2.050	3.242	0.020	1.570	0.825			
		CaO	232.50									
		H_2O	3 947.00									
		Na_2SO_4	649.00									
		洗水	1 500.00									

续表 7-45

料别	试验编号	产品名称	产品质量/g	组分含量/%						分布率/%		
				K^+	Na^+	Mg^{2+}	Ca^{2+}	B_2O_3	Li^+	K^+	Li^+	B_2O_3
出料	7YL18	母液	4055.00	0.670	3.830	0.023	0.141	0.437	0.237			
	7YL19	洗液	921.00	0.530	3.100	0.023	0.104	0.302	0.190			
	7YL20	洗液	651.00	0.363	2.280	0.023	0.113	0.473	0.134			
	7YL21	洗液	500.00	0.275	1.600			0.278	0.095			
	7YL18-L21	母液+洗液	6 127.00							92.53	94.31	72.77
	7YS21	钙渣	1 620.00/814.86	0.160	0.825	6.720	18.080	0.910	0.100	7.47	5.69	27.23
小计			8 063.50	2.140								

注：钙组分为干基含量，湿基含水 49.70%。

2. 母液除镁流程试验

在上述探索试验的基础上，进行了除 Mg^{2+} 流程试验。试验使用的石灰为工业熟石灰，其中含 $Ca(OH)_2$ 83.91%，含镁 2.51%。芒硝为工业芒硝，含 $Na_2SO_4 \geqslant 99\%$。熟石灰用量按母液中 Mg^{2+} 加石灰所带入镁总量的 180% 加入，芒硝用量按母液中 Ca^{2+} 加石灰所带入钙含量的 110% 加入。石灰与母液混合 110min 加入芒硝再反应 10min。芒硝以 33℃ 饱和溶液加入。反应完毕料浆离心过滤，固体镁钙渣三段淡水浆化洗涤离心过滤，渣烘干测定组分含量。从表 7-46 中的试验结果可以看出，在上述试验条件下镁的沉淀率为 99.60%，母液加洗液含镁 0.005%，含钙 0.105%，除镁效果较好。

表 7-46 除镁实验结果

料别	试验编号	产品名称	产品质量/kg	组分含量/%								分布率/%			
				K^+	Na^+	Mg^{2+}	Ca^{2+}	B_2O_3	Li^+	Cl^-	SO_4^{2-}	K^+	B_2O_3	Li^+	Mg^{2+}
入料	4YL12	母液Ⅲ	43.500	2.10	1.99	2.76	0.075	2.230	0.980						
	CaO	工业石灰	9.418			2.51	45.360								
	Na_2SO_4	芒硝	14.000		32.15						67.16				
	水		32.000												
	洗水		51.600												
出料	4YL1	母液	48.110	1.32	6.45	0.011	0.090	0.735	0.503	11.71	3.66	57.71	29.37	58.14	
	4YL20	洗液	64.761	0.64	2.95	0.00	0.117	0.644	0.240	5.18	1.82	37.54	34.63	37.35	
	4YL19+4YL20	母液+洗液	112.871	0.93	4.44	0.005	0.105	0.683	0.352	7.96	2.60	95.24	64.00	95.49	0.40
	4YS19	镁钙渣	36.000/21.78	0.24	1.04	6.32	19.010	1.990	0.086			4.75	35.99	4.50	99.60
	损失		1.647									0.01	0.01	0.01	
小计			150.52												
合计				2.53		3.18		2.770	0.957			100.00	100.00	100.00	100.00

注：镁钙渣组分为干基含量，湿基含水 39.51%。

3. 除镁后母液蒸发浓缩试验

母液通过除镁钙后，体系中进入大量水，为了锂在母液中进一步浓缩，在得到适宜提取碳酸锂的母液后,将镁母液加洗液进行蒸发浓缩试验。试验结果见表7-47。

表7-47 除镁后母液蒸发浓缩试验结果

料别	试验编号	产品名称	产品质量/kg	组分含量/%								分布率/%		
				K^+	Na^+	Mg^{2+}	Ca^{2+}	B_2O_3	Li^+	Cl^-	SO_4^{2-}	K^+	B_2O_3	Li^+
入料	4YL19+4YL20	除镁母液	112.871	0.929	4.44	0.005	0.105	0.683	0.352	7.96	2.600			
	4YL22	母液	46.650	2.040	7.75	0.000	0.042	1.270	0.809	13.80	6.464	97.72	96.82	98.14
	4YS22	浓缩盐	4.630	0.480	30.10	0.023	1.920	0.419	0.154	53.70	11.960	2.28	3.18	1.86
	失水+损失		61.591											
小计			112.871	0.860	4.01	0.001	0.096	0.541	0.341			100.00	100.00	100.00

注:母液密度1.2700g/mL,温度17℃。

表7-46中的结果说明,浓缩母液含锂0.809%,蒸发析出浓缩盐中含锂0.154%,再继续蒸发将会增大锂在浓缩盐中的损失。浓缩盐的分离控制在母液密度1.2700g/mL、母液锂含量约0.9%、失水率为蒸发入料的54.2%较为合理。按上述3个方面控制分离点有利于生产监控。

4. 浓缩后母液草酸除钙离子试验

1)草酸用量探索试验

母液4YL22中,Ca^{2+}含量为0.042%,在下一步提锂作业中会影响其碳酸锂的质量,为此进行了草酸用量的探索试验。草酸用量按母液中Ca^{2+}含量计算。试验结果(表7-48)表明,草酸用量以母液中Ca^{2+}含量的120%为宜。

表7-48 草酸除钙探索试验结果

试验编号	入料母液量/g	草酸用量		母液质量/g	Ca^{2+}含量/%	Ca^{2+}沉淀率/%
		g	%			
4YL22	200				0.0420	
4YL23	200	0.32	120	197	0.0076	82.18
4YL24	200	0.38	140	201	0.0076	81.81
4YL25	200	0.43	160	202	0.0076	81.72

2)除钙流程试验

在上述探索试验的基础上,进行流程试验,试验结果见表7-49。结果表明,草酸用量以母液中钙含量的120%加入,钙的沉淀率为72.14%,母液含Ca^{2+}为0.0113%,含Li^+为0.889%。

表7-49 草酸除钙流程实验结果

料别	入料				出料			小计
试验	编号	4YL22	草酸	洗水	4YL35	4YS35	损失	
母液密度/(g·mL^{-1})		1.27						
产品	名称				母液+洗液	草酸	钙渣	
产品质量/g		23325	19	400	23450	63	231	23744

续表 7-49

料别		入料		出料		小计
组分含量/%	K^+	2.04		2.18		
	Na^+	7.75		8.13		
	Mg^{2+}	0		0		
	Ca^{2+}	0.042 0		0.011 3	22.130 0	
	B_2O_3	1.27		1.034		
	Li^-	0.809		0.889	0.04	
	Cl^-	13.8				
	SO_4^{2-}	6.464				
分布率/%	K^+			99.02	0.08	100.00
	Ca^{2+}			27.86	72.14	100.00
	B_2O_3			99.05	0.95	100.00
	Li^-			99.99	0.01	100.00

注：母液密度 1.270 0g/mL，温度 17℃，草酸钙渣含水 50.8%。

5. 除钙后母液沉淀碳酸锂试验

草酸除钙后母液含 Li^+ 0.889%，母液组分含量见 4YL35（表 7-48）。母液适合纯碱沉淀锂。将母液在沸腾下缓慢加入碳酸钠，浓度 10%～40%，反应 30min，趁热过滤，沸水逆流洗涤 4 次，滤饼 110℃烘干为碳酸锂产品。试验所用碳酸钠为分析纯试剂。

1）碳酸钠用量试验

碳酸钠的用量对锂的沉淀有重要的影响。为了使母液中锂最大限度沉淀析出，进行了碳酸钠用量试验，试验结果见表 7-50。结果说明，碳酸钠用量以理论量的 130% 为宜，沉淀碳酸锂含锂 4.835%，作业回收率 83.75%。

表 7-50 碳酸钠用量试验结果

料别	试验编号	产品名称	产品质量/kg		组分含量/%							分布率/%
			g	%	K^+	Na^+	Mg^{2+}	Ca^{2+}	B_2O_3	Cl^-	Li^-	SO_4^{2+}
入料	4YL22	草酸除钙后母液	10 000	100.00							0.889	
		碳酸钠分析纯	744	7.44								
出料	4YL36	母液	8780	87.80							0.251	24.79
	4YS36	粗碳酸锂	1250	12.50							5.349	75.21
	合计		10 770	107.74								100.00
入料	4YL22	草酸除钙后母液	10 000	100.00							0.889	
		碳酸钠	806	8.06								
出料	4YL37	母液	8181	81.81	2.27	10.3	0.014	0.001	1.49	16.1	0.177	16.25
	4YS37	粗碳酸锂	1540	15.40							4.835	83.75
	合计		10 527	105.27								100.00

2)粗碳酸锂洗涤试验

试验用粗碳酸锂为表 7-50 中 4YS36 和 4YS37 的混合料,含锂 5.065%。粗碳酸锂沸水 4 段逆流洗涤。试验结果见表 7-51。

表 7-51 粗碳酸锂洗涤试验结果

料别	试验编号	产品名称	产品质量		组分含量/%							分布率/%		备注
			g	%	K⁺	Li⁺	Mg²⁺	Ca²⁺	B₂O₃	Li⁻	Cl⁻	Li⁻	水分%	
入料	4YS36+37	粗碳酸锂	500.0	100.0						5.065		100.00		碳酸锂产品为干基含量。淡水洗涤
		沸水	2 200.0	440.0										
出料	4YL43		734.0	146.8										
	4YS43		177.0	21.2						18.350		76.81	40.11	
		后三次洗液	1 525.0	305.0								23.19		
		合计	2 436.0	473.0						5.065		100.00		
入料	4YS36+37	粗碳酸锂	500.0	100.0						5.065		100		循环洗液逆流洗涤。碳酸锂产品为干基含量
		沸水	550.0	110.0										
出料	4YL44	一洗母液	626.0	125.2	0.520	10.90	0.005	0.002		0.102	5.180			
	4YL45	二洗母液	531.0	106.2			0.007	0.004		0.150	2.720			
	4YL46	三洗母液	519.0	103.8			0.034	0.004		0.152	0.121			
	4YL47	四洗母液	582.0	116.4			0.002	0.004		0.151	0.044			
	4YS44		171.5	24.0	0.053	0.21	0.029	0.290	0.32	18.470	1.230	87.52	30.00	
		合计	2 429.5	475.6										

结果说明,粗碳酸锂 4 段逆流洗涤,沸水用量为入料的 110%。碳酸锂产品含碳酸锂 98.31%、钙 0.29%、氯 1.23%、钠 0.21%。其中钠、钙、氯偏高,原因一是洗涤水量过小,二是洗涤水中 Ca^{2+}、Cl^- 含量偏高。这在生产中可完全解决。

6. 试验结果分析

(1)蒸发结晶出硼钾混盐后母液含锂 0.98%、镁 2.76%,镁锂比为 2.82∶1,是较为理想的提锂原料。

(2)除镁作业中,生成氢氧化镁沉淀物粒度极细,对母液的吸附量很大。需经多次洗涤,而且固、液分离较为困难。试验中使用的熟石灰质量较差,含镁 2.51%,从而使镁渣的量增大,造成锂的损失增大。工业生产中要严格选取不含镁的较纯净石灰进行除镁,有利于减少锂的损失。

(3)析硼钾混盐母液采用石灰、芒硝、草酸除镁、钙,碳酸钠沉淀锂的工艺提取碳酸锂,工艺较为合理,技术上可行,碳酸产品中锂的作业回收率 68.68%,对原卤回收率 56.26%,碳酸钠沉淀锂后母液含锂 0.177%,作业分布率 16.25%,对原卤分布率 12.47%,洗液含锂 0.102%,作业分布率 12.47%。对原卤分布率 8.02%,两部分母液锂占原卤的 20.49%,由于含镁、钙很低,可返回蒸发浓缩工段循环,锂的回收率可提高近 20%。

(4)提碳酸锂作业生产 1t 碳酸锂(按单程锂回收率 56.26%计)需处理老卤 25.094t,需石灰(纯 CaO 计)3.5t,淡水 48.688t,沸水 8.333t,草酸 21.69kg,碳酸钠 2.169t,需蒸发水 35.297t。

(七)试验原则全流程及钾、硼、锂、碘在各产品中的分布率

钾、硼、锂、碘在各产品中分布率见表 7-52～表 7-54。石盐、氯化钾、硼酸、碘、碳酸锂各产品质量与标准对照结果见表 7-55~表 7-59。

表 7-52 原卤计钾在各产品中分布率

作业	产品名称	产品质量/kg	产率/%	钾含量/%	钾作业回收率/%	原卤计回收率/%
自然蒸发	石盐1	393.570	14.57	0.375	4.38	4.38
	钾混盐	96.360	3.57	18.460	52.84	52.84
	钾混盐母液	796.000	29.48	1.750	41.39	41.39
热溶-冷结晶	热溶石盐	44.248	1.64	1.250	3.12	1.65
	氯化钾产品(干基)	34.520	1.28	48.310	93.76	49.54
一段除钙	硫酸钙渣	374.510	13.87	0.310	6.62	2.74
	母液	1 424.406	52.76	0.913	93.20	38.58
蒸发浓缩	浓缩盐	184.500	6.83	0.423	5.65	2.18
	母液	421.400	15.61	3.095	94.34	36.40
自然蒸发	硼钾混盐	137.650	5.10	8.720	86.79	31.59
	硼钾混盐母液	87.000	3.22	2.100	13.21	4.81
浮选	粗硼酸	15.623	0.58	3.830	5.75	1.82
	浮选尾矿	122.027	4.52	8.030	94.25	29.77
	其他产品+损失合计					8.03
总合计		2 700.000				100.00

表 7-53 原卤计硼在各产品中分布率

作业	产品名称	产品质量/kg	B_2O_3含量/%	硼作业回收率/%	原卤计回收率/%	备注
自然蒸发	石盐1	393.570	0.150	5.54	5.54	损失1.41
	钾混盐	96.360	0.190	1.72	1.72	
	母液			91.33		
一段除钙	硫酸钙渣	374.510	0.250	7.67	7.01	损失0.16
	母液			92.15	84.16	
二段蒸发除钠	石盐2	184.500	0.199	3.83	3.22	损失0.01
	母液			96.16	80.92	
蒸发析硼钾混盐	硼钾混盐	137.650	5.140	78.48	63.50	
	析硼母液	87.000	2.232	21.52	17.41	
浮选	粗硼酸	15.623	44.840	86.11	54.69	
	浮选尾矿	122.027	0.926	1 389.00	8.82	
精制	产品硼酸	10.800	56.980	87.68	47.95	
	母液	26.403	2.290	12.32	6.74	
	洗液	6.343	2.270			
	总损失				1.58	
硼酸产品			101.210	47.95	100.00	

表 7-54　原卤计锂在各产品中的分布率

作业	产品名称	产品质量/kg	锂含量/%	锂作业回收率/%	原卤总回收率/%
自然蒸发除钠钾	石盐1	393.570	0.007 0		4.20
	钾混盐	96.360	0.002 0		
	钾混盐母液	796.000	0.131 0	95.80	95.80
一段除钙	硫酸钙渣	298.222	0.018 0		5.13
	除钙母液	1 424.406		94.65	90.67
二段蒸发除钠	石盐2	184.500	0.013 4		2.28
	二次除钠母液	421.400	0.230 0	97.49	88.39
蒸发析硼	硼钾混盐	137.650	0.049 0		6.49
	析硼母液	87.000	0.980 0	92.66	81.91
除镁钙	镁钙渣	21.777	0.086 0		3.68
	除镁钙母液	225.742	0.352 0	95.49	78.21
蒸发浓缩	浓缩盐	9.260	0.154 0		1.46
	浓缩母液	93.300	0.809 0	98.14	76.75
草酸除钙	草酸钙渣	0.124	0.040 0		0.01
	母液	93.800	0.889 0	99.99	76.75
沉淀洗涤提锂	粗碳酸锂	14.445	4.835 0	83.75	64.27
	母液	76.738	0.177 0		12.47
	洗液	18.085	0.102 0		8.02
	碳酸锂产品	3.467	18.470 0	87.52	56.26

注：折合碳酸锂含量98.31%。

表 7-55　石盐产品技术指标

产品名称	产品质量/kg		对原卤产率/%	NaCl
	湿基重	干基重		
石盐1	393.57	354.21	14.58	86.58
石盐2		44.25	1.64	104.23
石盐3	184.50	176.94	6.83	93.30
合计	622.32	575.34	23.05	97.16

表 7-56　氯化钾产品质量

GB6549-1997 Ⅱ类合	K_2O	≥57.00%	本项目试验产品	K_2O	58.190%
	水分	≤6.00%		水分	
	Ca	≤0.80%		Ca	0.100%
	Mg	≤0.60%		Mg	0.021%
	KCl	≥90.22%		KCl	92.120%

表 7-57 硼酸产品质量表

GB538-82 工业一级	H_3BO_3	≥99.500%	本项目试验产品	H_3BO_3	101.210 0%
	Cl^-	≤0.200%		Cl^-	1.060 0%
	SO_4^{2-}	≤0.100%		SO_4^{2-}	0.072 0%
	水不溶物	≤0.050%		水不溶物	
	Fe	≤0.002%		Fe	0.000 8%

表 7-58 碘产品质量表

中国药典标准	碘	≥99.500%	本项目试验产品	碘	≥99.600%
	氯化物与溴化物	≤0.014%		氯化物与溴化物	≤0.012%
	硫酸盐(SO_4^{2-})	≤0.050%		硫酸盐(SO_4^{2-})	≤0.020%
	不挥发物	≤0.030%		不挥发物	≤0.030%
	氰化物	无		氰化物	无

表 7-59 碳酸锂产品质量表

工业标准	Li_2CO_3	≥98.00%	本项目试验产品	Li_2CO_3	98.34%
	外观	白色		外观	白色
	硫酸盐(SO_4^{2-})	≤0.70%		硫酸盐(SO_4^{2-})	0.41%
	Na_2O	≤0.12%		Na_2O	0.28%
	CaO	≤0.20%		CaO	0.41%
	Cl^-	≤0.70%		Cl^-	1.23%

四、结论

柴达木盆地西部深层构造裂隙孔隙卤水为含钾、硼、锂、碘的高钠、高钙氯化物型卤水。等温蒸发试验结果表明,其析盐规律是:石盐→石盐＋钾石盐→石盐＋钾石盐＋硼酸盐→石盐＋硼酸盐＋光卤石→石盐＋硼酸盐＋光卤石＋溢晶石。

自然蒸发钾石盐结晶阶段,析出含石盐、钾石盐的钾混盐矿,其中含 KCl 38.02%,分布率占原卤的 52.84%,钾混盐采用热溶—冷结晶工艺,产出氯化钾产品含 KCl 92.12%(干基),钾回收率占原卤的 49.54%。

硼钾混盐矿浮选提硼尾矿含钾 8.03%,分布率占原卤的 29.77%,这部分钾中间产品由于试验时间及经费关系没有进行循环提钾试验。中间产品提取钾的总回收率有望超过 70%。

自然蒸发析出硼钾混盐,其中含 B_2O_3 5.14%,B_2O_3 回收率占原卤的 63.51%,可作为提硼原料。硼钾混盐采用浮选—热溶—冷结晶—洗涤的工艺生产硼酸,产品硼酸含量超过 99.6%,B_2O_3 回收率占原卤的 47.95%,中间硼产品(母液＋洗液)含 B_2O_3 2.29%,分布率占原卤的 6.74%。

提取碘采用树脂吸附工艺,产品含碘不低于 99.60%,碘的作业回收率 84.8%。自然蒸发阶段碘基本不损失,故作业回收率可视为总回收率。

作为提锂原料,最终得碳酸锂产品含 Li_2CO_3 98.31%,锂回收率占原卤的 56.26%,另得中间产品(母液＋洗液)含 Li^+ 0.163%,分布率占原卤的 20.49%,这部分中间产品可返回循环,总回收率有望达 75%。

产出石盐含 NaCl 97.16%（干基含量），对原卤产率为 23.05%。

副产品硫酸钙含 $CaSO_4$ 75.61%（干基含量），对原卤产率为 11.05%。

存在的问题及建议：采用该工艺流程需消耗大量芒硝，致使生产成本较高。为使该资源得到合理利用，建议进行其他方案的对比研究，寻找廉价的除钙剂，在此基础上再做扩大试验为宜。

综上所述，综合回收利用油田水中的 K、B、Li、I 的实验室工艺路线畅通，且有较好的经济效益。

大浪滩凹地深层盐类晶间卤水自然蒸发试验、大浪滩-黑北凹地深层砂砾孔隙卤水自然蒸发试验、南翼山构造深层裂隙孔隙卤水综合回收利用试验的结果表明，深层卤水自然蒸发试验钾的回收率较高，综合回收利用价值大，从工艺实验的角度出发可以进行工业开发。但由于深层盐类晶间卤水单井涌水量普遍小，属硫酸镁亚型，在开采中易结盐，在目前技术条件下开发利用难度大。随着浅层卤水资源日益枯竭，深层砂砾孔隙卤水和深层构造裂隙孔隙卤水将成为今后重点关注的可持续性资源。

第八章 结 语

(1)根据柴达木盆地基底地层和断裂构造特征、地球物理、遥感影像特征,将其划分为柴北缘断阶带($Ⅳ_1$)、中央坳陷带($Ⅳ_2$)、昆北逆冲带($Ⅳ_3$)、达布逊湖坳陷区($Ⅳ_4$)、欧龙布鲁克隆起($Ⅳ_5$)和德令哈坳陷区($Ⅳ_6$)6个四级构造单元。结合以钾为主的盐类分布特征,将柴达木盆地进一步划分为柴北缘断阶硼、钾镁盐区($Ⅳ_1$),中央坳陷锂、湖盐和钾镁盐区($Ⅳ_2$),昆北逆冲钾盐区($Ⅳ_3$),达布逊湖钾镁盐坳陷区($Ⅳ_4$),德令哈坳陷钠盐、天然碱区($Ⅳ_5$)5个钾盐成矿单元。

(2)柴达木盆地西部储藏深层盐类晶间卤水、深层砂砾孔隙卤水和深层构造裂隙孔隙卤水3种类型卤水。深层盐类晶间卤水和深层砂砾孔隙卤水赋存于山前凹地,储卤地层属下更新统至上新纪狮子沟组,前者赋存于岩盐层,后者赋存于砂砾层;深层构造裂隙孔隙卤水赋存于柴达木盆地内的背斜构造区构造裂隙孔隙中,储卤地层属渐新统下干柴沟组至上新统狮子沟组。

(3)深层盐类晶间卤水富水性差,在开采中易结盐,目前条件下开发利用难度较大,需探索新的开采方法。深层砂砾孔隙卤水富水性中等至强,在开采中不结盐,便于开发利用,但由于KCl含量低、NaCl含量高、矿化度高,开采中需要研究先进的选矿工艺。深层构造裂隙孔隙卤水分布不均匀,在地层裂隙发育地段富水性强,便于开发利用,裂隙少的地段富水性差,不利于大规模开发。

(4)柴达木盆地周缘隆起的基岩山区是深层卤水钾盐的初始物源区,古近系和新近系岩盐层是深层盐类晶间卤水和砂砾孔隙卤水的直接物源。深层盐类晶间卤水是地下水经蒸发浓缩(岩盐层溶解)-埋藏作用的产物。深层砂砾孔隙卤水是高矿化度地下水在高承压下,在砂砾层中进行物质交换作用下的产物。深层构造裂隙孔隙卤水是蒸发浓缩(岩盐层溶解)-高承压环境下,地下水在构造裂隙(孔隙)中对围岩进行水盐作用的产物。

(5)深层盐类晶间卤水、深层砂砾孔隙卤水和深层构造裂隙孔隙卤水由于储卤层差别较大,且储卤层与围岩之间有较大的差别,可根据相应的地震响应特征反演储卤层,然后根据深层卤水电阻率低的电性特征开展地质勘探工作。

(6)从3类深层卤水的选矿实验可以看出,深层盐类晶间卤水结晶路线为五元相图,产品为硫酸盐类,深层砂砾孔隙卤水和深层构造裂隙孔隙卤水的结晶路线为四元相图,产品为氯化物类,而深层构造裂隙孔隙卤水可用于开发深层锂、硼、溴、碘等产品。

主要参考文献

安福元,马海州,魏海成,等,2013.柴达木盆地察尔汗湖相沉积物的粒度分布模式及其环境意义[J].干旱区地理,36(2):212-220.

奥弗琴尼科夫 A M,1954.普通水文地质学[M].北京地质学院水文地质及工程地质教研室,译.北京:煤炭工业出版社.

鲍锋,董治宝,张正偲,2015.柴达木盆地风沙地貌区风况特征[J].中国沙漠,35(3):550-554.

曹代勇,占文锋,刘天绩,等,2007.柴达木盆地北缘构造分区与煤系赋存特征[J].大地构造与成矿学,31(113):322-327.

曹军,刘成林,马寅生,等,2016.柴达木盆地东部石炭系海陆过渡相煤系页岩气地球化学特征及成因[J].地学前缘,23(5):158-166.

曹正林,孙秀建,汪立群,等,2013.柴达木盆地阿尔金山前东坪-牛东斜坡带天然气成藏条件[J].天然气地球科学,24(6):1125-1131.

陈安东,郑绵平,施林峰,等,2017.柴达木盆地一里坪石膏^{230}Th定年及成盐期与第四纪冰期和构造运动的关系[J].地球学报,38(4):494-504.

陈登钱,沈晓双,崔俊,等,2015.柴达木盆地英西地区深部混积岩储层特征及控制因素[J].岩性油气藏,27(5):211-217.

陈豆,马雪洋,张玉枝,等,2015.柴达木盆地东部尕海短钻岩芯记录的过去近400a区域环境变化[J].湖泊科学,27(4):735-744.

陈国俊,杜贵超,吕成福,等,2011.柴达木盆地西北地区古近纪沉积充填过程与主控因素分析[J].沉积学报,29(5):869-871.

陈国珍,1965.海水分析化学[M].北京:科学出版社.

陈克造,1992.中国盐湖的基本特征[J].第四纪研究(3):193-202.

陈柳竹,马腾,马杰,等,2015.柴达木盆地盐湖物质来源识别[J].水文地质工程地质,42(4):101-107.

陈能贵,王艳清,徐峰,等,2015.柴达木盆地新生界湖盆咸化特征及沉积响应[J].古地理学报,17(3):371-380.

陈世悦,徐凤银,彭德华,2000.柴达木盆地基底构造特征及其控油意义[J].新疆石油地质,21(3):175-180.

陈廷愚,耿树方,陈炳蔚,2010.成矿单元划分原则和方法探讨[J].中国地质,37(4):1130-1140.

陈宣华,党于琪,尹安,等,2010.柴达木盆地及其周缘山系盆地耦合与构造演化[M].北京:地质出版社.

陈毓川,王登红,朱裕生,等,2007.中国成矿体系与区域成矿评价(上册)[M].北京:地质出版社.

戴俊生,曹代勇,2000.柴达木盆地新构造样式的演化特点[J].地质论评,46(5):455-460.

戴俊生,叶兴树,汤良杰,等,2003.柴达木盆地构造分区及其油气远景[J].地质科学,38(3):413-424.

邓尔新,1980.钾盐成矿理论的若干问题[J].地质地球化学(5):39-52.

邓万明,郑锡澜,松本征夫,1996.青海可可西里地区新生代火山岩的岩石特征与时代[J].岩石矿物学杂志,15(4):289-298.

杜荣斌,1990.利用地下卤水进行对虾人工育苗的初步试验[J].齐鲁渔业(4):36-37.

杜忠明,樊龙刚,武国利,等.2016.柴达木盆地东部新生代盆地结构与演化[J].地球物理学报,59(12):4560-4569.

杜忠明,史基安,孙国强,等,2013.柴达木盆地马仙地区下干柴沟组上段辫状河三角洲沉积特征[J].天然气地球科学,24(3):505-511.

段水强,2018.1976—2015年柴达木盆地湖泊演变及其对气候变化和人类活动的响应[J].湖泊科学,30(1):256-265.

樊启顺,赖忠平,刘向军,等,2010.晚第四纪柴达木盆地东部古湖泊高湖面光释光年代学[J].地质学报,84(11):132-140.

樊启顺,马海州,谭红兵,等,2007.柴达木盆地西部典型地区油田卤水水化学异常及资源评价[J].盐湖研究,(15)4:6-12.

樊启顺,马海洲,谭红兵,等,2009.柴达木盆地西部油田卤水的硫同位素地球化学特征[J].矿物岩石地球化学通报,28(2):137-141.

方向,张永庶,2014.柴达木盆地西部地区新生代沉积与构造演化[J].地质与勘探,50(1):28-36.

付玲,关平,简星,等,2012.柴达木盆地路乐河组粗碎屑沉积成因与青藏高原隆升时限[J].天然气地球科学,35(5):833-840.

付玲,关平,赵为永,等,2013.柴达木盆地古近系路乐河组重矿物特征与物源分析[J].岩石学报,29(8):2867-2875.

付锁堂,马达德,郭召杰,等,2015.柴达木走滑叠合盆地及其控油气作用[J].石油勘探与开发,42(6):712-722.

付锁堂,汪立群,徐子远,等,2009.柴北缘深层气藏形成的地质条件及有利勘探区带[J].天然气地球科学,20(6):842-845.

甘贵元,魏成章,常青萍,等,2002.柴达木盆地南翼山湖相碳酸盐岩油气藏特征及形成条件[J].石油实验地质,24(5):413-417.

高春亮,余俊清,闵秀云,等,2015.柴达木盆地大柴旦硼矿床地质特征及成矿机理[J].地质学报,89(3):659-670.

高春亮,余俊清,展大鹏,等,2009.柴达木盆地盐湖硼矿资源的形成和分布特征[J].盐湖研究,17(4):6-13.

高小芬,林晓,张智勇,等,2013.青藏高原第四纪钾盐矿时空分布特征及成矿控制因素[J].地质通报,32(1):186-194.

葛肖虹,1990.吉林省东部的大地构造环境与构造演化轮廓[J].现代地质,4(1):107-113.

葛肖虹,任收麦,马立祥,等,2006.青藏高原多期次隆升的环境效应[J].地学前缘,13(6):118-130.

宫清顺,刘占国,宋光永,等,2019.柴达木盆地昆北油田冲积扇厚层砂砾岩储集层内部隔夹层[J].石油学报,40(2):152-164.

关平,简星,2013.青藏高原北部新生代构造演化在柴达木盆地中的沉积记录[J].沉积学报,31(5):824-833.

韩佳君,周训,姜长龙,等,2013.柴达木盆地西部地下卤水水化学特征及其起源演化[J].现代地质,27(6):1454-1464.

韩有松,孟广兰,王少青,等,1996.中国北方沿海第四纪地下卤水[M].北京:科学出版社.

韩有松,吴洪发,1982.莱州湾滨海平原地下卤水成因初探[J].地质评论,28(2):126-131.

和钟铧,刘招君,郭巍,等,2002.柴达木北缘中生代盆地的成因类型及构造沉积演化[J].吉林大学学报(地球科学版),32(4):333-339.

侯献华,郑绵平,杨振京,等,2011.柴达木盆地大浪滩130ka BP以来的孢粉组合与古气候[J].干旱区地理,34(2):243-251.

胡俊杰,马寅生,王宗秀,等,2017.地球化学记录揭示的柴达木盆地北缘地区中—晚侏罗世古环境与古气候[J].古地理学报,19(3):480-490.

黄汉纯,黄庆华,马寅生,1996.柴达木盆地地质与油气预测[M].北京:地质出版社.

纪友亮,马达德,薛建勤,等,2017.柴达木盆地西部新生界陆相湖盆碳酸盐岩沉积环境与沉积模式[J].古地理学报,19(5):757-772.

加弗里连科 Е С,1981.构造圈水文地质学[M].孙杉,译.北京:地质出版社.

贾艳艳,邢学军,孙国强,等,2015.柴北缘西段古—新近纪古气候演化[J].地球科学:中国地质大学学报,40(12):1955-1967.

姜光政,高堋,饶松,等,2016.中国大陆地区大地热流数据汇编(第四版)[J].地球物理学报,59(8):2892-2910.

金锋,余黔民,1995.溴资源开发现状和前景及发展战略[J].矿产保护与利用(5):13-19.

金和海,2002.柴东盆地重磁场特征及构造单元划分[J].铀矿地质,18(6):371-378.

金晓媚,王松涛,夏薇,2016.柴达木盆地植被对气候与地下水变化的响应研究[J].水文地质工程地质,43(2):31-43.

久宁,1990.深部地下径流的研究方法[M].杨立中,译.北京:地质出版社.

柯林斯,1984.油田水地球化学[M].林文庄,王秉忱,译.北京:石油工业出版社.

孔红喜,赵健,侯泽生,等,2015.柴达木盆地鄂博梁Ⅲ号构造新近系沉积环境演化及物源分析[J].古地理学报,17(1):51-62.

孔娜,渠涛,谭红兵,等,2014.柴达木盆地河流同位素分布特征及径流变化[J].干旱区研究,31(5):948-954.

李成英,黄强,汪青川,等,2014.浅析大浪滩深层卤水成矿条件[J].青海环境,24(3):133-136.

李春昱,谭锡畴,1933.四川峨眉山地质[M].北京:地质调查所.

李慈君,杨立中,周训,等,1992.深层卤水资源量评价的研究[M].北京:地质出版社.

李凤杰,孟立娜,方朝刚,等,2012.柴达木盆地北缘古近纪—新近纪古地理演化[J].古地理学报,14(5):596-606.

李洪普,郑绵平,侯献华,等,2014.柴达木黑北凹地早更新世新型砂砾层卤水水化学特征与成因[J].地球科学,39(10):1333-1342.

李洪普,郑绵平,侯献华,等,2015.柴达木西部南翼山构造富钾深层卤水矿的控制因素及水化学特征[J].地球学报,36(1):41-50.

李吉均,1983.青藏高原的地貌轮廓及形成机制[J].山地研究,1(1):7-14.

李吉均,方小敏,1998.青藏高原隆起与环境变化研究[J].科学通报,43(15):1569-1574.

李建森,李廷伟,彭喜明,等,2014.柴达木盆地西部第三系油田水水文地球化学特征[J].石油与天然气地质,34(1):50-55.

李军亮,肖永军,王大华,等,2016.柴达木盆地东部侏罗纪原型盆地恢复[J].地学前缘,23(5):11-22.

李俊武,代廷勇,李凤杰,等,2015.柴达木盆地鄂博梁地区古近系沉积物源方向分析[J].沉积学报,33(4):649-658.

李俊武,代廷勇,李凤杰,等,2015.柴达木盆地鄂博梁地区新近系物源分析[J].古地理学报,17(2):186-197.

李林林,郭召杰,管树巍,等,2015.柴达木盆地西南缘新生代碎屑重矿物组合特征及其古地理演化[J].中国科学:地球科学,54(6):780-798.

李廷伟,谭红兵,樊启顺,2006.柴达木盆地西部地下卤水水化学特征及成因分析[J].盐湖研究,14(4):27-32.

李悦言,1943.四川盐矿地球化学性[J].地质论评,8(Z1):146.

李云通,1984.中国地层:中国的第三系[M].北京:地质出版社.

李钟模,1994.山东大汶口盆地蒸发岩特征及成钾规律[J].盐湖研究,2(2):1-10.

李宗星,高俊,郑策,等,2015.柴达木盆地现今大地热流与晚古生代以来构造-热演化[J].地球物理学报,58(10):3687-3705.

梁青生,韩凤清,2013.东台吉乃尔盐湖基本地质特征及锂的分布规律研究[J].盐湖研究,21(3):1-9.

林洪,李凤杰,李磊,等,2014.柴达木盆地北缘古近系重矿物特征及物源分析[J].天然气地球科学,25(4):532-541.

林耀庭,何金权,王田丁,等,2002.四川盆地中三叠统成都盐盆富钾卤水地球化学特征及其勘查开发前景研究[J].化工矿产地质,24(2):72-84.

刘峰,崔亚莉,张戈,等,2014.应用氚和^{14}C方法确定柴达木盆地诺木洪地区地下水年龄[J].现代地质,28(6):1322-1328.

刘兴起,王永波,沈吉,等,2007.16 000a以来青海茶卡盐湖的演化过程及其对气候的响应[J].地质学报,81(6):843-848.

刘志宏,万传彪,杨建国,等,2005.柴达木盆地北缘地区新生代构造特征及变形规律[J].地质科学,40(3):404-414.

刘志宏,王芃,刘永江,等,2009.柴达木盆地南翼山—尖顶山地区构造特征及变形时间的确定[J].吉林大学学报(地球科学版),39(5):797-801.

刘志宏,吴相梅,朱德丰,等,2008.大杨树盆地的构造特征及变形期次[J].吉林大学学报(地球科学版),38(1):27-33.

刘志宏,杨建国,万传彪,等,2004.柴达木盆地北缘地区中生代盆地性质探讨[J].石油与天然气地质,25(6):620-625.

隆浩,沈吉,2015.青藏高原及其邻区晚更新世高湖面事件的年代学问题:以柴达木盆地和腾格里沙漠为例[J].中国科学:地球科学,45(1):52-65.

卢娜,2014.柴达木盆地湖泊面积变化及影响因素分析[J].干旱区资源与环境,28(8):83-88.

吕宝凤,张越青,杨书逸,2011.柴达木盆地构造体系特征及其成盆动力学意义[J].地质论评,57(2):167-174.

罗晓容,孙盈,汪立群,等,2013.柴达木盆地北缘西段油气成藏动力学研究[J].石油勘探与开发,40(2):159-170.

马峰,阎存凤,马达德,等,2015.柴达木盆地东坪地区基岩储集层气藏特征[J].石油勘探与开发,42(3):266-273.

马金元,胡生忠,田向东,2010.柴达木盆地马海钾盐矿床沉积环境与开发[J].盐湖研究,18(3):9-17.

马妮娜,郑绵平,马志邦,等,2011.柴达木盆地大浪滩地区表层芒硝的形成时代及环境意[J].地质学报,85(3):433-444.

马新民,刘池洋,罗金海,等,2014.柴达木盆地上干柴沟组时代归属及代号变更建议[J].现代地质,28(6):1266-1274.

马振民,雒芸芸,侯玉松,2013.深层卤水资源的可持续开发利用[J].济南大学学报,27(4):

331-335.

毛建业,汪青川,王占巍,等,2017.青海茫崖狮子沟地区深层卤水钾盐成矿远景区矿产资源调查[J].中国锰业,35(5):87-89.

毛黎光,肖安成,王亮,等,2013.柴达木盆地西北缘始新世晚期古隆起与阿尔金断裂的形成[J].岩石学报,29(8):2876-2882.

毛玲玲,伊海生,季长军,等,2014.柴达木盆地新生代湖相碳酸盐岩岩石学及碳氧同位素特征[J].地质科技情报,33(1):41-48.

毛晓长,刘祥,董颖,等,2018.柴达木盆地鸭湖地区水上雅丹地貌成因研究[J].地质论评,64(6):1505-1518.

孟广兰,王珍岩,王少青,等,1999.冰冻成因卤水的水化学标志:I.卤水的δD值[J].海洋与湖沼,30(4):416-420.

潘家伟,李海兵,孙知明,等,2015.阿尔金断裂带新生代活动在柴达木盆地中的响应[J].岩石学报,31(12):3701-3712.

潘彤,2017.青海成矿单元划分[J].地球科学与环境学报,39(1):16-33.

彭渊,马寅生,刘成林,等,2015.柴达木盆地北缘晚海西—印支期古构造应力分析[J].地球学报,36(1):51-59.

蒲阳,张虎才,陈光杰,等,2013.干旱盆地古湖相沉积物生物标志物分布特征及环境意义:以柴达木盆地为例[J].中国沙漠,33(4):1019-1026.

秦永鹏,侯献华,郑绵平,等,2012.柴达木盆地大浪滩梁-ZK02孔的磁性地层及其古环境研究[J].地质论评,58(3):553-564.

青海石油管理局勘探开发研究院,中国科学院南京地质古生物研究所,1985.柴达木盆地第三纪孢粉学研究[M].北京:石油工业出版社.

曲懿华,1982.钾盐矿床母液来源的新途径:深卤补给[J].矿物岩石(1):7-14.

任纪舜,2002.中国及邻区大地构造简图[M].北京:地质出版社.

商朋强,李博昀,熊先孝,等,2017.浅议中国钾盐矿成矿单元划分特征及成因探讨[J].化工矿产地质,39(3):140-144.

邵龙义,李猛,李永,等,2014.柴达木盆地北缘侏罗系页岩气地质特征及控制因素[J].地学前缘,21(4):311-322.

沈振枢,乐昌硕,雷世太,等,1993.柴达木盆地第四纪含盐地层划分及沉积环境[M].北京:地质出版社.

施辉,刘震,丁旭光,等,2013.柴达木盆地西南地区古近纪—新近纪断裂坡折带与沉积相分布[J].古地理学报,15(3):317-326.

施辉,刘震,张勤学,等,2015.柴达木盆地西南区古近系浅水三角洲形成条件及砂体特征[J].中南大学学报(自然科学版),46(1):188-198.

施林峰,郑绵平,李金锁,等,2010.柴达木盆地大浪滩梁ZK05钻孔的磁性地层研究[J].地质学报,84(11):1632-1639.

石油化学工业部化学矿山局,1977.石油勘探中找钾盐矿的方法[M].北京:石油化学工业出版社.

苏妮娜,金振奎,宋璠,等,2014.柴达木盆地古近系沉积相研究[J].中国石油大学学报(自然科学版),38(3):1-10.

苏联地质保矿部全苏地质科学研究所,1957.地层与地质年代的划分[M].杨鸿达,译.北京:地质出版社.

隋立伟,方世虎,孙永河,等,2014.柴达木盆地西部狮子沟-英东构造带构造演化及控藏特征[J].地学前缘,21(1):261-270.

孙崇仁,陈国隆,李璋荣,等,1997.青海省岩石地层[M].武汉:中国地质大学出版社.

孙国强,杜忠明,贾艳艳,等,2012.柴达木盆地北缘西段古近纪以来沉积模式研究[J].岩性油气藏,24(4):13-18.

孙国强,赵明君,郭建明,等,2011.昆特依凹陷中生界、新生界发育特征及构造演化分析[J].天然气地球科学,22(1):102-107.

孙娇鹏,陈世悦,刘成林,等,2016.柴达木盆地东北部晚古生代盆地构造环境:来自碎屑岩地球化学的证据[J].地学前缘,23(5):45-55.

孙娇鹏,陈世悦,马寅生,等,2016.柴达木盆地北缘早奥陶世陆-弧碰撞及弧后前陆盆地:来自碎屑岩地球化学的证据[J].地质学报,90(1):80-92.

孙延贵,1992.可可西里北缘中新世火山活动带的基本特征[J].青海地质(2):40-47.

孙镇城,乔子真,景明昌,等,2006.柴达木盆地七个泉组和第四系—新近系的分解[J].石油与天然气地质,27(3):422-432.

谭红兵,曹成东,李廷伟,等,2009.柴达木盆地西部古近系和新近系油田卤水资源水化学特征及化学演化[J].古地理学报,9(3):313-318.

谭先锋,夏敏全,张勤学,等,2016.柴达木盆地西南缘下干柴沟组下段辫状河三角洲沉积特征[J].石油与天然气地质,37(3):332-340.

汤良杰,金之钧,戴俊生,等,2002.柴达木盆地及相邻造山带区域断裂系统[J].地球科学,27(6):676-682.

汤良杰,金之钧,张明利,等,1999.柴达木震旦纪—三叠纪盆地演化研究[J].地质科学,34(3):289-300.

汤良杰,金之钧,张明利,等,2000.柴达木盆地构造古地理分析[J].地学前缘,7(4):421-429.

唐伦和,狄恒恕,1991.柴达木盆地轮藻化石[M].北京:科学技术文献出版社.

田明中,程捷,2009.第四纪地质学与地貌学[M].北京:地质出版社.

田雪丰,2012.煤系地层拟孔隙度测井曲线重构及应用[J].北京工业职业技术学院学报(11):1-2.

瓦里亚什科 M,1965.钾盐矿床形成的地球化学规律[M].范立,译.北京:中国工业出版社.

汪傲,赵元艺,许虹,等,2016.青藏高原盐湖资源特点概述[J].盐湖研究,24(3):24-29.

王冰,刘成林,李宗星,等,2017.柴达木盆地东部中生代以来构造应力场及构造演化[J].地球科学与环境学报,39(1):83-94.

王春男,郭新华,马明珠,等,2008.察尔汗盐湖钾镁盐矿成矿地质背景[J].西北地质,41(1):97-106.

王大纯,张人权,使毅红,1980.水文地质学基础[M].北京:地质出版社.

王丹,吴柏林,寸小妮,等,2015.柴达木盆地多种能源矿产同盆共存及其地质意义[J].地球科学与环境学报,37(3):55-67.

王亮,肖安成,巩庆霖,等,2010.柴达木盆地西部中新统内部的角度不整合及其大地构造意义[J].中国科学:地球科学,40(11):1582-1590.

王万春,刘文汇,王国仓,等,2016.沉积有机质微生物降解与生物气源岩识别:以柴达木盆地三湖坳陷第四系为例[J].石油学报,37(3):318-327.

王薇,孙汉章,张力军,等,1997.黄河三角洲地下卤水综合利用技术路线设计[J].海洋科技(5):29-32.

王文志,刘晓宏,徐国保,等,2013.柴达木盆地树轮$\delta^{18}O$记录的过去1000年湿度变化[J].科学通报,58(33):3458-3463.

王亚东,张涛,迟云平,等,2011.柴达木盆地西部地区新生代演化特征与青藏高原隆升[J].地学前缘,18(3):141-150.

王艳清,宫清顺,夏志远,等,2012.柴达木盆地西部地区渐新世沉积物源分析[J].中国地质,39(2):426-435.

王永贵,2008.柴达木盆地地下水资源及其环境问题调查评价[M].北京:地质出版社.

王珍岩,孟广兰,王少青,2003.渤海莱州湾南岸第四纪地下卤水演化的地球化学模拟[J].海洋地质与第四纪地质,23(1):49-53.

魏莉,李建明,马力宁,2011.柴达木盆地南翼山油田新近系储层特征[J].长江大学学报(自然科学版),8(9):20-23.

魏善蓉,金晓媚,王凯霖,等,2017.基于遥感的柴达木盆地湖泊面积变化与气候响应分析[J].地学前缘,24(5):427-433.

魏新俊,邵长铎,王弭力,等,1993.柴达木盆地西部富钾盐湖物质成分、沉积特征及形成条件研究[M].北京:地质出版社.

温志峰,钟建华,刘云田,等,2005.柴达木盆地中新世叠层石沉积特征及其环境和构造意义[J].地质科学,40(4):547-557.

吴婵,阎存凤,李海兵,等,2013.柴达木盆地西部新生代构造演化及其对青藏高原北部生长过程的制约[J].岩石学报,29(6):2211-2222.

吴兴录,2003.柴达木盆地南翼山构造裂缝储层特征[J].特种油气藏,10(6):16-19.

吴琰龙,肖金清,钟坚华,1988.青海省茫崖镇大浪滩钾矿矿田详细普查报告[R].青海省第一地质水文地质大队.

吴志雄,史基安,张永庶,等,2012.柴达木盆地北缘马北地区古近系辫状河微相特征及沉积模式[J].天然气地球科学,23(5):849-855.

伍劲,高先志,马达德,等,2017.柴达木盆地东坪地区基岩风化壳特征[J].现代地质,31(1):129-141.

夏志远,刘占国,李森明,等,2017.岩盐成因与发育模式:以柴达木盆地英西地区古近系下干柴沟组为例[J].石油学报,38(1):55-66.

肖安成,吴磊,李洪革,等,2013.阿尔金断裂新生代活动方式及其与柴达木盆地的耦合分析[J].岩石学报,29(8):2926-2836.

肖荣阁,大井隆夫,蔡克勤,等,1999.硼及硼同位素地球化学在地质研究中的应用[J].地学前缘,6(2):361-368.

校韩立,2018.柴达木盆地黑北凹地新型砂砾型含钾卤水成因研究[D].北京:中国矿业大学(北京).

徐凤银,施俊,张少云,等,2009.柴达木盆地柴中断裂带演化及其对成盆作用的控制[J].石油学报,30(6):803-808.

徐凤银,尹成明,巩庆林,等,2006.柴达木盆地中、新生代构造演化及其对油气的控制[J].世界地质,25(4):411-417.

徐志刚,陈毓川,王登红,等,2008.中国成矿区带划分方案[M].北京:地质出版社.

闫磊,谭守强,潘保芝,等,2010.低阻油层成因机理及测井评价方法:以港北南翼区块馆陶组为例[J].吉林大学学报(自然科学版),40(6):1457-1461.

闫立娟,郑绵平,魏乐军,2016.近40年来青藏高原湖泊变迁及其对气候变化的响应[J].地学前缘,23(4):310-323.

杨超,陈清华,任来义,等,2012.柴达木盆地构造单元划分[J].西南石油大学学报(自然科学版),34(1):25-32.

杨立中,1990.国外深层地下水研究的发展及我国在该领域研究现状[J].中国地质(12):21-23.

杨平,张道伟,袁秀军,2009.柴达木盆地地层研究现状及其发展方向[J].青海石油,27(1):1-7.

杨谦,1983.青海省柴达木盆地大、小柴旦盐湖矿床地质概况[J].青海国土经略(37):38-63.

杨谦,1992.察尔汗盐湖盐层及钾矿层的分布规律[J].青海地质(2):66-80.

尹安,党玉琪,陈宣华,等,2007.柴达木盆地新生代演化及其构造重建:基于地震剖面的解释[J].地质力学学报,13(3):193-211.

尹成明,任收麦,田丽艳,2011.阿尔金断裂对柴达木盆地西南地区的影响:来自构造节理分析的证据[J].吉林大学学报(地球科学版),41(4):724-734.

于福生,王彦华,李学良,等,2011.柴达木盆地狮子沟-油砂山构造带变形特征及成因模拟[J].大地构造与成矿学,35(2):207-215.

于禄鹏,赖忠平,安萍,2013.柴达木盆地中部与西南部古沙丘的光释光年代学研究[J].中国沙漠,33(2):453-462.

于升松,刘兴起,谭红兵,等,2005.茶卡盐湖水文、水化学及资源开发研究[J].盐湖研究,13(3):10-13.

袁见齐,1963.钾盐专辑第1辑[M].北京:中国工业出版社.

袁见齐,蔡克勤,1981.盐类矿床成因理论的新发展[J].地球科学,14(1):197-206.

袁见齐,霍承禹,蔡克勤,1983.高山深盆的成盐环境一种新的成盐模式的剖析[J].地质论评,29(2):159-165.

袁见齐,杨谦,孙大鹏,等,1995.察尔汗盐湖钾盐矿床的形成条件化[M].北京:地质出版社.

曾联波,巩磊,祖克威,等,2012.柴达木盆地西部古近系储层裂缝有效性的影响因素[J].地质学报,86(11):1809-1814.

曾联波,金之钧,汤良杰,等,2001.柴达木盆地北缘油气分布的构造控制作用[J].地球科学,26(1):54-58.

曾昭华,曾雪萍,2001.地下水中溴的形成及其与人群健康的关系[J].吉林地质,20(1):57-60.

翟裕生,邓军,李晓波,1999.区域成矿学[M].北京:地质出版社.

张斌,何媛媛,陈琰,等,2018.柴达木盆地西部咸化湖相优质烃源岩形成机理[J].石油学报,39(6):674-685.

张吉光,王英武,2010.沉积盆地构造单元划分与命名规范化讨论[J].石油实验地质,32(4):309-318.

张彭熹,1987.柴达木盆地盐湖[M].北京:科学出版社.

张彭熹,张保珍,洛温斯坦TK,等,1993.古代异常钾盐蒸发岩的成因:以柴达木盆地察尔汗盐湖钾盐的形成为例[M].北京:科学出版社.

张涛,宋春晖,王亚东,等,2012.柴达木盆地西部地区晚新生代构造变形及其意义[J].地学前缘,19(5):312-321.

张雪飞,郑绵平,陈文西,等,2015.可可西里盆地东部五道梁群热水湖相成因新认识[J].地球学报,36(4):507-512.

张宗祥,1980.卤水成矿的几个基本问题[J].地质与勘探(7):19-21.

赵凡,孙德强,闫存凤,等,2013.柴达木盆地中新生代构造演化及其与油气成藏关系[J].天然气地球科学,24(5):940-947.

赵婉雨,杨渐,董海良,等,2013.柴达木盆地达布逊盐湖微生物多样性研究[J].地球与环境,41(4):398-405.

郑绵平,2001.论中国盐湖[J].矿床地质,20(2):181-189.

郑绵平,2001.青藏高原盐湖研究的新进展[J].地球学报,22(2):97-102.

郑绵平,2006.盐湖学的研究与展望[J].地质评论,52(6):737-746.

郑绵平,2010.中国盐湖资源与生态环境[J].地质学报,84(11):1614-1622.

郑绵平,卜令忠,2009.盐湖资源的合理开发与综合利用[J].矿产保护与利用,1(2):17-22.

郑绵平,侯献华,于常青,等,2015.成盐理论引导我国找钾取得新进展[J].地球学报,36(2):129-139.

郑绵平,刘喜方,2010.青藏高原盐湖水化学及其矿物组合特征[J].地质学报,84(11):1585-1600.

郑绵平,刘喜方,袁鹤然,等,2008.青藏高原第四纪重点湖泊地层序列和湖相沉积若干特点[J].地球学报,29(3):293-305.

郑绵平,齐文,张永生,2006.中国钾盐地质资源现状与找钾方向初步分析[J].地质通报,25(11):1239-1246.

郑绵平,向军,魏新俊,等,1989.青藏高原盐湖[M].北京:北京科学技术出版社.

郑绵平,袁鹤然,张永生,等,2010.中国钾盐区域分布与找钾远景[J].地质学报,84(11):1523-1553.

郑绵平,袁鹤然,赵希涛,等,2006.青藏高原第四纪泛湖期与古气候[J].地质学报,80(2):169-180.

郑绵平,张雪飞,侯献华,等,2013.青藏高原晚新生代湖泊地质环境与成盐成藏作用[J].地球学报,34(2):129-138.

郑绵平,张永生,刘喜方,等,2016.中国盐湖科学技术研究的若干进展与展望[J].地质学报,90(3):2123-2165.

郑绵平,张震,张永生,等,2012.我国钾盐找矿规律新认识和进展[J].地球学报,33(3):280-294.

郑绵平,赵元艺,刘俊英,1998.第四纪盐湖沉积与古气候[J].第四纪研究(4):297-307.

郑喜玉,李秉孝,高章洪,等,1995.新疆盐湖[M].北京:科学出版社.

郑喜玉,刘建华,1996.新疆盐湖卤水成分及成因[J].地理学报,16(2):115-123.

中国石油青海油田公司,2004.柴达木盆地西部圈闭构造成因和演化规律研究[M].东营:中国石油大学出版社.

周建勋,徐凤银,胡勇,2003.柴达木盆地北缘中、新生代构造变形及其对油气成藏的控制[J].石油学报,24(1):19-24.

朱小辉,陈丹玲,王超,等,2015.柴达木盆地北缘新元古代—早古生代大洋的形成、发展和消亡[J].地质学报,89(2):234-251.

朱筱敏,康安,韩德馨,等,2003.柴达木盆地第四纪环境演变、构造变形与青藏高原隆升的关系[J].地质科学,8(3):367-376.

朱允铸,钟坚华,李文生,1994.柴达木盆地新构造运动及盐湖发展演化[M].北京:地质出版社.

Abdesselam A,Werner L,Eric N,et al.,1999. Enzymatic reduction of U(vi) in groundwaters[J]. Earth and Planetary Science,328(5):321-326.

Abdesselan A,Werner L,Eric N,1998. Reduction of nitrate and uranium by indigenous bacteria[J]. Earth and Planetary Science,327(1):25-29.

Afyin M,1997. Hydrochemical evolution and water quality along the ground water flow path in the Sand Lake Plain, Afyon, Turkey[J]. Environmental Geology,31(3-4):221-230.

Aitken J D,1967. Classification and environmental significance of cryptalgal limestone and dolomites, with illustration from the Cambrian and Ordovician of Southwestern Alberta[J]. Journal of Sedimentary Research,37(4):1163-1178.

Banner J L, Wasserburg G J,Chen J H,et al.,1990. $^{234}U-^{238}U-^{230}Th-^{230}Th$ systematics in saline groundwaters from central Missouri[J]. Earth and Planetary Science Letters,101(2):296-312.

Barnes C E,Cochran J K,1990. Uranium removal in oceanic sediments and the oceanic U balance[J]. Earth and Planetary Science Letters,97(1):94-101.

Bhat G D , Bhatt R B, Saraiya U P,et al.,1983. Utilization of subsoil, brines: potentialities and problems[J]. Sixth International Symposium on Salt,11: 331-335.

Carpenter A B,Milier J C, 1969. Geochemistry of saline subsurface water, saline county (Missouri)[J]. Chemical Geology,4(1):135-167.

Church T M ,Sarin M M ,Fleisher M Q,et al. , 1996. Salt marshes: Animportant coastal sink for dissolved uranium[J]. Geochimica et Cosmochimica Acta,60 (20): 3879-3887.

Cowart J B,Kaufman M I,Osmond J K, 1978. Uranium-isotope variations in groundwaters of the Florida aquifer and Boulder Zone of south Florida[J]. Journal of Hydrology, 36 (1): 161-172.

Cowart J B, 1981. Uranium isotopes and Ra content in the deep groundwaters of the Tri-State region,U. S. A. [J]. Journal of Hydrology, 54 (1): 185-193.

Dworkin S I, Land L S,1996. The origin of aqueous sulfate in Frio pore fluids and its implication for the origin of oil field brines[J]. Applied Geochemistry,11:403-408.

Frape S K, Fritz P, Mcnutt R H, 1984. Water-rock interaction and chemistry of groundwaters from the Canadian Shield[J]. Geochinica Cosmochimica Acta, 48 (8): 1617-1627.

Fritz P ,Frape S K, 1982. Saline groundwater in the Canadian Shield:a first overview[J]. Chemical Geology, 36 (1): 179 -190.

Gascoyne M, 1997. Evolution of redox conditions and groundwater compositon in recharge-discharge environment on the Canadian Shield[J]. Hydrogeology Journal,5(3): 4-18.

Grenthe I, Stumm W, Laaksuharju M, et al. , 1992. Redox potentials and redox reaction in deep groundwater systems[J]. Chemical Geology, 98 (1): 131-150.

Garrels R M, Mackenzie F T, 1967. Origins of the chemical composition of some springs and lakes in equilibrium concepts in natural water systems[J]. American Chemical Society Advances in Chemistry Series (67):222-242.

Helgeson H C,1968. Evolution of irreversible reactions in geochemical process involving minerals and aqueous solutions: I. Thermodynamic relations[J]. Geochimica at Cosmochimica Acta(32): 853-857.

Herut B,Starinsky A, Katz A,et al. , 1990. The role of seawater freezing in the formation of subsurface brines[J]. Geochimica et Cosmochimica Acta,54 (1): 13-21.

Hui Q,Yang Z H,Li Y F, et al. ,2006. Water-rock interaction during the process of steam stimulation exploitation oviscous crude oil in Liaohe Shuguang Oil Field, Liaoning, China[J]. Environmental Geochemistry and Health,50:229-236.

Janes L B ,James J C ,James S B, 1975. Magnesium removal in reducing marine sediments by cation exchange[J]. Geochimica et Cosmochimica Acta, 39 (5): 559-568.

Klinkhammer G P, Plamer M R, 1991. Uranium in the oceans: Where it goes and why[J]. Geochimica et Cosmochimica Acta, 55(7): 1799-1806.

Kraemer T F, 1981. ^{234}U and ^{238}U concentration in brine from geopressured aquifers of northern Gulf of Mexico basin[J]. Earth and Planetary Science Letters, 56: 210-216.

Kronfeld J ,Gradsztan E. Muller H W,et al. , 1975. Excess^{234}U: an aging effect in confined water[J]. Earth and Planetary Science Letters,27 (2): 342-345.

Ku T , 1965. An evaluation of the $^{234}U/^{238}U$ method as a tool for dating pelagic sediment[J]. Journal of Geophysical Research, 70(14): 3457-3474.

LI H B ,Zhang J J,2012. Analytial approximations of bulk and shear moduli for dry rock based on the differential effective medium theory[J]. Geophys Prospect,60(2):281-292.

Marta T,Von B, Erwin S, 1988. Magnesium in the marine sedimentary environment :Mg-NH$_4'$

ion exchange[J]. Chemical Geology, 70 (4): 359-371.

Mavko G, Mukerji T, Dvorkin J, 1988. The rock physics handbook: tools for seismic analysis in porous media[M]. New York: Cambridge University Pess.

Mccaffrey M A, Lazar B, Holland H D, 1987. The evaporation path of seawater and the coprecipitation of Br^- and K^+ with halite[J]. Journal of Sedimentary Trology, 57 (5): 928-937.

Navon O, Hutcheon I D, Rossman G R, et al., 1988. Mantle-deived fluids in diamond micro-inclusions[J]. Nature, 335: 784-789.

Nelson K H, Thompson T G, 1954. Deposition of salts from seawater by frigid concentration [J]. Journal of Marine Research, 13(2): 166-182.

Nur A, Mavko G, Dvorkin J, et al., 1998. Critical porosity: A key to relating physical properties to porosity in rock[J]. The Leading Edge, 17(3): 357-362.

Park S S, Jaffe P R, 1996. Developmeng of a sediment redox potential modelfor the assessment of postdepositional metal mobility[J]. Ecological Modelling, 91(2): 168-181.

Plummer L N, Back W, 1980. The mass balance approach: application to interpreting the chemical evolution of hydrologoic systems[J]. American Journal of Science, 280: 130-142.

Plummer L N, Parkhurst D L, Thorstenson D C, 1983. Development of models for groundwater system [J]. Geochimica et Cosmochimica Acta, 47: 665-686.

Russell K L, 1970. Geochemistry and halmyrolysis of clay minerals, Rio Ameca, Mexico[J]. Geochimica et Cosmochimica Acta, 34 (8): 893-907.

Sayles F J, Mangelsdorf P C, 1977. The equilibration of clay minerals with seawater: exchange reactions[J]. Geochimica et Cosmochimica Acta, 41(7): 951-960.

Schrauder M S, Koeberl C, Navon O, 1996. Trace element analyses of fluid-bearing diaminds from Jwaneng, Botswana[J]. Geochimica et Cosmochim Acta, 63(2): 4711-4724.

Truesdell A H, Jones B F, 1974. WATEQ, A computer program for calculating chemical equilibria of natural waters[J]. Journal of Research of the U. S. Geological Survey, 2: 233-274.

Wang M L, Liu C L, Jiao P C, et al., 2005. Minerogenic theory of the superlarge Lop Nur Potash Deposit, Xinjiang, China[J]. Acta Geologica Sinica(English edition), 79(1): 53-65.

Windom H, Smith R, Niencheski F, et al., 2000. Uranium in rivers and estuaries of globally diverse, smaller watersheds[J]. Marine Chemistry, 68 (4): 307-321.

Woods J R, 1975. Thermodynamics of brine-salt equilibria: I. The systems $NaCl-KCl-MgCl_2-CaCO_3-H_2O$ and $NaCl-MgSO_4-H_2O$ at 25℃[J]. Geochimica et Cosmochimica Acta, 39: 1147-1163.

Zukin J G, Hammnond D E, Ku T, et al., 1987. Uraniun- thorium series radionuclides in brine and reservoir rocks from two deep geochermal boreholes in the Salton Sea Geothermal Field, southeastern California[J]. Geochimica et Cosmochimica Acta, 51 (10): 271-2731.

内部资料

付建龙, 王有德, 李青林, 等, 2011. 青海省锂矿资源潜力评价成果报告[R]. 西宁: 青海省地质矿产勘查开发局.

韩生福, 章午生, 田生玉, 等, 2004. 青海省第三轮成矿远景区划研究及找矿靶区预测[R]. 西宁: 青海省国土规划研究院.

侯献华, 樊馥, 苏奎, 等, 2016. 青海省柴达木盆地深层卤水整装勘查区钾盐资源成矿规律研究报告[R]. 格尔木: 青海省柴达木综合地质矿产勘查院.

李洪普, 郭廷锋, 高松, 等, 2013. 柴达木西部新近纪以来固液相钾盐资源调查评价报告[R]. 格木尔:青海省柴达木综合地质矿产勘查院.

李洪普,韩文奎,补海义,等,2019.青海省柴达木盆地深层卤水钾盐资源整装勘查矿产调查与找矿预测报告[R].格木尔:青海省柴达木综合地质矿产勘查院.

李洪普,侯献华,樊馥,等,2019.青海省柴达木盆地深层卤水钾盐资源整装勘查区专项填图与技术应用示范报告[R].格木尔:青海省柴达木综合地质矿产勘查院.

李洪普,刘国泰,马宏涛,等,2013.青海省茫崖行委黑北凹地液体钾矿详查报告[R].格木尔:青海省柴达木综合地质矿产勘查院.

李洪普,马鸿颖,马宏涛,等,2016.柴达木西部(含整装勘查区)新近纪以来固液相钾盐资源调查评价2010—2015年成果报告[R].格木尔:青海省柴达木综合地质矿产勘查院.

李洪普.2016.柴达木盆地西部新近纪以来深层卤水钾盐矿成因与找矿方向[R].北京:中国地质科学院矿产资源研究所.

荣光忠,田希宝,李云平,等,2003.青海省茫崖镇尕斯库勒钾矿详查报告[R].西宁:青海省地质调查院.

吴琰龙,肖金清,钟坚华,等,1988.青海省茫崖镇大浪滩钾矿田详细普查地质报告[R].格尔木:青海省第一地质水文地质大队.

许文鼎,汪青川,李洪普,等,2010.青海省柴达木盆地上新统深循环富钾、硼、锂普查报告[R].格尔木:青海省柴达木综合地质矿产勘查院.

杨生德,吴正寿,赵呈祥,等,2013.青海省矿产资源潜力评价成果报告[R].西宁:青海省地质矿产勘查开发局.

袁文虎,黄强,成康楠,等,2015.柴达木南缘盐沼带钾盐矿产调查评价报告[R].格木尔:青海省柴达木综合地质矿产勘查院.

袁文虎,董启伟,成康楠,等,2015.青海省格尔木市一里坪-霍布逊深层卤水钾盐资源调查评价报告[R].格木尔:青海省柴达木综合地质矿产勘查院.

附 图

昆特依凹地深层卤水钾盐矿施工钻机

昆ZK09井钻孔岩芯

昆特依凹地抽卤现场（单井涌水量达6500m³/d，氯化钾品位0.35%）

鄂博梁Ⅰ号背斜构造鄂Ⅰ1井自流现场

鄂博梁Ⅰ号背斜构造鄂Ⅰ2井自流现场

鄂博梁Ⅱ号背斜构造鄂2井孔口自喷

鄂博梁Ⅱ号背斜构造鄂ZK01孔抽卤现场

鄂博梁Ⅱ号背斜构造剖面测量

鄂博梁Ⅱ号背斜构造鄂ZK01孔228.60～228.93m处裂隙

鄂博梁Ⅱ号背斜构造粉砂岩

鄂博梁Ⅱ号背斜构造鄂ZK01孔岩芯中的贝壳化石

黑北凹地黑ZK04孔抽卤现场（φ108滤水管，单井涌水量2880m^3，降深60m，KCl品位0.60%）

马海凹地抽卤现场(最大单井涌水量6073m³/d,KCl品位0.53%)

南翼山南13井放水实验

南翼山南13井放卤现场

碱石山背斜构造碱石1井孔口自流现场

鸭湖背斜构造鸭参2井自流现场

落雁山背斜构造落参1井孔口自流现场

小冒泉自流泉

大浪滩卤水抽卤现场

察汗斯拉图凹地抽水现场（单井涌水量1889m³/d）

红三旱4号背斜构造旱ZK01孔0～1000m段抽卤现场

葫芦山构造葫2井孔口采集水样

一里坪盐湖垂直剖面测量及采样